安全生产标准汇编

（第二辑）

国家安全生产监督管理总局政策法规司　编

煤 炭 工 业 出 版 社

·北　京·

图书在版编目（CIP）数据

安全生产标准汇编．第二辑/国家安全生产监督管理总局政策法规司编．—北京：煤炭工业出版社，2007.5（2011.6 重印）

ISBN 978-7-5020-3071-1

Ⅰ．安…　Ⅱ．国…　Ⅲ．安全生产-行业标准-汇编-中国　Ⅳ．X93-65

中国版本图书馆 CIP 数据核字（2007）第 050239 号

煤炭工业出版社　出版
（北京市朝阳区芍药居 35 号　100029）
网址：www.cciph.com.cn
北京房山宏伟印刷厂　印刷
新华书店北京发行所　发行
*
开本 880mm×1230mm $^{1}/_{16}$　印张 $22^{3}/_{4}$
字数 656 千字　印数 2 001—3 000
2007 年 5 月第 1 版　2011 年 6 月第 2 次印刷
社内编号 5871　定价 120.00 元

前　言

随着我国加入 WTO 以及《中华人民共和国安全生产法》、《中华人民共和国行政许可法》等法律法规的实施以及依法行政的逐步深入，安全生产监督管理和煤矿安全监察工作逐步走上法制化、规范化轨道，安全生产标准的作用越来越重要，迫切需要进一步加强标准工作，充分发挥标准在安全生产方面的作用。

安全生产标准是安全生产法律法规体系的重要组成部分，是保障生产经营单位安全生产的重要技术规范，是加强安全生产监管监察依法行政的重要依据，是规范安全中介服务的基础，也是防止和减少生产安全事故，促进安全生产稳定好转的重要保证。

为便于大家了解和掌握安全生产标准，做好安全生产工作，我们将近年来制（修）订的安全生产标准进行了编辑汇编。

编　者

二〇〇七年四月

目　录

ICS 13.100
D 09
备案号：18905—2006

AQ

中华人民共和国安全生产行业标准

AQ 1020—2006

煤矿井下粉尘综合防治技术规范

Technical specifications of comprehensive dust control measures for underground coal mine

2006-11-02 发布 2006-12-01 实施

国家安全生产监督管理总局 发布

前　言

本标准由中国煤炭工业协会提出。

本标准由全国安全生产标准化技术委员会煤矿安全分技术委员会归口。

本标准主要起草单位：煤炭科学研究总院重庆分院。

本标准主要起草人：李德文、王树德、隋金君、张设计、胥奎、王自亮。

煤矿井下粉尘综合防治技术规范

1 范围

本标准规定了煤矿井下作业场所粉尘综合防治技术的总体要求和粉尘治理、预防和隔绝煤尘爆炸及粉尘检测方法。

本标准适用于煤矿井下作业场所粉尘的综合防治。

2 规范性引用文件

下列文件的条款，通过本标准的引用而成为本标准的条款。凡是注日期的引用文件，其随后所有的修改单(不包括勘误的内容)或修订版均不适用于本标准，然而鼓励根据本标准达成协议的各方研究是否可使用这些文件的最新版本。凡不注日期的引用文件，其最新版本适用于本标准。

GB 5748 作业场所空气中粉尘测定方法

MT 78 煤尘爆炸性鉴定方法

MT 157 煤矿用隔爆水槽和隔爆水袋通用技术条件

MT 159 矿用除尘器

MT/T 240 煤矿降尘用喷嘴通用技术条件

MT 422 煤矿粉尘粒度分布测定方法(质量法)

MT/T 441 巷道掘进混合式通风技术规范

MT 501 长钻孔煤层注水方法

MT 694 煤矿用自动隔爆装置通用技术条件

煤矿安全规程(2004 年版)

3 总体要求

3.1 采煤工作面应采取粉尘综合治理措施，落煤时产尘点下风侧 10 m～15 m 处总粉尘降尘效率应大于或等于 85%；支护时产尘点下风侧 10 m～15 m 处总粉尘降尘效率应大于或等于 75%；放顶煤时产尘点下风侧 10 m～15 m 处总粉尘降尘效率应大于或等于 75%；回风巷距工作面 10 m～15 m 处的总粉尘降尘效率应大于或等于 75%。

3.2 掘进工作面应采取粉尘综合治理措施，高瓦斯、突出矿井的掘进机司机工作地点和机组后回风侧总粉尘降尘效率应大于或等于 85%，呼吸性粉尘降尘效率应大于或等于 70%；其他矿井的掘进机司机工作地点和机组后回风侧总粉尘降尘效率应大于或等于 90%，呼吸性粉尘降尘效率应大于或等于 75%；钻眼工作地点的总粉尘降尘效率应大于或等于 85%，呼吸性粉尘降尘效率应大于或等于 80%；放炮 15 min 后工作地点的总粉尘降尘效率应大于或等于 95%，呼吸性粉尘降尘效率应大于或等于 80%。

3.3 锚喷作业应采取粉尘综合治理措施，作业人员工作地点总粉尘降尘效率应大于或等于 85%。

3.4 井下煤仓放煤口、溜煤眼放煤口、转载及运输环节应采取粉尘综合治理措施，总粉尘降尘效率应大于或等于 85%。

3.5 煤矿井下所使用的防、降尘装置和设备必须符合国家及行业相关标准的要求，并保证其正常运行。

3.6 个体防护：作业人员必须佩戴个体防尘用具。

4 粉尘治理

4.1 矿井必须建立完善的符合以下要求的防尘供水系统：

4.1.1　永久性防尘水池容量不得小于 200 m^3，且贮水量不得小于井下连续 2 h 的用水量，并设有备用水池，其容量不得小于永久性防尘水池的一半。

4.1.2　防尘用水管路应铺设到所有能产生粉尘和沉积粉尘的地点，并且在需要用水冲洗和喷雾的巷道内，每隔 100 m 或 50 m 安设一个三通及阀门。

4.1.3　防尘用水系统中，必须安装水质过滤装置，保证水的清洁，水中悬浮物的含量不得超过 150 mg/L，粒径不大于 0.3 mm，水的 pH 值应在 6.0～9.5 范围内。

4.2　井下所有煤仓和溜煤眼都应保持一定的存煤，不得放空；有涌水的煤仓和溜煤眼可以放空，但放空后放煤口闸板必须关闭，并设置引水管。

4.3　对产生煤(岩)尘的地点应采取防尘措施

4.3.1　掘进井巷和硐室时，必须采取湿式钻眼、冲洗井壁巷帮、水炮泥、爆破喷雾、装岩(煤)洒水和净化风流等综合防尘措施。

冻结法凿井和在遇水膨胀的岩层中掘进不能采用湿式钻眼时，可采用干式钻眼，但必须采取捕尘措施。

4.3.2　采煤工作面应有由国家认定的机构提供的煤层可注性鉴定报告，并应对可注水煤层采取注水防尘措施。

4.3.3　炮采工作面应采取湿式钻眼法，使用水炮泥；爆破前、后应冲洗煤壁，爆破时应喷雾降尘，出煤时洒水。

4.3.4　液压支架和放顶煤采煤工作面的放煤口，必须安装喷雾装置，降柱、移架或放煤时同步喷雾。破碎机必须安装防尘罩和喷雾装置或除尘器。

采煤机必须安装内、外喷雾装置。无水或喷雾装置损坏时必须停机。

掘进机作业时，应使用内、外喷雾装置和除尘器构成综合防尘系统。

4.3.5　采煤工作面回风巷应安设至少两道风流净化水幕，并宜采用自动控制风流净化水幕。

4.3.6　井下煤仓放煤口、溜煤眼放煤口、输送机转载点和卸载点，都必须安设喷雾装置或除尘器，作业时进行喷雾降尘或用除尘器除尘。

4.3.7　在煤、岩层中钻孔，应采取湿式钻孔。煤(岩)与瓦斯突出煤层或软煤层中瓦斯抽放钻孔难以采取湿式钻孔时，可采取干式钻孔，但必须采取捕尘、降尘措施，必要时必须采用除尘器除尘。

4.3.8　为提高防尘效果，可在水中添加降尘剂。降尘剂必须保证无毒、不腐蚀、不污染环境，并且不影响煤质。

4.4　预先湿润煤体

4.4.1　煤层注水

4.4.1.1　注水过程中应进行流量及压力的计量。

4.4.1.2　单孔注水总量应使该钻孔预湿煤体的平均水分含量增量大于或等于 1.5%。

4.4.1.3　封孔深度应保证注水过程中煤壁及钻孔不渗水、漏水或跑水。

4.4.2　采空区注水

当采用下行陷落法分层开采厚煤层时，可以采取在上一分层的采空区内灌水，对下一分层的煤体进行湿润，开采近距离煤层群时，在层间没有不透水岩层或夹矸的情况下也可以在上部煤层的采空区内灌水，对下部煤层进行湿润。

4.5　煤矿防尘用喷嘴应符合 MT/T 240 的规定，除尘器应符合 MT 159 的规定。

4.6　采煤防尘

4.6.1　综采工作面防尘

4.6.1.1　采煤机割煤防尘

采煤机割煤必须进行喷雾并满足以下要求：

a)　喷雾压力不得小于 2.0 MPa，外喷雾压力不得小于 4.0 MPa。如果内喷雾装置不能正常喷雾，外喷雾压力不得小于 8.0 MPa。喷雾系统应与采煤机联动，工作面的高压胶管应有安全防护措施。高压胶管的耐压强度应大于喷雾泵站额定压力的 1.5 倍。

b) 泵站应设置两台喷雾泵，一台使用，一台备用。

4.6.1.2 自移式液压支架和放顶煤防尘

液压支架应有自动喷雾降尘系统，并满足以下要求：

a) 喷雾系统各部件的设置应有可靠的防止砸坏的措施，并便于从工作面一侧进行安装和维护。

b) 液压支架的喷雾系统，应安设向相邻支架之间进行喷雾的喷嘴；采用放顶煤工艺时应安设向落煤窗口方向喷雾的喷嘴；喷雾压力均不得小于 1.5 MPa。

c) 在静压供水的水压达不到喷雾要求时，必须设置喷雾泵站，其供水压力及流量必须与液压支架喷雾参数相匹配。泵站应设置两台喷雾泵，一台使用，一台备用。

4.6.2 炮采防尘

4.6.2.1 钻眼应采取湿式作业，供水压力为 0.2 MPa～1.0 MPa，耗水量为 5 L/min～6 L/min，使排出的煤粉呈糊状。

4.6.2.2 炮眼内应填塞自封式水炮泥，水炮泥的充水容量应为 200 mL～250 mL。

4.6.2.3 放炮时应采用高压喷雾等高效降尘措施，采用高压喷雾降尘措施时，喷雾压力不得小于 8.0 MPa。

4.6.2.4 在放炮前后宜冲洗煤壁、顶板并浇湿底板和落煤，在出煤过程中，宜边出煤边洒水。

4.6.3 采区巷道防尘

工作面运输巷的转载点、溜煤眼上口及破碎机处必须安装喷雾装置或除尘器，并指定专人负责管理。

4.7 掘进防尘

4.7.1 机掘作业的防尘

4.7.1.1 掘进机内喷雾装置的使用水压不得小于 3.0 MPa，外喷雾装置的使用水压不得小于 1.5 MPa；

4.7.1.2 掘进机上喷雾系统的降尘效果达不到本标准 3.2 条的要求时，应采用除尘器抽尘净化等高效防尘措施。

4.7.1.3 采用除尘器抽尘净化措施时，应对含尘气流进行有效控制，以阻止截割粉尘向外扩散。工作面所形成的混合式通风应符合 MT/T 441 的规定。

4.7.2 炮掘作业防尘

4.7.2.1 钻眼应采取湿式作业，供水压力以 0.3 MPa 左右为宜，但应低于风压 0.1 MPa～0.2 MPa，耗水量以 2 L/min～3 L/min 为宜，以钻孔流出的污水呈乳状岩浆为准。

4.7.2.2 炮眼内应填塞自封式水炮泥，水炮泥的装填量应在 1 节级以上。

4.7.2.3 放炮前应对工作面 30 m 范围内的巷道周边进行冲洗。

4.7.2.4 放炮时必须在距离工作面 10 m～15 m 地点安装压气喷雾器或高压喷雾降尘系统实行放炮喷雾。雾幕应覆盖全断面并在放炮后连续喷雾 5 min 以上。当采用高压喷雾降尘时，喷雾压力不得小于 8.0 MPa。

4.7.2.5 放炮后，装煤(矸)前必须对距离工作面 30 m 范围内的巷道周边和装煤(矸)堆洒水。在装煤(矸)过程中，边装边洒水，采用铲斗装煤(矸)机时，装岩机应安装自动或人工控制水阀的喷雾系统，实行装煤(矸)喷雾。

4.7.3 通风防尘

掘进巷道排尘风速应符合《煤矿安全规程》规定。

4.7.4 其他防尘措施

4.7.4.1 距离工作面 50 m 内应设置一道自动控制风流净化水幕。

4.7.4.2　距离工作面 20 m 范围内的巷道，每班至少冲洗一次；20 m 以外的巷道每旬至少应冲洗一次，并清除堆积浮煤。

4.8　锚喷支护的防尘

4.8.1　打锚杆眼宜实施湿式钻孔，采取有效防尘措施后可采用干式钻孔。

4.8.2　锚喷支护作业的防尘

4.8.2.1　沙石混合料颗粒粒径不得超过 15 mm，且应在下井前洒水预湿。

4.8.2.2　喷射机上料口及排气口应配备捕尘除尘装置。

4.8.2.3　采用低风压近距离的喷射工艺，其重点是控制以下参数：

输料管长度	小于或等于 50 m
工作风压	0.12～0.15 MPa
喷射距离	0.4～0.8 m

4.8.2.4　距锚喷作业地点下风流方向 100 m 内应设置两道以上风流净化水幕，且喷射混凝土时工作地点应采用除尘器抽尘净化。

4.9　转载及运输防尘

4.9.1　转载点防尘

4.9.1.1　转载点落差宜小于或等于 0.5 m，若超过 0.5 m，则必须安装溜槽或导向板。

4.9.1.2　各转载点应实施喷雾降尘，或采用除尘器除尘。

4.9.1.3　在装煤点下风侧 20 m 内，必须设置一道风流净化水幕。

4.9.2　运输防尘

运输巷内应设置自动控制风流净化水幕。

5　粉尘检测

5.1　煤矿粉尘浓度和游离 SiO_2 含量测定应按 GB 5748 规定的方法进行，粉尘粒度分布测定应按 MT 422 规定的方法进行。

5.2　煤矿使用的粉尘检测仪器仪表，必须具有有效的计量检验合格证。

5.3　井下主要接尘人员应配戴个体粉尘采样器，并建立个人健康档案。

5.4　各矿测尘部门必须根据本矿的生产情况配备足够数量且经培训合格的测尘人员：每个采区至少1人。

5.5　煤矿井下粉尘测定时间

5.5.1　对井下每个测尘点的粉尘浓度每月测定两次。

5.5.2　采掘工作面每个月应进行一次全工作班连续粉尘测定。

5.5.3　粉尘粒度分布每半年测定一次，采掘工作面有变动时，应及时进行游离 SiO_2 测定。

5.5.4　粉尘中游离 SiO_2 含量每半年测定一次。

5.5.5　煤矿粉尘浓度测定结果按季度综合上报主管部门。

5.5.6　采掘工作面回风应安设粉尘浓度传感器进行粉尘浓度连续监测。

5.6　煤矿井上下作业场所测尘点的选择和布置

煤矿井上下作业场所测尘点的选择和布置应符合表 1 的规定。

表 1　煤矿井上下作业场所测尘点的选择和布置要求

类别	生产工艺	测尘点布置
采煤工作面	1. 采煤机割煤	采煤机回风侧 10 m～15 m 司机工作地点
	2. 移架	司机工作地点
	3. 放顶煤	司机工作地点
	4. 风镐落煤、手工落煤及人工攉煤	一人作业，在其回风侧 3 m 处，多人作业，在最后一人回风侧 3 m 处
	5. 工作面巷道钻机钻孔	打钻地点回风侧 3 m～5 m 处
	6. 电煤钻钻眼	操作人员回风侧 3 m～5 m 处
	7. 回柱放顶、移刮板运输机	工作人员的工作范围
	8. 薄煤层工作面风镐和手工落煤	作业人员回风侧 3 m～5 m 处
	9. 薄煤层刨煤机落煤	工作面作业人员回风侧 3 m～6 m 处
	10. 刨煤机司机操作刨煤机	司机工作地点
	11. 倒台阶工作面风镐落煤	作业人员回风侧 3 m～5 m 处
	12. 掩护支架工作面风镐落煤	作业人员回风侧 3 m～5 m 处
	13. 工作面多工序同时作业	回风巷内距工作面端头 10 m～15 m 处
	14. 采煤工作面放炮作业	放炮后工人已进入工作面开始作业前在工人作业地点
	15. 带式输送机作业	转载点回风侧 5 m～10 m
	16. 工作面回风巷	距工作面端头 15 m～20 m
掘进工作面	1. 掘进机作业	机组后 4 m～5 m 处的回风侧 司机工作地点
	2. 机械装岩	在未安设风筒的巷道一侧，距装岩机 4 m～5 m 处的回风流中
	3. 人工装岩	在未安设风筒的巷道一侧，距矿车 4 m～5 m 处的回风流中
	5. 风钻钻眼	距作业点 4 m～5 m 处巷道中部
	6. 电煤钻钻眼	距作业点 4 m～5 m 处巷道中部
	7. 钻眼与装岩机同时作业	装岩机回风侧 3 m～5 m 处巷道中部
	8. 砌碹	在作业人员活动范围内
	9. 抽出式通风	在工作面产尘点与除尘器捕罩之间，粉尘扩散得较均匀地区的呼吸带范围
	10. 切割联络眼作业	在作业人员活动范围内
	11. 刷帮作业	在距作业点回风侧 4 m～5 m 处
	12. 挑顶作业	在距作业点回风侧 4 m～5 m 处
	13. 拉底作业	在距作业点回风侧 4 m～5 m 处
	14. 工作面放炮作业	放炮后工人在工作面开始作业前的地点
锚喷	1. 钻眼作业	工人操作地点回风侧 5 m～10 m 处
	2. 打锚杆作业	工人操作地点回风侧 5 m～10 m 处
	3. 喷浆	工人操作地点回风侧 5 m～10 m 处
	4. 搅拌上料	工人操作地点回风侧 5 m～10 m 处
	5. 装卸料	工人操作地点回风侧 5 m～10 m 处
	6. 带式输送机作业	转载点回风侧 5 m～10 m

表1(续)

类别	生产工艺	测尘点布置
转载点	1. 刮板输送机 2. 带式输送机作业 3. 装煤(岩)点及翻罐笼 4. 翻罐笼及溜煤口司机进行翻罐笼和放煤作业 5. 人工装卸材料	距两台输送机转载点回风侧 5 m～10 m 处 距两台输送机转载点回风侧 5 m～10 m 处 尘源回风侧 5 m～10 m 处 司机工作地点 作业人员工作地点
井下其他场所	1. 地质刻槽 2. 巷道内维修作业 3. 材料库、配电室、水泵房、机修硐室等处工人作业	作业人员回风侧 3 m～5 m 处 作业人员回风侧 3 m～5 m 处 作业人员活动范围内

6 预防和隔绝煤尘爆炸

6.1 新矿井的地质精查报告中，必须有所有煤层的煤尘爆炸性鉴定资料。生产矿井每延深一个新水平，应进行1次煤尘爆炸性鉴定工作。煤尘的爆炸性鉴定由国家授权单位按 MT 78 规定进行，鉴定结果必须报煤矿安全监察机构备案。

6.2 矿井每年应制定综合防尘措施、预防和隔绝煤尘爆炸措施及管理制度，并组织实施。矿井应每周至少检查一次煤尘隔爆设施的安装地点、数量、水量或岩粉量及安装质量是否符合要求。

6.3 开采有煤尘爆炸危险煤层的矿井，必须有预防和隔绝煤尘爆炸的措施。矿井的两翼、相邻的采区、相邻的煤层、相邻的采煤工作面间，煤层掘进巷道同与其相连的巷道间，煤仓同与其相连通的巷道间，采用独立通风并有煤尘爆炸危险的其他地点同与其相连通的巷道间，必须用水棚或岩粉棚隔开。

必须及时清除巷道中的浮煤，清扫或冲洗沉积煤尘，每年应至少进行1次对主要进风大巷刷浆。

6.4 预防煤尘爆炸

6.4.1 井下运输机巷道、转载点附近、翻罐笼附近和装车站附近等地点的沉积煤尘应定期进行清扫，清扫周期由各矿总工制定，并将堆积的煤尘和浮煤清除。

6.4.2 对煤尘沉积强度较大的巷道，可采取水冲洗的方法、冲洗周期应根据煤尘的沉积强度及煤尘爆炸下限浓度确定，在距离尘源 30 m 的范围内，沉积强度大的地点，应每班或每日冲洗一次；距离尘源较远或沉积强度小的巷道，可几天或一天冲洗一次；运输大巷可半月或一个月冲洗一次；工作面巷道必须定期清扫或冲洗煤尘，并清除堆积的浮煤，清扫或具体冲洗周期由总工程师决定。

6.4.3 巷道内设置了隔爆棚，也应按下列规定撒岩粉：

a) 巷道的所有表面，包括顶、帮、底以及背板后暴露处都应用岩粉覆盖；
b) 巷道内煤尘和岩粉的混合粉尘中不燃物质组分不得低于60%，如果巷道中含有0.5%以上的甲烷，则混合粉尘中不燃物质组分不得低于90%；
c) 撒布岩粉巷道长度，不得小于 300 m，如果巷道长度低于 300 m 时，全部巷道都应撒布岩粉；
d) 岩粉撒布周期按下式计算：

$$T = \frac{W}{P}$$

式中：

T——岩粉撒布周期，d；
W——煤尘爆炸下限浓度，g/m^3；
P——煤尘的沉降速度，$g/m^3 \cdot d$；

e) 岩粉(包括岩粉棚的岩粉)的质量，应符合以下规定：

1） 可燃物的含有度不超过5%；

2） 游离二氧化硅的含量不超过10%；

3） 不含有任何有害或有毒的混合物(如磷、砷等)；

4） 岩粉的粒度必须全部通过50目筛(小于0.3 mm)，其中70%以上通过200目筛(小于0.075 mm)，一般采用石灰石岩粉；

f） 撒布岩粉的巷道，应遵守下列规定定期进行检查：

1） 在距离采、掘工作面300 m以内的巷道每月取样一次，300 m以外的巷道每两个月取样一次；

2） 每隔300 m为一个采样段，每段内设5个采样带，带间约50 m。每个采样带在巷道两帮顶底板周边采样，取样带宽0.2 m；

3） 将每个取样带内的全部粉尘分别收集起来，除去大于1 mm粒径的粉尘；

4） 化验室应及时将分析结果报矿总工程师，如果不燃物组分低于规定，则该巷道应重新撒布岩粉。

6.5 隔绝煤尘爆炸

6.5.1 主要采用被动式隔爆水棚(或岩粉棚)，也可采用自动隔爆装置隔绝煤尘爆炸的传播。隔爆棚分为主要隔爆棚和辅助隔爆棚，隔爆棚设置地点应符合下列规定。

6.5.1.1 主要隔爆棚应在下列巷道设置：

a） 矿井两翼与井筒相连通的主要大巷；

b） 相邻采区之间的集中运输巷和回风巷；

c） 相邻煤层之间的运输石门和回风石门。

6.5.1.2 辅助隔爆棚应在下列巷道设置：

a） 采煤工作面进风、回风巷道；

b） 采区内的煤和半煤巷掘进巷道；

c） 采用独立通风并有煤尘爆炸危险的其他巷道。

6.5.2 水棚

6.5.2.1 水棚包括水槽和水袋，水槽和水袋必须符合MT 157的规定，水袋宜作为辅助隔爆水棚。

6.5.2.2 水棚分为主要隔爆棚和辅助隔爆棚，各自的设置地点见6.5.1条，按布置方式又分为集中式和分散式，分散式水棚只能作为辅助水棚。

6.5.2.3 水棚用水量

集中式水棚的用水量按巷道断面积计算：主要水棚不小于400 L/m²，辅助水棚不小于200 L/m²；分散式水棚的水量按棚区所占巷道的空间体积计算，不小于1.2 L/m³。

6.5.2.4 水棚在巷道设置位置：

a） 水棚应设置在直线巷道内；

b） 水棚与巷道交叉口、转弯处的距离须保持50 m～75 m，与风门的距离应大于25 m；

c） 第一排集中水棚与工作面的距离必须保持60 m～200 m，第一排分散式水棚与工作面的距离必须保持30 m～60 m；

d） 在应设辅助隔爆棚的巷道应设多组水棚，每组距离不大于200 m。

6.5.2.5 水棚排间距离与水棚的棚间长度：

a） 集中式水棚排间距离为1.2 m～3.0 m，分散式水棚沿巷道分散布置，两个槽(袋)组的间距为10 m～30 m。

b） 集中式主要水棚的棚间长度不小于30 m，集中式辅助棚的棚区长度不小于20 m，分散式水棚的棚区长度不得小于200 m。

6.5.2.6 水棚的安装方式：

a） 水槽棚的安装方式，既可采用吊挂式或上托式，也可采用混合式；

b) 水袋棚安装方式的原则是当受爆炸冲击力时，水袋中的水容易泼出；

c) 水槽(袋)的布置必须符合以下规定：

1) 断面 $S<10\ m^2$ 时，$nB/L\times100\geqslant35\%$；

2) 断面 $S<12\ m^2$ 时，$nB/L\times100\geqslant60\%$；

3) 断面 $S<12\ m^2$ 时，$nB/L\times100\geqslant65\%$。

式中：

n——排棚上的水槽(袋)个数；

B——水棚迎风断面宽度；

L——水棚所在水平巷道宽度。

d) 水槽(袋)之间的间隙与水槽(袋)同支架或巷道壁之间的间隙之和不大于 1.5 m，特殊情况下不超过 1.8 m，两个水槽(袋)之间的间隙不得大于 1.2 m；

e) 水槽(袋)边与巷道、支架、顶板、构物架之间的距离不得小于 0.1 m，水槽(袋)底部到顶梁(顶板)的距离不得大于 1.6 m，如顶梁大于 1.6 m，则必须在该水槽(袋)上方增设一个水槽(袋)；

f) 水棚距离轨道面的高度不小于 1.8 m，水棚应保持同一高度，需要挑顶时，水棚区内的巷道断面应与其前后各 20 m 长的巷道断面一致；

g) 当水袋采用易脱钩的布置方式时，挂钩位置要对正，每对挂钩的方向要相向布置(钩尖与钩尖相对)，挂钩为直径 4 mm～8 mm 的圆钢，挂钩角度为 60°±5°，弯钩长度为 25 mm。

6.5.2.7 水棚的管理：

a) 要经常保持水槽和水袋的完好和规定的水量；

b) 每半个月检查一次。

6.5.3 岩粉棚

6.5.3.1 岩粉棚分为重型岩粉棚和轻型岩粉棚，重型岩粉棚作为主要岩粉棚，轻型岩粉棚作为辅助岩粉棚。

6.5.3.2 岩粉棚的岩粉用量按巷道断面积计算，主要岩粉棚为 400 kg/m^2，辅助岩粉棚为 200 kg/m^2。

6.5.3.3 岩粉棚及岩粉棚架的结构及其参数：

a) 岩粉棚的宽度为 100 mm～150 mm；岩粉棚长度：重型棚为 350 mm～500 mm，轻型棚为≤350 mm；

b) 堆积岩粉的板与两侧支柱(或两帮)之间的间隙不得小于 50 mm；

c) 岩粉板面距顶梁(或顶板)之间的距离为 250 mm～300 mm，使堆积岩粉的顶部与顶梁(或顶板)之间的距离不得小于 100 mm；

d) 岩粉棚的排间距离：重型棚 1.2 m～3.0 m，轻型棚为 1.0 m～2.0 m；

e) 岩粉棚与工作面之间的距离，必须保持在 60 m～300 m 之间；

f) 岩粉棚不得用铁钉或铁丝固定；

g) 岩粉棚上的岩粉，每月至少进行一次检查，如果岩粉受到潮湿、变硬则应立即更换，如果岩粉量减少，则应立即补充，如果在岩粉表面沉积有煤尘则应加以清除。

6.6 在煤及半煤岩掘进巷道中，可采用自动隔爆装置，根据选用的自动隔爆装置性能进行布置与安装。自动隔爆装置必须符合 MT 694 的规定。

ICS 13.100
D 09
备案号：18906—2006

AQ

中华人民共和国安全生产行业标准

AQ 1021—2006

煤矿采掘工作面高压喷雾降尘技术规范

Technical specifications of high-pressure spraying for the working and heading face in mines

2006-11-02 发布　　　　2006-12-01 实施

国家安全生产监督管理总局　　发 布

前　言

本标准由中国煤炭工业协会提出。

本标准由全国安全生产标准化技术委员会煤矿分技术委员会归口。

本标准主要起草单位：煤炭科学研究总院重庆分院。

本标准主要起草人：王树德、隋金君、胥奎、李建国、黄金星、李爱菊、刘涛。

煤矿采掘工作面高压喷雾降尘技术规范

1 范围

本标准规定了煤矿井下采掘工作面高压喷雾降尘技术要求和降尘效果测定方法。

本标准适用于煤矿井采掘进工作面高压喷雾降尘。

2 规范性引用文件

下列文件中的条款通过本标准的引用而成为本标准的条款。凡是注日期的引用文件，其随后所有的修改单(不包括勘误的内容)或修订版均不适用于本标准，然而，鼓励根据本标准达成协议的各方研究是否可使用这些文件的最新版本。凡是不注日期的引用文件，其最新版本适用于本标准。

煤矿安全规程

GB 5748 作业场所空气中粉尘测定方法

MT/T 240 煤矿降尘用喷嘴通用技术条件

MT 422 煤矿粉尘粒度分布测定方法(质量法)

3 术语和定义

本标准采用下列术语和定义。

3.1

高压喷嘴 high-pressure sprayer

使用于喷雾压力≥8.0 MPε 的喷嘴。

3.2

有效射程 effective jet distance

喷嘴水平喷雾时，沿雾流轴线方向，累积沉降水量占总沉降水量为50%的地点到喷口的水平距离。

3.3

雾化粒度 size of atomized water droplet

水流雾化的程度，以面积平均直径表示。

3.4

面积平均直径 Sauter Mean diameter

用一个假想的尺寸均一的粒子群，代替实际的粒子群时，保持总体积和总表面积不变。

3.5

喷雾流量 flow quantity of spraying

单位时间内由喷嘴出水口喷出的水的质量或体积。

4 一般要求

4.1 在实施高压喷雾降尘技术的采掘工作面必须建立完善的防尘供水系统。防尘用水均应过滤，保证水的清洁，水中悬浮物的含量不得超过 150 mg/L，粒径不大于 0.3 mm，水的 pH 值应在 6.0～9.5 范围内。

4.2 采用高压喷雾降尘措施时，技术参数应满足以下要求：

高压喷嘴喷雾压力达到 8.0 MPa～12.5 MPa；

喷雾的有效射程≥6.0 m；

雾流的雾化粒度≤100 μm。

4.3 高压喷嘴的性能应符合 MT/T 240 的规定。

4.4 采用高压喷雾降尘措施后采掘工作面应达到的降尘效果：

4.4.1 对爆破掘进工作面在爆破产尘采取高压喷雾降尘技术措施后，工人开始作业前工作地点的总粉尘降尘效率应≥95%；呼吸性粉尘降尘效率应≥80%。

4.4.2 在无其他防尘措施条件下，掘进机截煤时采取高压喷雾降尘技术措施后司机处的总粉尘降尘效率应≥90%；呼吸性粉尘降尘效率应≥75%。

4.4.3 采煤机截煤时采取高压喷雾降尘技术措施后司机处的总粉尘降尘效率应≥85%。

4.4.4 炮采面爆破时在采煤面采取高压喷雾降尘技术措施后，工人开始作业前工作地点的总粉尘降尘效率应≥90%。

5 采掘工作面高压喷雾降尘工艺的要求

5.1 高压泵站和喷嘴

5.1.1 高压泵站必须具有有效的防爆检验合格证、安全标志准用证和出厂检验合格证。

5.1.2 水泵的压力和流量必须满足高压喷雾降尘的设计要求。

5.1.3 水泵供水水箱内应设置至少一道水质过滤装置，过滤网应大于 60 目。水箱应设置有超高水位自动断水和超低水位水泵自动断电保护装置。高压胶管的耐压强度应大于喷雾压力的 1.5 倍。

5.1.4 高压喷嘴应采用耐腐蚀材料制作，喷口材料应具有耐磨性，强度 HB 达到 179。

5.1.5 高压喷嘴的数量应满足能覆盖整个产尘源的要求。

5.2 爆破掘进工作面高压喷雾降尘工艺

5.2.1 高压泵站放置在不受爆破影响的地点，否则应装设有效的防护装置。

5.2.2 爆破时高压喷嘴应布置在掘进巷道断面的中部，距工作面迎头 10 m～15 m，并应有有效保护装置以防止爆破对高压喷嘴的破坏。

5.2.3 高压喷雾降尘的喷雾流量应大于等于按式(1)计算的值：

$$Q = 3.75A - 7.50 \qquad (1)$$

式中：

Q——喷雾流量，L/min；

3.75——流量系数 1，$L/(min \cdot m^2)$；

7.50——流量系数 2，L/min；

A——巷道断面积($\geq 2\ m^2$)，m^2。

5.2.4 高压喷雾应在爆破前 2 min 进行，并延续喷雾至爆破后 5 min 以上。

5.2.5 高压喷雾的雾粒应能充满整个巷道断面沿长度方向 2 m 以上。

5.3 机掘工作面高压喷雾降尘工艺

5.3.1 高压泵站应能根据需要前移或随掘进机移动。

5.3.2 高压喷嘴应布置在能随着掘进机截割头的移动而移动的位置，距掘进机截割头 2.5 m～4 m，并应设置安全防护装置。

5.3.3 高压喷雾的雾流应能覆盖整个掘进机截割头。

5.3.4 高压喷雾降尘的喷雾流量应为 20 L/min～30 L/min。

5.3.5 高压喷雾降尘系统应能实现与掘进机的同步开、停。

5.4 炮采工作面高压喷雾降尘工艺

5.4.1 高压泵站放置在采煤工作面的进风巷，并可随着采煤工作面的推进而移动。

5.4.2 高压喷嘴应沿工作面走向每隔 30 m 布置一组，且位于工作面断面中部。

5.4.3 爆破前 2 min 使爆破段的高压喷嘴开始喷雾，并延续喷雾至爆破后 5 min 以上。

5.4.4　高压喷雾的雾粒应能充满工作面整个断面。

5.4.5　不同采高工作面高压喷雾降尘的喷雾流量应符合表1的要求。

表1　不同采高的喷雾水流量

工作面采高 m	<1	1～2	>2
喷雾流量 L/min	35～40	40～70	70～100

5.5　机采工作面高压喷雾降尘工艺

5.5.1　高压泵站应放置在采煤工作面的进风巷并指定人员看守，且可随着采煤工作面的推进而移动。

5.5.2　工作面的高压胶管应有安全防护措施。喷雾和采煤机冷却共用一条高压胶管时，必须保证冷却用水分支端有安全、可靠的降压措施。

5.5.3　高压喷嘴应布置在采煤机上，所产生的雾粒应能覆盖整个采煤机滚筒，并随采煤机滚筒的移动而移动。应设置高压喷嘴的安全防护装置。

5.5.4　高压喷雾降尘系统应能实现与采煤机的同步开、停。

5.5.5　不同规格采煤机高压喷雾降尘的喷雾流量应符合表2的要求。

表2　不同规格采煤机的喷雾流量

采煤机滚筒直径 m	<1.5	1.5～2.5	>2.5
喷雾流量 L/min	50～60	60～80	80～100

6　高压喷雾降尘效果的测定

6.1　煤矿粉尘浓度和游离 SiO_2 含量测定按 GB 5748 规定的方法进行，粉尘粒度分布测定按 MT 422 规定的方法进行。

6.2　粉尘浓度测定应采用滤膜测尘法，日常测定可使用直读式粉尘浓度测量仪测定。若采用滤膜测尘法测定时按式(2)计算粉尘浓度：

$$c=\frac{m_2-m_1}{q}\times\frac{3600}{t} \qquad \cdots\cdots(2)$$

式中：

c——作业地点粉尘浓度，mg/m³；

m_1——采集粉尘前滤膜的质量，mg；

m_2——采集粉尘后滤膜的质量，mg；

q——采样流量，m³/h；

t——采样时间，s。

总粉尘降尘效率按式(3)计算：

$$\eta=\frac{c_1-c_2}{c_1}\times 100 \qquad \cdots\cdots(3)$$

式中：

η——总粉尘降尘效率，%；

c_1——采用高压喷雾降尘技术措施前的粉尘浓度，mg/m³；

c_2——采用高压喷雾降尘技术措施后的粉尘浓度，mg/m³。

6.3　高压喷雾降尘效果的测定规定

分别测定采掘作业场所 c_1 和 c_2，计算出高压喷雾降尘效率。测尘时间和测尘点应符合表3的规定。

表 3 作业场所测尘时间和测尘点规定

序号	生产工艺	测尘时间	测尘点布置
1	炮采工作面爆破作业	爆破 15 min 后	工人作业地点，距离巷道底板高 1.5 m 处
2	采煤机割煤	作业时	采煤机回风侧 10 m～15 m，距离巷道底板高 1.5 m 处
3	掘进机作业	作业时	司机工作地点，距离巷道底板高 1.6 m～1.8 m 处
4	炮掘工作面爆破作业	爆破 15 min 后	工人作业地点，距离巷道底板高 1.5 m 处

ICS 13.100
D 09
备案号：18907—2006

AQ

中华人民共和国安全生产行业标准

AQ 1022—2006

煤矿用袋式除尘器

Bag filter for coal mine

2006-11-02 发布

2006-12-01 实施

国家安全生产监督管理总局　发布

前　言

本标准由中国煤炭工业协会提出。

本标准由全国安全生产标准化技术委员会煤矿安全分技术委员会归口。

本标准主要起草单位:煤炭科学研究总院重庆分院。

本标准主要起草人: 胥奎、李建国、王树德、李爱菊、黄金星、刘涛。

煤矿用袋式除尘器

1 范围

本标准规定了煤矿用袋式除尘器的要求、试验方法、检验规则、标志、包装、运输和贮存。

本标准适用于煤矿井下及地面常温用袋式除尘器(以下简称除尘器)。

2 规范性引用文件

下列文件的条款,通过本标准的引用而成为本标准的条款。凡是注日期的引用文件,其随后所有的修改单(不包括勘误的内容)或修订版均不适用于本标准,然而鼓励根据本标准达成协议的各方研究是否可使用这些文件的最新版本。凡不注日期的引用文件,其最新版本适用于本标准。

GB 191 包装储运图示标志

GB 3836.1 爆炸性气体环境用电气设备 第1部分:通用要求

GB 3836.2 爆炸性气体环境用电气设备 第2部分:隔爆型“d”

GB 3836.4 爆炸性气体环境用电气设备 第4部分:本质安全型“i”

GB/T 6388 运输包装收发货标志

GB 9969.1 工业产品使用说明书 总则

GB/T 10111 利用随机数骰子进行随机抽样的方法

GB 12625 袋式除尘器用滤料及滤袋技术条件

GB/T 13306 标牌

GB/T 17919 粉尘爆炸危险场所用收尘器防爆导则

JB/T 5916—2004 袋式除尘器用电磁脉冲阀

JB/T 5917 袋式除尘器用滤袋框架技术条件

JB/T 10213 通风机焊接质量检验技术条件

JB/T 10214 通风机铆焊件技术

MT 113 煤矿井下用聚合物制品阻燃抗静电性能试验方法和判定规则

MT 154.1 煤矿机电产品型号的编制和管理办法

MT/T 159 矿用除尘器通用技术条件

3 定义及术语

3.1

袋式除尘器 bag filter

利用织物制作的袋状过滤元件来捕集含尘气体中固体颗粒物的设备。

3.2

处理风量 air volume

标准状态下,单位时间内通过除尘器的含尘气体量。

3.3

工作阻力 working resistance

气体通过除尘器的压力损失。

3.4

总粉尘除尘效率　total dust collection efficiency

除尘器捕集的总粉尘质量占捕集前总粉尘质量的百分数。

3.5

呼吸性粉尘除尘效率　respirable dust collection efficiency

除尘器捕集的呼吸性粉尘质量占捕集前呼吸性粉尘质量的百分数。

3.6

粉尘浓度　dust concentration

单位体积空气中含有粉尘的质量。

3.7

漏风率　leakage rate

漏入或漏出除尘器的空气量占处理风量的百分数。

3.8

滤料　fabric

在袋式除尘器中起滤尘作用的织物过滤元件。

4　型号及含义

煤矿用袋式除尘器型号的编制应符合 MT 154.1 的规定，具体编制方法如下：

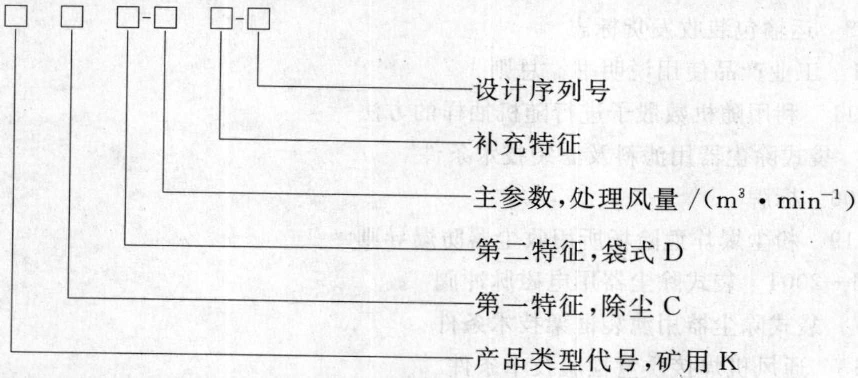

补充特征：脉冲喷吹 M；机械振动 Z；分室反吹 F；喷嘴反吹 P。

5　要求

5.1　除尘器应符合本标准规定，并应按规定程序审批的图样和技术文件进行制造。

5.2　除尘器的性能应符合以下规定：

5.2.1　除尘器的总粉尘除尘效率≥99.5%，呼吸性粉尘除尘效率≥90%。

5.2.2　除尘器的处理风量与额定处理风量的偏差≤8%。

5.2.3　除尘器的漏风率≤4%。

5.2.4　除尘器的工作阻力与额定工作阻力的偏差≤10%。

5.2.5　除尘器噪声≤85 dB(A)。

5.3　安全要求

5.3.1　除尘器的电气设备应符合 GB 3836.1 和 GB 3836.2、GB 3836.4 的有关规定，并应具有有效的防爆检验合格证、出厂检验合格证和安全标志准用证。

5.3.2　除尘器滤料及其他聚合物制品主要零部件，其抗静电及阻燃性能应符合 MT 113 的规定，并具有有效的检验合格证。

5.3.3　除尘器的进气口应加装固定的保护栅，保护栅网格孔径＜50 mm。

5.3.4 除尘器配套通风机应符合 MT 159 的有关规定。

5.3.5 除尘器应有接地装置和永久性接地标志。

5.3.6 除尘器设有灰斗时,应有避免灰斗积存粉尘的有效措施;设有卸灰装置时,卸灰装置应与除尘器同步运转。

5.4 质量要求

5.4.1 除尘器板材、型材下料后,外露边缘必须清除毛刺。

5.4.2 除尘器铆焊结构件的制造精度应符合 JB/T 10214 的规定,焊缝的焊接质量应符合 JB/T 10213 的规定。除尘器的箱体焊缝均为连续焊缝,并不得漏气。

5.4.3 除尘器表面应平整、光洁,喷漆应均匀,不得有气泡、裂纹、脱漆等缺陷。

5.4.4 除尘器的滤袋框架加工质量应符合 JB/T 5917 的规定。

5.4.5 滤袋加工质量应符合 GB 12625 的规定。

5.4.6 除尘器配套用电磁阀性能应符合 JB/T 5916—2004 的 6.4 的要求。

6 试验方法

6.1 除尘器的除尘效率、处理风量、工作阻力、漏风率、工作噪声和配套通风机静压效率、叶轮间隙的测定按 MT 159 规定的试验方法进行。

6.2 除尘器的电气设备及滤料的抗静电阻燃性能按本标准 5.3.1、5.3.2 条的规定对相关证件进行审查。

6.3 用直径为 50 mm 的钢球检查保护栅。

6.4 用目测法按本标准 5.3.5、5.3.6、5.4.1 和 5.4.3 条的要求对除尘器外形结构、外观质量、接地装置、接地标志及卸灰装置进行检查。

6.5 除尘器铆焊结构件的制造精度检验按 JB/T 10214 的规定进行,焊接质量检验按 JB/T 10213 的规定进行。

6.6 除尘器的滤袋框架加工质量检验按 JB/T 5917 的规定进行。

6.7 滤袋加工质量检验按 GB 12625 的规定进行。

6.8 电磁阀的性能试验按 JB/T 5916 规定的方法进行。

7 检验规则

7.1 出厂检验

7.1.1 除尘器由制造企业质量检验部门检验,经检验合格,发给合格证后方可出厂。

7.1.2 每台除尘器应按表 1 中要求进行出厂检验。

7.2 型式检验

7.2.1 型式检验按表 1 全部项目进行检验。

7.2.2 型式检验由国家授权认可的检验机构进行。

表 1 检验项目

序号	检验项目	技术要求	试验方法	出厂检验	型式检验	备注
1	证件审查	5.3.1 5.3.2	6.2	√	√	主要项目
2	总粉尘除尘效率	5.2.1	6.1	—	√	主要项目
3	呼吸性粉尘除尘效率	5.2.1	6.1	—	√	主要项目
4	处理风量	5.2.2	6.1	√	√	主要项目

表 1（续）

序号	检验项目	技术要求	试验方法	出厂检验	型式检验	备注
5	漏风率	5.2.3	6.1	—	√	主要项目
6	工作阻力	5.2.4	6.1	√	√	主要项目
7	工作噪声	5.2.5	6.1	√	√	主要项目
8	进气口保护栅	5.3.3	6.3	√	√	一般项目
9	配套通风机静压效率	5.3.4	6.1	—	√	一般项目
10	叶轮间隙	5.3.4	6.1	√	√	一般项目
11	接地标志	5.3.5	6.4	√	√	一般项目
12	卸灰装置	5.3.6	6.4	√	√	一般项目
13	外观	5.4.1、5.4.3	6.4、6.5	√	√	一般项目
14	滤袋框架加工质量	5.4.4	6.6	√	√	一般项目
15	滤袋加工质量	5.4.5	6.7	√	√	一般项目
注：√为应检项目。—为不检项目。						

7.2.3　除尘器有下列情况之一时应进行型式检验：

a)　试制的新产品；

b)　连续批量生产的产品，每隔二年应进行一次；

c)　设计、工艺和材料有重大改变，可能影响产品性能时；

d)　老产品转厂生产时；

e)　停产一年后再次生产时。

7.2.4　抽样方法和判定

型式检验的样品，一般按 GB 10111 的规定，从出厂检验合格的产品中每 20 台随机抽样 2 台，不足 20 台按 20 台计。1 台检验，另 1 台为备样，也可按上级或有关部门的抽样方案抽取。若是样机型式检验，可以送样。

根据抽样检验结果，若主要检验项目有 1 项不合格，或一般检验项目有 2 项不合格，应检验备样，若主要检验项目仍不合格，或一般检验项目 3 项仍不合格，则判定样品所代表的该产品为不合格。

8　标志、包装、运输与贮存

8.1　标志

8.1.1　每台除尘器应在外壳明显处固定产品标牌、风流方向、MA 标志、“ExdI”标志和接地标志。

8.1.2　除尘器标牌应符合 GB/T 13306 的规定，铭牌的字迹应清晰、耐久；标牌、各种标志不得采用铝合金材料制作，标牌上应标明以下内容：

a)　厂名或厂标；

b)　产品型号和名称；

c)　主要技术性能；

d)　安全标志证号、防爆检验合格证号；

e)　出厂编号；

f)　制造日期。

8.2　包装

8.2.1　除尘器的包装储运图示标志和运输包装收发货标志按 GB 191 和 GB/T 6388 有关规定执行。

8.2.2　除尘器可采用包装箱整体包装，也可采用分件包装或按供需双方的协议进行包装或不包装。采用木箱包装时，除尘器应用螺栓固定在包装箱内，拆卸工具及备用零部件等也应固定牢固，防止丢失。

8.2.3 除尘器包装箱外壁应有明显的文字和符号标志，内容包括：

a) 厂名或厂标；

b) 产品型号和名称；

c) 防雨防潮的标志；

d) 外形尺寸和毛重；

e) 出厂日期；

f) 发站(港)及发货单位；

g) 到站(港)及收货单位。

8.2.4 包装前应将产品各零部件中积存的油、水、粉尘等污物清除干净。

8.2.5 包装箱内应附有下列文件：

a) 装箱清单；

b) 产品合格证；

c) 产品说明书(按 GB/T 9969.1 规定编写)。

8.2.6 包装箱的外形尺寸和重量应符合运输部门的规定。

8.2.7 包装箱的结构应考虑便于起吊、搬运和长途运输以及多次装卸、气候条件等情况，并适合水路和陆路运输，不致因包装不善造成产品损坏、质量下降或零部件丢失。

8.3 运输和贮存

存放产品的地方，要有防雨淋、日晒和积水的防护措施。产品在运输过程中，要防止雨淋。

ICS 73.100
D 09
备案号：18908—2006

AQ

中华人民共和国安全生产行业标准

AQ 1023—2006

煤矿井下低压供电系统及装备通用安全技术要求

General requirements of safety and technical for underground coal mine low voltage power supply system and equipment

2006-11-02 发布　　2006-12-01 实施

国家安全生产监督管理总局　发布

前　言

本标准除6.6.8条为推荐性条款，其余为强制性条款。

本标准规定了煤矿井下低压供电系统及装备安全性能和技术性能的通用要求。各类电气产品的特殊要求，应在各自产品标准中，分别加以补充规定。本标准应与各类产品标准结合使用。

本标准由国家安全生产监督管理总局提出。

本标准由全国安全生产标准化技术委员会煤矿安全分技术委员会归口。

本标准负责起草单位：煤炭科学研究总院抚顺分院。

本标准主要起草人：李晓光、杨敏、刘炎钊、霍育川、王海洋、翟青妮、潘亮。

煤矿井下低压供电系统及装备通用安全技术要求

1 范围

本标准规定了煤矿井下低压供电系统的安全技术要求，以及控制、测量及用电设备的分类、技术要求、试验方法。

本标准适用于高瓦斯矿井、煤与瓦斯突出矿井低压供电系统(以下简称供电系统)及装备。

2 规范性引用文件

下列文件中的条款通过本标准的引用而成为本标准的条款。凡是注明日期的引用文件，其随后所有的修改单(不包括勘误的内容)或修订版均不适用于本标准。然而，鼓励根据本标准达成协议的各方研究是否可使用这些文件的最新版本。凡是不注明日期的引用文件，其最新版本适用于本标准。

GB 156—2003　标准电压

GB 191—2000　包装储运图示标志

GB 762—2002　电气设备　额定电流

GB 2894—1999　安全标志牌

GB 3836.1—2000　爆炸性气体环境用电气设备　第1部分:通用要求

GB 3836.2—2000　爆炸性气体环境用电气设备　第2部分:隔爆型“d”

GB 3836.3—2000　爆炸性气体环境用电气设备　第3部分:增安型“e”

GB 3836.4—2000　爆炸性气体环境用电气设备　第4部分:本质安全型“i”

GB 3836.5—2004　爆炸性气体环境用电气设备　第5部分:正压型“p”

GB 3836.7—2004　爆炸性气体环境用电气设备　第7部分:充砂型“q”

GB 3836.9—2003　爆炸性气体环境用电气设备　第9部分:浇封型“m”

GB/T 4026—2004　人机界面标志标识的基本方法和安全规则　设备端子和特定导体终端标识及字母数字系统的应用通则

GB 4208—1993　外壳防护等级IP代码

GB/T 4728.1—2005　电气图用图形符号　第1部分:一般要求

GB/T 5094.1—2002　工业系统、装置与设备以及工业产品结构原则与参照代号　第1部分:基本规则

GB/T 5094.2—2003　工业系统、装置与设备以及工业产品结构原则与参照代号　第2部分:项目的分类与分类码

GB/T 7159—1987　电气技术中的文字符号制订通则

GB/T 10233—2005　低压成套开关设备和电控设备　基本试验方法

GB/T 12173—1990　矿用一般型电气设备

GB/T 14048.1—2000　低压开关设备和控制设备总则

GB 14048.2—2001　低压开关设备和控制设备　低压断路器

GB 14048.3—2002　低压开关设备和控制设备　低压开关、隔离器、隔离开关及熔断器组合电器

GB 14048.4—2003　低压开关设备和控制设备　机电式接触器和电动机起动器

GB/T 15663.11—1995　煤矿科技术语　矿山电气工程

MT/T 154.2—1996 煤矿用电器设备产品型号编制方法和管理办法
MT 175—1988 矿用隔爆型电磁起动器用电子保护器
MT 189—1988 矿用隔爆型检漏继电器
MT 209—1990 煤矿通信、检测、控制用电工电子产品通用技术要求
MT 818.1～14—1999 煤矿用阻燃电缆
MT/T 661—1997 煤矿井下用电器设备通用技术条件
《煤矿安全规程》2004 年版

3 术语和定义

除 GB/T 15663.11—1995 的术语和定义适用于本标准外，补充以下术语和定义。

3.1

煤矿井下低压供电系统 low voltage power supply system for underground coal mine

煤矿井下的低压供电电缆、供电设备及其组成的输电、变电、配电和用电的整体。

3.2

漏电闭锁 earth leakage lockout

装置在分闸断电状态下，负载侧网络绝缘电阻降低到装置整定值及以下时，保证装置不能向负载合闸送电的一种电气保护。

3.3

选择性漏电保护 selective earth leakage protection

当煤矿井下供电系统分支馈电开关负荷侧网络绝缘电阻降低到装置整定值及以下时，保证只断开绝缘电阻降低的这个支路的分支馈电开关，而其他分支馈电开关和总馈电开关不断开，从而保证非故障支路供电连续性的保护。

3.4

分级闭锁 grading lockout

将接线腔分成电源进线和负载出线两个独立隔爆接线腔，在带电情况下打开任一接线腔时，在接线腔未失爆前通过闭锁机构动作使开关分闸断电且闭锁的一种保护。负载出线腔闭锁于本级开关，电源进线腔闭锁于上级开关。

3.5

全闭锁 full lockout

设备的电源进线和负载出线只设一个隔爆腔，在带电情况下打开接线腔时，在接线腔未失爆前通过闭锁机构动作使上级开关分闸断电且闭锁的一种保护。

3.6

开关设备状态监测 condition monitoring for switchgear

可向监测监控系统提供设备运行状态的一种实时监测。监测的功能状态至少具有：设备开、设备停、漏电（含漏电闭锁）、短路、过载、欠压、过压及显示。

3.7

选择性断电保护 selective cut-off protection

当操作人员无论任何原因打开电源进线腔或主腔时，保证只有该支路的上级开关断电，而不影响其他支路正常工作的一种后备保护。

4 分类

4.1 按电气设备防爆性能分类

——矿用一般型电气设备；
——矿用防爆电气设备。

4.2 **按电气设备用途分类**

——配电开关；

——控制开关。

4.3 **煤矿用电缆**

——煤矿用移动类阻燃软电缆；

——固定敷设阻燃电力电缆；

——煤矿用阻燃通讯电缆。

4.4 **辅助及其他**

——隔爆型按钮；

——隔爆型行程开关；

——隔爆型跑偏开关；

——隔爆型脚踏开关；

——隔爆型电阻箱；

——隔爆型电磁铁；

——隔爆型电表箱；

——隔爆型插销；

——隔爆型接线盒；

——隔爆型电钻变压器综合保护装置；

——隔爆型照明变压器综合保护装置；

——隔爆型检漏继电器；

——本安型接线盒；

——隔爆型电磁阀；

——其他防爆产品。

5 一般规定

5.1 电气设备应符合本标准及各自产品标准的规定，并须送国家检验单位，按相应标准的规定进行检验，取得“MA”标志证和“防爆合格证”。

5.2 井下用电气设备的选用，须符合表1规定的型式要求。

表1 井下电气设备选用规定

<table>
<tr><td rowspan="4">类　别</td><td colspan="6">使　用　场　所</td></tr>
<tr><td rowspan="3">煤(岩)与瓦斯(二氧化碳)突出矿井和瓦斯喷出区域</td><td colspan="5">瓦斯矿井</td></tr>
<tr><td colspan="2">井底车场、总进风巷和主要进风巷</td><td rowspan="2">翻车机硐室</td><td rowspan="2">采区进风巷</td><td rowspan="2">总回风巷，主要回风巷，采区回风巷、工作面和工作面进回风巷</td></tr>
<tr><td>低瓦斯矿井</td><td>高瓦斯矿井*</td></tr>
<tr><td>高低压电机和电气设备</td><td>矿用防爆型**（矿用增安型除外）</td><td>矿用一般型</td><td>矿用防爆型</td><td>矿用防爆型</td><td>矿用防爆型</td><td>矿用防爆型（矿用增安型除外）</td></tr>
<tr><td>照明灯具</td><td>矿用防爆型***（矿用增安型除外）</td><td>矿用一般型</td><td>矿用防爆型</td><td>矿用防爆型</td><td>矿用防爆型</td><td>矿用防爆型（矿用增安型除外）</td></tr>
<tr><td colspan="7">*　使用架线电机车运输的巷道中及沿该巷道的机电设备硐室内可以采用一般型电器设备（包括照明灯具、通信、自动化装备和仪表、仪器）。
**　煤(岩)与瓦斯突出矿井的井底车场的主泵房内，可使用矿用增安型电动机。
***　允许使用经安全检测鉴定，并取得煤矿矿用产品安全标志的矿灯。</td></tr>
</table>

5.3 电气设备的产品型号应根据 MT/T 154.2 的规定编制。

5.4 电气设备的额定电压应符合 GB 156 的规定，一般额定交流电压应为 36 V、127 V、380 V、660 V、1140 V。

5.5 电气设备的额定电流应符合 GB 762 的规定。

5.6 电气设备的额定频率为 50 Hz。

5.7 电气设备的工作制应由各自相关标准规定。

5.8 电气设备出厂时应配备必要的配件、附件、专用工具及随机文件。重要电子插件应配备二套，一般的应配备一套，便于用户使用、管理、维修。随机文件须包括装箱单、产品合格证、使用说明书、"MA"标志证复印件和"防爆合格证"复印件。

6 技术要求

6.1 环境条件

6.1.1 周围环境温度－5℃～＋40℃。

6.1.2 安装地点的海拔不高于 2 000 m，气压为 0.8×10^5 Pa～1.1×10^5 Pa。

6.1.3 周围空气月平均相对湿度不大于 95%(25 ℃时)。

6.1.4 使用场所按本标准 5.2 的规定。

6.1.5 在无破坏绝缘的气体或蒸汽环境中。

6.1.6 污染等级为 3 级。

6.1.7 安装类别由产品标准规定。

6.1.8 在无显著振动与冲击的地方，若电气设备在使用、安装、贮运期间有振动与冲击要求时，应能经受对应表 2 规定的振动与表 3 规定的冲击，且外观、性能完好，并在用户订货时注明。

表 2 振动试验要求

产品	振动频率 Hz	加速度幅值[a] m/s^2	位移幅值[b] mm	每轴线的扫频循环次数	样品状态
安装于煤矿井下	5～150	50	0.35	5	不通电
安装于机车、采掘机械上	5～150	50	0.35	5	通电

a 指交越频率以上的定加速度幅值。

b 指交越频率以下的定位移幅值。

表 3 冲击试验要求

安装地点	峰值加速度 m/s^2	脉冲持续时间 ms	样品状态
安装于机车、采掘机械上	500	11	通电
安装于煤矿井下	500	11	不通电

6.2 电气设备结构与防爆要求

6.2.1 隔爆型电气设备的结构与防爆性

隔爆型电气设备的结构与防爆性能应符合 GB 3836.1 和 GB 3836.2 的规定。

6.2.2 本质安全型电气设备或电路的结构与防爆性能

本质安全型电气设备或电路的结构与防爆性能应符合 GB 3836.1 和 GB 3836.4 的规定。

6.2.3 增安型电气设备的结构与防爆性能

增安型电气设备的结构与防爆性能应符合 GB 3836.1 和 GB 3836.3 的规定。

6.2.4 矿用一般型电气设备的结构与防爆性能

矿用一般型电气设备的结构与防爆性能应符合 GB/T 12173 的规定。

6.2.5 复合型防爆电气设备的结构与防爆性能

复合型防爆电气设备的结构与防爆性能应符合 GB 3836.1、GB 3836.2、GB 3836.3、GB 3836.4、GB 3836.5 、GB 3836.7、GB 3836.9 的规定。

6.2.6 标志、联锁及警告牌

6.2.6.1 煤矿井下用电气设备外壳的明显处需设置清晰的标志，并应符合 GB 3836.1 标志篇；矿用一般型电气设备应符合 GB/T 12173 的标志篇。

6.2.6.2 煤矿井下用电气设备的联锁装置应设计成专用工具才能解除其联锁功能的结构。

6.2.6.3 正常运行时产生火花或电弧的电气设备，应设有联锁装置。当电源接通时壳盖不能打开；壳盖打开后电源不能接通。

a) 启动器除符合本条规定外，还须符合本标准的 6.5.1 条的规定。

b) 煤电钻变压器综合保护装置除符合本条规定外，还应符合本标准的 6.5.5 条的规定。

c) 照明信号综合保护装置除符合本条规定外，还应符合本标准 6.5.6 的规定。

6.2.6.4 直流电压高于 60 V，交流电压高于 36 V 的电气设备凡开盖或取下设备零部件后可能触及带电部分时应设置防护等级不低于 IP 20 的防护罩，并按 GB 2894 规定设置“当心触电”的警告牌。

6.2.6.5 用隔离开关联锁的结构，应保证触头接通、断开位置准确。

6.2.6.6 内装电容器、电热器且具有快动式门或盖结构的煤矿井下用电气设备，应设置符合 GB 3836.1的开盖(或门)时间间隔的警告牌，应符合 GB 3836.1 通用要求。

6.2.7 电气间隙和爬电距离

电气设备进出线端子、不同电位间裸露导电部分的电气间隙、爬电距离应符合 GB3836.3 的规定，见表 4。绝缘材料的耐起痕性应符合 GB 3836.3 的规定，见表 5。

表 4 电气间隙和爬电距离

工作电压 U V	最小电气间隙 mm	最小爬电距离 mm 材料级别		
		Ⅰ	Ⅱ	Ⅲ$_a$
$U \leqslant 15$	1.6	1.6	1.6	1.6
$15 < U \leqslant 30$	1.8	1.8	1.8	1.8
$30 < U \leqslant 60$	2.1	2.1	2.6	3.4
$60 < U \leqslant 110$	2.5	2.5	3.2	4
$110 < U \leqslant 175$	3.2	3.2	4	5
$175 < U \leqslant 275$	5	5	6.3	8
$275 < U \leqslant 420$	6	8	10	12.5
$420 < U \leqslant 550$	8	10	12.5	16
$550 < U \leqslant 750$	10	12	16	20
$750 < U \leqslant 1\,100$	14	20	25	32
$1\,100 < U \leqslant 2\,200$	30	32	36	40
注：Ⅰ类电气设备额定电压 1140 V 的最小爬电距离和最小电气间隙值可用线性内插法计算。				

表 5 绝缘材料的耐起痕性

材料组别	相比漏电起痕指数(CTI)
Ⅰ	600≤CTI
Ⅱ	400≤CTI<600
$Ⅲ_a$	175≤CTI<400

6.2.8 接地装置

电气设备应设有专用接地装置,应符合 GB 3836.1 接地规定。

6.2.9 交变湿热试验

电气设备应具有耐潮性能,矿用一般型必须符合 GB/T 12173 耐潮性能规定,防爆型必须符合 GB 3836.1的湿热试验规定。

6.2.10 表面温度

电气设备表面可能堆积粉尘时,允许最高表面温度为+150℃;采取措施防止堆积时,则为+450℃。

6.2.11 电气设备外壳上一般应有电气原理图或接线图标牌,图中标示的图形符号和接线编号应符合 GB/T 4026、GB/T 4728.1、GB/T 5094、GB/T 7159 等有关标准的规定。

6.2.12 电气设备的外壳一般按该设备的颜色来区分工作电压。1.14 kV 为黄色或白色,0.66 kV 为灰色。

6.3 供电系统一般要求

6.3.1 矿井供电采用两回路电源线路。井下各水平中央变(配)电所、主排水泵房和下山开采的采区排水泵房供电线路,不得少于两回路。当任一回路停止供电时,其余回路应能担负全部负荷。主要通风机、提升人员的绞车、抽放瓦斯泵等主要设备房,应各有两回路直接由变(配)电所馈出的供电线路;受条件限制时,其中的一个回路可引自上述同种设备房的配电装置。

6.3.2 供电系统配电设备必须具有选择性漏电保护功能,确保发生漏电故障时,漏电支路开关跳闸并闭锁,缩小停电面积。

6.3.3 供电系统控制设备必须具有分级闭锁和选择性断电保护功能,保证在任何情况下打开电源进线腔或主腔前,该支路上级开关实现选择性断电并闭锁,接线端子不带电。

6.3.4 供电系统中的配电与控制设备必须具有状态监测功能,保证对系统设备运行状态进行实时监测。

6.3.5 供电系统中严禁使用油浸式电气设备。

6.3.6 井下防爆电气设备的运行、维护和修理,必须符合《煤矿安全规程》第四百八十九条防爆性能的各项技术要求。防爆性能遭受破坏的电气设备必须立即处理或更换,严禁继续使用。

6.3.7 供电系统供电设备应具有短路、过载和漏电(含漏电闭锁)保护。低压控制设备应具有短路、过载、断相、漏电闭锁等保护及远程控制装置。

6.3.8 井上、下必须装设防雷电装置。

6.4 系统安全技术要求

6.4.1 井下低压电缆

6.4.1.1 井下严禁采用铝包电缆,必须选用取得煤矿矿用产品安全标志的阻燃电缆,电缆主线芯的截面应满足供电系统负荷的要求。

6.4.1.2 固定敷设的低压电缆,应采用 MVV 型铠装或非铠装电缆或对应电压等级的移动橡套软电缆。

6.4.1.3 非固定敷设的低压电缆,必须采用符合 MT 818 标准的橡套软电缆。

6.4.1.4 照明、通讯、信号和控制用的电缆,应采用铠装或非铠装通讯电缆、橡套电缆。

6.4.2 井下电气设备保护接地

6.4.2.1 电压在 36 V 以上和由于绝缘损坏可能带有危险电压的电气设备的金属外壳、构架、铠装电缆的钢带(或钢丝)、铅皮或屏蔽护套等必须有保护接地。

6.4.2.2 接地网上任一保护接地点的接地电阻值不得超过 2 Ω。从任意一个局部接地装置处测得的总接地网的接地电阻不得超过 2 Ω。每一移动式和手持式电气设备至局部接地极之间的保护接地的电缆芯线和接地连接导线的电阻值,不得超过 1 Ω。

6.4.2.3 所有电气设备的保护接地装置和局部接地装置,应与主接地极连接成一个总接地网。

6.4.2.4 低压配电点或装有三台以上电气设备的地点,须装设局部接地极。

6.4.2.5 连接主接地极的接地母线,须采用截面不小于 50 mm^2 的铜线,或截面不小于 100 mm^2 的镀锌铁线,或厚度不小于 4 mm、截面不小于 100 mm^2 的扁钢。

6.4.2.6 电气设备的外壳与接地母线或局部接地极的连接,电缆连接装置与铠装、铅皮的连接,应采用截面不小于 25 mm^2 的铜线,或截面不小于 50 mm^2 的镀锌铁线,或厚度不小于 4 mm、截面不小于 50 mm^2的扁钢。

6.4.2.7 橡套电缆的接地芯线,除用作监测接地回路外,不得兼作他用。

6.5 电气设备安全技术要求

6.5.1 供电系统用电磁启动器除符合产品标准规定外,还应具有分级闭锁保护功能,保证在接线端子不带电情况下方能打开接线腔。负载接线腔闭锁于本级开关,电源接线腔和主腔闭锁于上级开关。

6.5.2 真空电磁启动器应具有与任何监测监控系统联网通讯的功能,保证对真空电磁启动器运行状态实时监测。监测的功能状态至少具有:设备开停、漏电闭锁、短路、过载、断相、欠压、过压及显示。

6.5.3 供电系统用真空馈电开关除符合产品标准规定外,必须具有选择性漏电保护功能,其性能应满足相关标准的规定。

6.5.4 矿用隔爆型真空馈电开关除符合产品标准规定外,还应具有与任何监测系统联网通讯的功能,保证对真空馈电开关运行状态实时监测。监测的功能状态至少具有:设备开、设备停、漏电故障(含漏电闭锁)、短路故障、过载故障、欠压故障和过压故障。

6.5.5 供电系统用煤电钻变压器综合保护装置除符合产品标准规定外,还应具有全闭锁保护功能,保证在接线端子不带电情况下方能打开接线腔。

6.5.6 供电系统用照明信号综合保护装置除符合产品标准规定外,还应具有全闭锁保护功能,保证在接线端子不带电情况下方能打开接线腔。

6.6 电气设备电气性能要求

6.6.1 动作性能

6.6.1.1 动作性能应符合 GB/T 14048.1 中的规定。

6.6.1.2 对于启动器等控制电器,当用电磁操作时,在周围温度－5℃～40℃范围内,在控制电源电压(U_s)为额定值的 75%～110%范围内均应可靠地吸合;在额定控制电源电压 U_s 的 20%～60%(直流为 10%～60%)范围内启动器应能释放。

6.6.1.3 启动器的过载保护动作范围及动作时间的要求:用热继电器作过载保护时,其特性应符合表 6 的规定;用电子保护器作过载保护时,其特性应符合表 7 的规定。

表 6 启动器过载保护特性

过载电流/整定电流	动作时间(热元件)	起始状态	周围环境温度
1.05	$>$1 h($I_e \leqslant$63 A) $>$2 h($I_e>$63 A)	冷态	+20℃
1.20	$<$20 min	热态	
1.5	$<$3 min	热态	+20℃
6	$\geqslant$5 s	冷态	+20℃

表 7 启动器过载保护特性

实际电流/整定电流	动作时间		起始状态	复位方式	复位时间 min
	La 组	Lb 组			
1.05	长期不动作	长期不动作			
1.2	$t_{1,2}<20$ min	5 min$<t_{1,2}<$20 min	热态	自动	$1<t_r<3$
1.5	$t_{4,2}<3$ min	1 min$<t_{4,5}<$3 min	热态	自动	$1<t_r<3$
6	$t_6\geqslant5$ s	8 s$\leqslant t_6\leqslant$16 s	冷态	自动	$1<t_r<3$

注 1：100 A 以下使用于恒定负载的电子过载保护特性可选用系列 La 组；100 A 及以上或使用于变动负载的电子过载保护器，过载保护特性优先选用系列 Lb 组。

注 2：电子过载保护器热积累系数 c 应大于 20%、小于 70%。

6.6.1.4 配电电器的分励脱扣器、欠压脱扣器、过流脱扣器的动作范围按 GB/T 14048.1 中欠电压继电器和脱扣器动作范围、分励脱扣器动作范围、电流动作继电器和脱扣器动作范围的规定执行。

6.6.1.5 配电和控制电机用的馈电开关的过载长延时电子脱扣器的动作特性应符合表 8 规定，配电开关的热过载长延时脱扣器的动作特性应符合表 9 规定。

表 8 反时限过载长延时电子脱扣器的动作特性

过载电流/整定电流	动作时间	脱扣器状态
1.05	2 h 不动作	冷态
1.2	0.2 h～1 h	热态
1.5	90 s～180 s	热态
2.0	45 s～90 s	热态
4.0	14 s～45 s	热态
6.0	8 s～14 s	冷态

表 9 配电开关的热过载长延时脱扣器的动作特性

过载电流/整定电流	动作时间	脱扣器状态
1.05	1 h 不动作($I_q\leqslant63$ A) 2 h 不动作($I_q>63$ A)	冷态(30℃)
1.3	1 h 不动作($I_q\leqslant63$ A) 2 h 不动作($I_q>63$ A)	热态

6.6.2 温升

6.6.2.1 启动器等控制电器、低压馈电开关的接线端子温升，邻近部件温升，主回路和控制回路等导电部件的温升应符合 GB/T 14048.1、GB 14048.2、GB 14048.4 的规定。

6.6.2.2 启动器等的线圈和电磁铁的绕组温升按表 10 执行。

表 10 绝缘线圈的温升极限(空气中)

绝缘材料等级	用电阻法测量温升极限 K
A	65
E	80

表 10（续）

绝缘材料等级	用电阻法测量温升极限 K
B	90
F	115
H	140
注1：线圈的温升极限按环境温度40℃为基础规定，对于环境温度低于40℃的使用条件，表中温升极限可在所有绝缘材料的允许工作温度范围内相应调整。 注2：表中规定的工作制是不间断工作制和8h工作制，对于断续周期工作制绕组的温升，按GB 14048.4中断续周期工作制绕组的操作条件进行操作时，其温升仍按表10规定，其中线圈通电时间按负载因素选取，由产品标准规定推荐采用15%、25%、40%、60%档次。	

6.6.3 **介电性能**

6.6.3.1 **额定冲击耐受电压**

电器的额定冲击耐受电压应符合GB/T 14048.1中的规定。

6.6.3.2 **工频耐压**

6.6.3.2.1 介电性能应符合GB/T 14048.1中的规定。

6.6.3.2.2 工频耐压试验见表11。

表 11 工频耐压试验电压值 V

额定绝缘电压(U_i)	工频耐压试验电压值(交流有效值)
$U_i \leqslant 60$	1000
$60 < U_i \leqslant 300$	2000
$300 < U_i \leqslant 690$	2500
$690 < U_i \leqslant 800$	3000
$800 < U_i \leqslant 1200$	4200
$1200 < U_i \leqslant 1600$(仅限直流)	4200

电器在电气性能试验(如通断试验、短路试验等)后验证介电性能，其最低工频耐压值为$2U_i$(但不小于1000 V交流有效值)，有关产品标准可以规定较高的试验电压，推荐的优先值为$2U_i+1000$ V(交流有效值)，但对湿热试验后的工频耐压应参照湿热带同类电器标准，应用全压验证介电性能。

本安型、增安型电器的介电性能应符合GB 3836.4、GB 3836.3中的规定。

6.6.3.3 **绝缘电阻**

电气设备的绝缘电阻值见附录A。

6.6.4 **在空载、正常负载和过载条件下，接通、承载和分断电流的能力**

6.6.4.1 **额定接通与分断能力**

6.6.4.1.1 启动器类控制电器接通与分断能力应符合GB 14048.4中的规定。

6.6.4.1.2 启动器类控制电器不同使用类别的接通与分断能力按表12规定。

表 12 不同使用类别的接通和通断条件

使用类别	额定工作电流 A	接通条件			通断条件			通断时间 s	间断时间 s	操作次数
		I/I_e	U/U_e	$\cos\phi$	I/I_e	U/U_e	$\cos\phi$			
AC-3	$I_e \leqslant 100$	10	1.1	0.35	8	1.1	0.35	0.05	注 2	50
	$I_e > 100$	8	1.1	0.35	6	1.1	0.35	0.05	注 2	50
AC-4	$I_e \leqslant 100$	12	1.1	0.35	10	1.1	0.35	0.05	注 2	50
	$I_e > 100$	10	1.1	0.35	8	1.1		0.05	注 2	50

注 1：表中所列 0.05 s 为最小值，最大通电时间不超过 0.2 s，若触头在重新断开之前已经完全闭合，则允许时间小于 0.05 s。

注 2：GB/T 14048.4 中，通电能力与间隔时间之间的关系适用，若制造厂同意，也可缩短间隔时间。

注 3：U/U_e 允许误差为±5%。

注 4：接通必须验证，若制造厂同意接通与通断一起进行，操作循环也为 50 次，其中 25 次为 100%U_s，25 次为 75%U_s。

6.6.4.1.3 本标准未涉及的其他使用类别矿用电气设备，可按 GB/T 14048.1 及有关产品标准、行业标准的适用条款执行。

6.6.4.2 启动器用隔离开关和隔离换相开关的额定分断能力

6.6.4.2.1 启动器用隔离电器的分断能力应符合 GB 14048.3 中的规定。

6.6.4.2.2 验证额定分断能力条件应符合表 13 的规定。

6.6.4.3 密集通断能力

矿用启动器类控制电器具有密集通断能力要求，通断时间间隔(短时操作频率)为:1800 次/h，操作循环次数为 10 次，其他通断参数按 AC-4 类电寿命要求。

表 13 验证额定分断能力条件

使用类别	额定工作电流	分断条件			操作循环次数（正反）
		I/I_e	U/U_e	$\cos\phi\pm0.05$	
AC-20B	所有电流	1	1	0.35	3
AC-22B	所有电流	3	1	0.35	3
AC-23B	所有电流	6	1	0.35	3
		8	1	0.35	3

注 1：AC-20B 使用类别的 I_e 分断能力较低，应逐渐淘汰。

注 2：AC-22B 类别，一般应达到 $3I_e$ 分断，推荐优先采用 AC-23B $6I_e$（或 $8I_e$）的分断条件。

6.6.4.4 可逆真空启动器的接通与分断能力

可逆真空启动器的接通与分断应能在表 12 规定（AC-4）条件下进行 50 次可逆转换操作，程序如下：

闭合 A→断开 A→闭合 B→断开 B→间隔时间

6.6.4.5 双速启动器的接通与分断能力

双速启动器的接通与分断能力同一般启动器，产品应具有低速到高速自动或手动切换装置，切换可采用时间原则和电流原则。

6.6.4.6 耐受过载电流能力

使用类别 AC-3、AC-4 的启动器的耐受过载电流能力应符合 GB 14048.4 中的规定。

6.6.4.7 约定操作性能

6.6.4.7.1 开关电器应符合 GB/T 14048.1 中约定操作性能的规定。

6.6.4.7.2 启动器类的约定操作性能的操作控制电源电压，按本标准操作条件规定，对于不同使用类别的操作的接通与分断条件应符合 GB 14048.4 中约定操作性能的规定。

6.6.4.8 **机械寿命(机械耐久性)**

开关电器机械寿命应符合 GB/T 14048.1、GB 14048.2、GB 14048.3、GB 14048.4 中机械寿命条款的规定,机械寿命次数应为:0.1,0.3,1,3,6,10,30,100 万次。

6.6.4.9 **电寿命(电气耐久性)**

开关电器电寿命应符合 GB/T 14048.1、GB 14048.2、GB 14048.4 电寿命条款规定,具体次数由相关标准加以规定。

6.6.5 **接通、承载和分断短路电流的能力**

6.6.5.1 **与短路保护电器的协调配合**

6.6.5.1.1 启动器及其组合电器应符合 GB/T 14048.1、GB 14048.4 中与短路保护电器的协调配合要求。

6.6.5.1.2 短路条件下的性能(额定限制短路电流)见表 14。

表 14 相应于额定工作电流的预期试验电流 r

额定工作电流(AC-3) A	预期试验电流 r kA
$I_e \leqslant 16$	0.6
$16 < I_e \leqslant 63$	1.5
$63 < I_e \leqslant 125$	2.5
$125 < I_e \leqslant 200$	3.0
$200 < I_e \leqslant 400$	4.5
$400 < I_e \leqslant 630$	6.0
$630 < I_e$	用户与制造厂协商

注 1:试验点的预期短路电流 q 应小于有关保护形式的最大预期短路电流,且仅当 q 值大于 r 值时,才进行 q 电流试验。

注 2:表中所示的 r 为最小预期试验电流。

6.6.5.1.3 过载继电器与短路保护器(SCPD)之间的选择性应符合 GB 14048.4 中的规定。

6.6.5.1.4 矿用启动器及其组合电器应具有极限(短路)分断能力,极限分断能力电流值应符合表 15 规定。

表 15 启动器的极限(短路)分断电流值

额定工作电流 A	极限分断电流 kA	U_t/U_e	$\cos\phi$	通电时间 s	间隔时间 s	试验次数
$I_e \leqslant 16$	0.6	1	0.65±0.05	0.05~0.2	180	3
$16 < I_e \leqslant 63$	1.5					
$63 < I_e \leqslant 80$	2.0					
$80 < I_e \leqslant 125$	2.5					
$125 < I_e \leqslant 200$	3.0					
$200 < I_e \leqslant 250$	4.5					
$250 < I_e \leqslant 400$	4.5					
$400 < I_e \leqslant 630$	6.0					

注 1:如制造厂同意,允许延长通电时间。

注 2:启动器的极限(短路)分断能力与 SCPD 的配合紧密关联,如安装点的预期短路电流大于极限分断能力,制造厂应采用适当的 SCPD。短路保护电器相配合协调,一般用熔断器作为 SCPD 为主要配合短路保护。

6.6.5.2 配电电器(馈电开关)的短路性能

馈电开关等配电电器的短路性能应符合 GB 14048.2 中的规定,具体要求由产品标准规定。

6.6.6 通断操作过电压

6.6.6.1 应符合 GB/T 14048.1 通断操作过电压的规定。

6.6.6.2 开关电器的操作过电压,尤其对真空开关电器,制造厂应向用户提供所用真空开关电器触头的截流值(I_c)测试数据或过电压吸收装置的有关验证过的数据。

6.6.6.3 电器操作过电压不超过 $2U_e$。用户与制造厂通过协商后也可委托质检机构测试过电压倍数。

6.6.7 保护

6.6.7.1 启动器应具有短路、过载、断相、欠压保护、漏电闭锁、接线腔开盖分级闭锁功能,还应具有远距离控制装置。

6.6.7.2 井下真空馈电开关应具有过载保护、欠压保护和短路保护,还须装设漏电闭锁和选择性漏电保护装置。

6.6.7.3 煤电钻综合保护装置除具有漏电、漏电闭锁、短路、过载和远距离控制装置外,还应具有断相保护装置和全闭锁功能。

6.6.7.4 总馈电开关漏电保护装置的基本参数规定如表 16。

表 16 总馈电开关漏电保护装置的基本参数

额定电压 V	单相漏电动作 电阻整定值 kΩ	三相漏电动作 电阻值 kΩ	单相漏电闭锁 电阻整定值 kΩ	单相经 1 kΩ 电阻接地时 漏电保护动作时间 t ms
1140	20×(1+20%)	60×(1+20%)	40×(1+20%)	分两档: Ⅰ ≤30 Ⅱ 250≤t≤300
660	11×(1+20%)	33×(1+20%)	22×(1+20%)	
380	3.5×(1+20%)	10×(1+20%)	7.0×(1+20%)	

6.6.7.5 分支馈电开关漏电保护装置的基本参数规定如表 17。

表 17 分支馈电开关漏电保护装置的基本参数

额定电压 V	电网对地电容不大于 1 μF, 单相对地动作电阻值 kΩ	单相经 1 kΩ 电阻接地时 漏电保护动作时间 t ms
1140	5~20	≤30
660	5~13	
380	3~7	

6.6.7.6 127 V 漏电保护功能的基本参数规定如下:

a) 单相漏电动作电阻整定值为 2+20% kΩ;

b) 单相漏电闭锁电阻整定值为 2+20% kΩ;

c) 单相经 1 kΩ 电阻接地时,漏电保护动作时间 t≤250 ms。

6.6.8 电子电器抗电磁干扰要求

电子电器的抗电磁干扰应符合 GB/T 14048.1 中的规定。

6.6.9 耐低温(高温)性能

电子电器等对温度敏感的元器件、插件、组件等要求进行高低温试验,以证明其适应性能。

7 试验方法与要求

7.1 结构与防爆性能

7.1.1 矿用一般型按 GB/T 12173 的规定执行。

7.1.2 隔爆型电气设备按 GB 3836.1 和 GB 3836.2 的规定执行。

7.1.3 增安型电气设备按 GB 3836.1 和 GB 3836.3 的规定执行。

7.1.4 本质安全型电气设备按 GB 3836.1 和 GB 3836.4 的规定执行。

7.2 电气性能

矿用电器的各项试验方法如表 18 规定。

表 18 电气性能验证试验方法规定

序号	试验项目	应符合的标准条款
1	动作(操作条件)特性、电磁操作特性、脱扣特性	GB/T 14048.1 中验证动作范围 GB 14048.4 中动作范围 GB 14048.2 中脱扣动作范围
2	温升(发热)试验	GB 14048.2、GB 14048.4 中温升试验
3	介电性能 冲击耐压试验 工频耐压试验	GB/T 14048.1、GB 14048.2、GB 14048.3、GB 14048.4 中介电性能试验 GB 3836.4、GB 3836.2 中工频耐压试验要求
4	空载、正常负载和过载条件下接通、承载和分断电流的能力 额定接通与分断能力试验 密集通断能力试验 耐受过载电流能力试验 可逆转换能力试验 电寿命试验 约定操作性能试验	GB/T 14048.1、GB 14048. 2～4 中接通与分断能力 GB 14048.4 中接通与分断能力 GB 14048.4 耐受过载电流能力 GB 14048.4 可逆转换试验 GB 14048.4 电寿命试验 GB 14048.2 电寿命试验 GB/T 14048.1、GB 14048.2～4 中空载操作、负载操作试验
5	短路条件下的性能 短路接通与分断能力试验 SCPD 协调配合试验 短路关合和断开试验 短时耐受电流试验 极限分断能力	 GB/T 14048.1、GB 14048.2～4 中短路接通与分断能力 GB/T 14048.1、GB 14048.4 中试验与 SCPD 协调配合试验 GB 14048.2 中的短路耐受电流动、热稳定试验
6	通断操作过电压	GB 14048.4 操作过电压试验
7	保护试验	GB/T 10233、GB/T 14048.1、GB 14048.4、MT 175、MT 189 中保护性能试验
8	电子电器抗电磁干扰试验	GB/T 14048.1 中抗电磁干扰试验
9	耐低温(和高温)试验	MT 209 中高低温试验
10	冲击与振动试验	由有关产品标准具体规定
注：使用类别 A 的电器无短时耐受电流试验要求。		

附 录 A
（规范性附录）
煤矿井下低压电气设备的绝缘电阻

煤矿井下低压电气设备的绝缘电阻见表 A1。

表 A1

条 件	绝缘电阻值 MΩ					
	≤60 V	127 V	220 V	380 V	660 V	1 140 V
常温：20±5℃ 相对湿度：50%～70%	≥2	>20	>20	>20	>50	>100
湿热试验后	1	1.5	1.5	1.5	2.0	2.5
注：常温下的数据，可作为出厂检验数据，型式试验时不能作为合格判别依据。						

ICS 13.100
D 09
备案号：18909—2006

AQ

中华人民共和国安全生产行业标准

AQ 1024—2006
代替 MT 637—1996

煤与瓦斯突出矿井鉴定规范

Specification for identification of coal and gas outburst mine

2006-11-02 发布　　2006-12-01 实施

国家安全生产监督管理总局　发布

前 言

本标准依据原国家安全生产监督管理局、国家煤矿安全监察局2004年颁布的《煤矿安全规程》、原煤炭工业部1995年颁发的《防治煤与瓦斯突出细则》和国家煤矿安全监察局2005年下发的《关于加强煤与瓦斯突出矿井鉴定工作的通知》文件，对原煤炭行业标准MT 637—1996进行的修订。

本标准代替MT 637—1996《煤与瓦斯突出矿井鉴定规范》。

本标准与MT 637—1996相比主要变化如下：

a) 对范围进行了扩展(本标准1)；

b) 增加了“规范性引用文件”(本标准2)；

c) 修改了“煤与瓦斯突出矿井”的定义(本标准3.3；MT 637—1996的2.3)；

d) 将“鉴定报告的审批程序”(MT 637—1996的8)完善为“鉴定与审批程序”(本标准4)；

e) 将判据与判定规则(MT 637—1996的3、4、5)合并到鉴定方法一章中(本标准5)；

f) 增加了用抛出煤的吨煤瓦斯涌出量判定突出的指标、计算方法和判断规则(本标准5.1.2和5.2.2)；增加了用突出预兆判定煤层突出危险性的指标(本标准5.1.3)，细化了原有指标的采用、测定方法和测点要求(本标准5.1.3、附录A和附录B；MT 637—1996的4)；增加了判定非突出煤层的范围界定(本标准5.2.3)；

g) 增加了对突出矿井鉴定报告的格式要求(本标准7.2)；

h) 按照GB/T 1.1—2000(标准化工作导则　第一部分：标准的结构和编写规则)的要求，对MT 637—1996的部分内容编写格式进行了规范(本标准5、6、7、8；MT 637—1996的3、6、7、9)；

i) 对附录C的部分术语和错别字进行了修改，将“突出”改为“瓦斯动力现象”(附录C)；

j) 增加了附录A和附录B。

本标准的附录A、附录B、附录C、附录D为规范性附录。

本标准由国家煤矿安全监察局提出。

本标准由全国安全生产标准化技术委员会煤矿安全分技术委员会归口。

本标准起草单位：煤炭科学研究总院重庆分院。

本标准主要起草人：胡千庭、赵旭生、邹银辉、李秋林、康建宁、张庆华、雷红艳。

煤与瓦斯突出矿井鉴定规范

1 范围

本标准规定了煤与瓦斯突出矿井和突出煤层的鉴定方法、审批程序和鉴定报告内容等。

本标准适用于井工开采煤矿进行煤与瓦斯突出矿井鉴定和突出煤层鉴定，也适用于岩石与二氧化碳（瓦斯）突出矿井的鉴定。

2 规范性引用文件

下列文件中的条款通过本标准的引用而成为本标准的条款。凡是注日期的引用文件，其随后所有的修改单（不包括勘误的内容）或修订版均不适用于本标准，然而，鼓励根据本标准达成协议的各方研究是否可使用这些文件的最新版本。凡是不注日期的引用文件，其最新版本适用于本标准。

MT/T 638 煤矿井下煤层瓦斯压力的直接测定方法

MT/T 49 煤的坚固性系数测定方法

3 定义

本标准采用下列定义。

3.1

煤与瓦斯突出 coal and gas outburst

在地应力和瓦斯的共同作用下，破碎的煤、岩和瓦斯由煤体或岩体内突然向采掘空间抛出的异常的动力现象。

3.2

煤与瓦斯突出煤层 coal and gas outburst seam

在采掘过程中发生过煤与瓦斯突出的煤层。

3.3

煤与瓦斯突出矿井 coal and gas outburst mine

在采掘过程中发生过煤与瓦斯突出的矿井。

4 鉴定和审批程序

4.1 鉴定申请

矿井（以自然井为单位）或煤层初次发生瓦斯动力现象后，煤矿企业应及时向当地煤炭行业主管部门和煤矿安全监察机构报告，保留发生瓦斯动力现象后的现场，并实时监测瓦斯动力现象影响区域的瓦斯浓度、风量及其变化情况等。同时，必须委托具有煤与瓦斯突出危险性鉴定资质的鉴定机构鉴定，如实提供鉴定所需的具有法律效力的相关资料，确保提交资料的真实、可靠和完整；并及时准备鉴定所需的相关设备和材料等，密切配合鉴定机构开展鉴定工作。

4.2 技术鉴定

鉴定机构接受鉴定委托后，应指派不少于2名具有现场经验和中级职称以上的技术人员作为鉴定人，严格按照国家和行业相关技术标准，在进行现场勘查、分析和核实有关资料，必要时进行有关参数测定的基础上，提出技术鉴定报告，鉴定结论应当明确。

4.3 审批及备案

在鉴定机构提交鉴定报告后，煤矿企业应及时向省（自治区、直辖市）煤炭行业主管部门提出审批申请,经审批后将批复结果抄报省级及地方煤矿安全监察机构备案。

煤矿企业应将批准后的文件抄送原鉴定单位存档,鉴定机构每年应将突出矿井鉴定报告或汇总表报送全国煤与瓦斯突出档案室存档。

5 鉴定方法

5.1 煤与瓦斯突出矿井(或煤层)的判定依据

5.1.1 煤与瓦斯突出的基本特征

煤与瓦斯突出可分为煤与瓦斯突然喷出(简称突出)、煤的压出伴随瓦斯涌出(简称压出)和煤的倾出伴随瓦斯涌出(简称倾出)3 种类型,其基本特征如下:

a) 突出的基本特征:

1) 突出的煤向外抛出的距离较远,具有分选现象;

2) 抛出的煤堆积角小于自然安息角;

3) 抛出的煤破碎程度较高,含有大量碎煤和一定数量手捻无粒感的煤粉;

4) 有明显的动力效应,如破坏支架,推倒矿车,损坏或移动安装在巷道内的设施等;

5) 有大量的瓦斯涌出,瓦斯涌出量远远超过突出煤的瓦斯含量,有时会使风流逆转;

6) 突出孔洞呈口小腔大的梨形、舌形、倒瓶形、分岔形以及其他形状。

b) 压出的基本特征:

1) 压出有两种形式,即煤的整体位移和煤有一定距离的抛出,但位移和抛出的距离都较小;

2) 压出后,在煤层与顶板之间的裂隙中常留有细煤粉,整体位移的煤体上有大量的裂隙;

3) 压出的煤呈块状,无分选现象;

4) 巷道瓦斯涌出量增大;

5) 压出可能无孔洞或呈口大腔小的楔形、半圆形孔洞。

c) 倾出的基本特征:

1) 倾出的煤就地按自然安息角堆积、无分选现象;

2) 倾出的孔洞多为口大腔小,孔洞轴线沿煤层倾斜或铅锤(厚煤层)方向发展;

3) 无明显动力效应;

4) 倾出常发生在煤质松软的急倾斜煤层中;

5) 巷道瓦斯涌出量明显增加。

5.1.2 抛出煤炭的吨煤瓦斯涌出量

5.1.2.1 抛出煤炭的吨煤瓦斯涌出量可作为判断煤与瓦斯突出的辅助指标。瓦斯动力现象抛出煤炭的吨煤瓦斯涌出量为瓦斯动力现象涌出的瓦斯量除以抛出的煤炭量,单位为 m^3/t。

5.1.2.2 抛出的煤量指堆积于原采、掘工作面空间内的煤量,单位为 t。煤量的计算根据实际情况可采用下列方法之一:

a) 实际清理出的煤量;

b) 按照煤炭的堆积体积计算,抛出煤炭的粒度差别较大时,可分段按照不同堆积密度计算,堆积煤炭的密度取值范围为 $0.8\ t/m^3 \sim 1.0\ t/m^3$。

5.1.2.3 瓦斯涌出量为发生瓦斯动力现象后回风巷中的瓦斯从升高开始,截至恢复到瓦斯动力现象发生前状态的增量。对瓦斯涌出量长时间不能恢复到瓦斯动力现象发生前的瓦斯涌出状态的,计算截止时间为瓦斯涌出量降到 $1.0\ m^3/min$ 时或到瓦斯涌出量降到稳定状态时。

瓦斯涌出量可根据工作面、采区、矿井一翼或总回风流中的瓦斯浓度和风量的测定值计算,并应尽量选用靠近突出工作面、而且瓦斯浓度测值没有超过测量仪器(或传感器)量程的测点资料,当发生瓦斯逆流或局部通风系统遭到破坏时,应选用采区、矿井一翼或总回风流中的测点资料计算。瓦斯涌出量可根据瓦斯浓度和风量的测值变化规律,采用曲线拟合后再积分的方法计算,或者采用分段取平均值的方法计算。如果突出后未测定回风流真实风量，当风流中瓦斯浓度大于10%时，应按照瓦斯浓度和正常风量进行风量校正。

5.1.3 煤层突出危险性的指标

判定煤层是否具有突出危险性的指标可用煤的破坏类型、瓦斯放散初速度指标(Δp)、煤的坚固性系数(f)和煤层瓦斯压力(p)。以上指标的测定点分布应能有效代表待鉴定采掘范围的煤层，测点应按照不同的地质单元分别进行布置，每个地质单元内在煤层走向和倾向方向分别布置3个以上测点。各指标值取鉴定煤层各测点的最高煤层破坏类型、煤的最小坚固性系数、最大瓦斯放散初速度指标和最大瓦斯压力值。煤的坚固性系数(f)测定按MT/T 49执行，煤层瓦斯压力(p)按MT/T 638执行，煤的破坏类型按附录A确定，瓦斯放散初速度指标(Δp)按附录B测定。

在生产过程中出现的喷孔或其他典型突出预兆，也应作为判定煤层具有突出危险性的指标。

5.2 煤与瓦斯突出矿井(或煤层)的判定规则

5.2.1 根据矿井实际发生的瓦斯动力现象判定

确定矿井是否为突出矿井，主要以实际发生的瓦斯动力现象为依据。矿井在采掘过程中只要发生过一次符合5.1.1中煤与瓦斯突出基本特征的瓦斯动力现象，发生瓦斯动力现象的煤层定为突出煤层，该矿井即定为突出矿井。

5.2.2 根据抛出煤炭的吨煤瓦斯涌出量判定

当瓦斯动力现象的煤与瓦斯突出基本特征不明显，尚不能确定为或排除煤与瓦斯突出现象时，应计算瓦斯动力现象发生过程中抛出煤的吨煤瓦斯涌出量，抛出煤的吨煤瓦斯涌出量大于(或等于)30 m^3/t或为本区域煤层瓦斯含量的2倍以上的瓦斯动力现象，应定为煤与瓦斯突出，该煤层定为突出煤层，该矿井即定为突出矿井。

5.2.3 根据煤层突出危险性指标判定

对按照上述规则还不能判定性质的瓦斯动力现象，应根据测定的煤层突出危险性指标或典型突出预兆，进行综合分析，作出最后鉴定结论。煤层突出危险性指标临界值应根据实测资料确定，如无实测资料时，可参考表1所列数据划分。只有全部指标达到或超过临界值时，方可将发生动力现象的煤层定为突出煤层，矿井定为突出矿井。当生产中出现过喷孔或其他典型突出预兆时，也应将发生动力现象的煤层定为突出煤层，矿井定为突出矿井。

表1 判定煤层突出危险性单项指标的临界值

突出煤层危险性	煤的破坏类型	瓦斯放散初速度 Δp	煤的坚固性系数 f	煤层瓦斯压力 p/MPa
突出危险	Ⅲ、Ⅳ、Ⅴ	≥10	≤0.5	≥0.74

当煤层突出危险性指标达不到上述条件时，可将测点代表范围内的煤层暂时不定为突出煤层，当该矿井开采新水平、新采区、或垂深增加达到50 m或采掘范围扩大至新的区域时，再重新委托煤与瓦斯突出危险性鉴定。

6 委托鉴定报告的内容

凡初次发生瓦斯动力现象的矿井，应由煤矿企业及时向鉴定机构提出书面的委托鉴定报告，委托鉴定报告包括应以下资料：

a) 矿井概况：

1) 矿井地质概况：所属煤田、成煤时代、地质构造、煤层赋存、邻近矿井概况等；

2) 矿井生产概况：开拓方式、采煤方法、顶板管理方法、生产水平和开拓水平的标高及垂深；

3) 矿井通风瓦斯概况：通风方式、风量、瓦斯涌出量、瓦斯压力、瓦斯含量、瓦斯抽放方法及抽放量等。

b）发生瓦斯动力现象地点的情况：

1）发生瓦斯动力现象采区的地质资料：断层和褶曲的分布、煤层厚度及倾角的变化；

2）该地点的巷道名称、类别、标高及距地表的垂深；

3）发生动力现象地点与邻近层开采的相对位置；

4）该采区的煤层瓦斯压力、瓦斯含量、煤的坚固性系数和破坏类型。

c）瓦斯动力现象发生前后的实况描述和瓦斯动力现象的主要特征：

1）发生瓦斯动力现象前的作业情况、通风瓦斯情况、人员情况、出现的各种异常现象等；

2）发生瓦斯动力现象时的情况，包括时间、人员分布、声响、瓦斯涌出情况、人员撤离和抢救等；

3）发生瓦斯动力现象后的现场勘查情况和瓦斯动力现象的主要特征。

上述内容应详细描述，并按附录C内容填写矿井瓦斯动力现象卡片。

7 鉴定报告的内容及要求

7.1 鉴定报告内容

鉴定机构应根据申请鉴定矿井提交的有关资料分析、核实、研究，必要时进行现场考察和实验室测定后，提出对矿井突出危险性质的鉴定报告。

鉴定报告的主要内容：

a）矿井基本情况；

b）经审核后的动力现象发生情况；

c）确定瓦斯动力现象所属类型的依据；

d）作出是否属于突出矿井的结论；

e）应采取的措施及管理建议。

7.2 鉴定报告的格式要求

鉴定报告的格式应符合以下要求：

a）应采用A4纸张，报告内容字体一般采用宋体字，字号为小四号，封面的报告名称应采用二号黑体字；

b）封面内容应包括：鉴定报告编号、鉴定报告名称、鉴定单位和鉴定日期；

c）封一页上应包括鉴定报告编号、名称、鉴定单位法人代表和审批领导人姓名及其职称、鉴定人姓名及职称、鉴定单位和鉴定日期，并必须加盖鉴定机构公章或突出矿井鉴定专用章。

8 改定突出矿井性质的程序及报告内容

8.1 改定突出矿井性质的申报及审批程序

原定的突出矿井或突出煤层，在生产建设过程中未采取任何防突措施，连续5年以上再未发生过突出，应由煤炭企业组织有关部门和国家煤矿安全主管部门授权鉴定机构共同进行分析研究，特别要对以往所发生的瓦斯动力现象作进一步核实和定性分析，参照突出危险区域预测资料进行验证，特别要在对新区的瓦斯地质和突出危险指标有可靠的预测资料，并充分考虑开采活动的影响和瓦斯排放的情况下，确定为无突出危险后，由煤炭企业提出委托改定突出矿井性质的报告。经原突出矿井鉴定单位确认和原审批单位批准后，方可改定突出矿井性质，并报国家煤矿安全监察局备案。

8.2 改定突出矿井性质的报告内容

改定突出矿井性质的报告应包括以下内容：

a）矿井概况：

1）矿井地质概况：所属煤田、成煤时代、地质构造、煤层赋存情况等；

2）矿井生产概况：开拓方式、采煤方法、顶板管理方法、生产水平和开拓水平的标高及垂深；

3）突出煤层和非突出煤层的开采情况；

4） 通风方式、风量、瓦斯涌出量、瓦斯抽放方法及抽放量等。

b） 瓦斯基本参数：

1） 煤层瓦斯风化带深度；

2） 分水平、分区的煤层瓦斯压力、瓦斯含量、瓦斯放散初速度、煤的坚固性系数、煤层透气性系数等。

c） 以前发生的动力现象，记录卡片和定性分析意见；

d） 煤层突出危险性指标的验证资料；

f） 改定煤层及矿井突出性质的依据和结论。

9 岩石与二氧化碳（瓦斯）、煤与二氧化碳突出矿井的鉴定方法

岩石与二氧化碳（瓦斯）、煤与二氧化碳突出矿井的鉴定方法参照附录D执行。

附　录　A
（规范性附录）
煤的破坏类型分类表

表 A1　煤的破坏类型分类表

破坏类型	光泽	构造与构造特征	节理性质	节理面性质	断口性质	手试强度
Ⅰ类 （非破坏煤）	亮与半亮	层状构造，块状构造，条带清晰明显	一组或二三组节理，节理系统发达，有次序	有充填物（方解石），次生面少，节理、劈理面平整	参差阶状，贝状，波浪状	坚硬，用手难以掰开
Ⅱ类 （破坏煤）	亮与半亮	1. 尚未失去层状，较有次序 2. 条带明显，有时扭曲，有错动 3. 不规则块状，多棱角 4. 有挤压特征	次生节理面多，且不规则，与原生节理呈网状节理	节理面有擦纹、滑皮。节理平整，易掰开	参差多角	用手极易剥成小块，中等硬度
Ⅲ类煤 （强烈破坏煤）	半亮与半暗	1. 弯曲呈透镜体构造 2. 小片状构造 3. 细小碎块，层理紊乱无次序	节理不清，系统不发达，次生节理密度大	有大量擦痕	参差及粒状	用手捻之可成粉末、粹粒
Ⅳ类煤 （粉碎煤）	暗淡	粒状或小颗粒胶结而成，形似天然煤团	无节理，成粘块状		粒状	用手捻之可成粉末
Ⅴ类煤 （全粉煤）	暗淡	1. 土状构造，似土质煤 2. 如断层泥状			土状	易捻成粉末，疏松

附 录 B
（规范性附录）
瓦斯放散初速度指标（Δp）的测定方法

B.1 仪器设备及用具

测定瓦斯放散初速度指标（Δp）需要采用以下仪器、设备和用具：

a） 瓦斯放散初速度指标测定仪；

b） 真空泵；

c） 甲烷瓶（浓度大于95%）；

d） 分样筛（孔径0.2 mm、0.25 mm各一个）；

e） 天平（最大称量200 g，感量0.1 g）；

f） 小锤；

g） 漏斗。

B.2 采样与制样

B.2.1 采样

在煤层新暴露面上采取煤样250 g，地面打钻取样时取新鲜煤芯250 g。煤样要附有标签，注明采样地点、层位、采样时间等。

B.2.2 制样

将所采煤样进行粉碎，筛分出粒度为0.2 mm～0.25 mm的煤样。每一煤样取2个试样，每个试样重3.5 g。

B.3 测定步骤

B.3.1 把2个试样用漏斗分别装入瓦斯放散初速度测定仪的2个试样瓶中。

B.3.2 启动真空泵对试样脱气1.5 h。

B.3.3 脱气1.5 h后关闭真空泵，将甲烷瓶与试样瓶连接，充气（充气压力0.1 MPa）使煤样吸附瓦斯1.5 h。

B.3.4 关闭试样瓶和甲烷瓶阀门，使试样瓶与甲烷瓶隔离。

B.3.5 开动真空泵对仪器管道死空间进行脱气，使U型管汞真空计两端汞面相平。

B.3.6 停止真空泵，关闭仪器死空间通往真空泵的阀门，打开试样瓶的阀门，使煤样瓶与仪器被抽空的死空间相连接并同时启动秒表计时，10 s时关闭阀门，读出汞柱计两端汞柱差 p_1（mm），45 s时再打开阀门，60 s时关闭阀门，再一次读出汞柱计两端差 p_2（mm）。

B.4 瓦斯放散初速度指标的计算

瓦斯放散初速度指标按下式计算：

$$\Delta p = p_2 - p_1$$

同一煤样的两个试样测出 Δp 值之差不应大于1，否则需要重新进行测定。

附 录 C
（规范性附录）
矿井瓦斯动力现象记录卡片

表 C1 矿井瓦斯动力现象记录卡片

编号：______ ______省 ______县 ______公司 ______矿 ______井

发生时间		年 月 日 时	标高		瓦斯动力现象的主要特征	孔洞形状，轴线与水平面之夹角		
地点			距地面垂深					
煤层特征	名称		巷道类型			抛出煤量及岩石量 t	煤炭	岩石
	厚度 m		瓦斯动力现象发生地点煤层剖面图（注比例尺）			煤抛出距离及堆积坡度		
	倾角 (°)					抛出煤之粒度及分选情况		
	煤质					瓦斯动力现象发生地点附近围岩及煤层破碎情况		
顶底板岩性	顶板					动力效应（支架、巷道及设备破坏情况）		
	底板					发生前瓦斯压力及发生后的瓦斯涌出情况		
邻近层开采情况	上部							
	下部					其他		
地质构造叙述（断层、褶曲、厚度与倾角变化）								
支护形式					形成的孔洞及抛出煤的堆积情况（注比例尺）			
控顶距离 m			棚间距离 m					
通风方式			有效风量 m^3/min					
正常瓦斯浓度 %			绝对瓦斯量 m^3/min					
动力现象发生前作业及使用工具								
动力现象发生前所采取之措施（附图）					现场见证人（姓名、职务）			
预兆					伤亡情况			
					瓦斯动力现象类型及分析意见			
动力现象发生前及发生过程的描述			防突负责人		通风区（队）长		矿总工程师	矿长
			填表人				填表日期 年 月 日	

附　录　D
（规范性附录）
岩石与二氧化碳（瓦斯）、煤与二氧化碳突出矿井的鉴定方法

D.1　在地应力和二氧化碳（瓦斯）压力的共同作用下，破碎的岩石和二氧化碳（瓦斯）突然喷出到采掘空间的现象称为岩石和二氧化碳（瓦斯）突出；同样，破碎的煤和二氧化碳突然喷出到采掘空间的现象称为煤与二氧化碳突出。

D.2　岩石与二氧化碳（瓦斯）及煤与二氧化碳突出矿井的鉴定方法可参照上述煤与瓦斯突出的鉴定方法执行，但鉴定突出矿井的依据只能是根据动力现象本身的实际情况。

D.3　岩石与二氧化碳（瓦斯）突出的基本特征：

D.3.1　在砂岩中进行爆破时，在炸药直接作用范围外，发生破碎的岩石被抛出的现象。

D.3.2　有突出危险的砂岩岩层松软，呈片状、碎屑状，其岩芯呈凹凸片状，并具有较大的孔隙率和二氧化碳（瓦斯）含量。

D.3.3　突出的砂岩中，含有大量的砂粒和粉尘。

D.3.4　巷道二氧化碳（瓦斯）涌出量增大，并有明显的动力效应。

D.3.5　在岩体中形成孔洞。

ICS 13.100
D 09
备案号：18910—2006

AQ

中华人民共和国安全生产行业标准

AQ 1025—2006

矿井瓦斯等级鉴定规范

Specification for identifition of classification of gaseous mine

2006-11-02 发布 2006-12-01 实施

国家安全生产监督管理总局 发布

前　言

本标准依据原国家安全生产监督管理局、国家煤矿安全监察局2004年颁布的《煤矿安全规程》而制定。

本标准的附录A为资料性附录。

本标准由国家煤矿安全监察局提出。

本标准由全国安全生产标准技术委员会煤矿安全分技术委员会归口。

本标准起草单位：煤炭科学研究总院重庆分院。

本标准主要起草人：赵旭生、康建宁、李秋林、邹银辉、张庆华、雷红艳。

矿井瓦斯等级鉴定规范

1 范围

本标准规定了矿井瓦斯等级鉴定的一般要求、鉴定方法和鉴定报告内容。

本标准适用于煤矿井工开采的瓦斯矿井进行矿井瓦斯等级的鉴定。

2 规范性引用文件

下列文件中的条款通过本标准的引用而成为本标准的条款。凡是注日期的引用文件，其随后所有的修改单(不包括勘误的内容)或修订版均不适用于本标准，然而，鼓励根据本标准达成协议的各方研究是否可使用这些文件的最新版本。凡是不注日期的引用文件，其最新版本适用于本标准。

AQ 1024 煤与瓦斯突出矿井鉴定规范

AQ 1018 矿井瓦斯涌出量预测方法

3 定义

本标准采用下列定义。

3.1

矿井瓦斯等级 Classification of gaseous mine

根据矿井的瓦斯涌出量和涌出形式所划分的矿井等级。

3.2

正常生产条件 Condition of normal production

测定区域(矿井、煤层、翼、水平或采区)的实际产量(包括回采和掘进煤产量)达到该区域设计产量(或正常产量)的60%以上的条件。

3.3

瓦斯喷出 Gas blowout

从煤体或岩体裂隙、孔洞、钻孔或炮眼中大量涌出瓦斯(二氧化碳)的异常涌出现象。在20 m巷道范围内，涌出瓦斯(二氧化碳)量大于或等于1.0 m^3/min且持续8 h以上时的区域定为瓦斯(二氧化碳)喷出危险区域。

4 鉴定的一般要求

4.1 矿井瓦斯等级鉴定以自然井为单位。

4.2 生产矿井和正在建设的矿井应当每年进行矿井瓦斯等级鉴定。确因矿井长期停产等特殊原因没能进行等级鉴定的矿井，应经省(自治区、直辖市)级负责煤炭行业管理的部门批准后，按上年度瓦斯等级确定。

4.3 矿井在设计前，设计单位根据地质勘探部门提供的煤层瓦斯含量等资料预测的瓦斯涌出量和邻近生产矿井的瓦斯涌出量资料，预测矿井瓦斯等级，作为计算风量和设计的依据。矿井瓦斯涌出量预测方法按AQ 1018执行。生产矿井和正在建设的矿井根据实际测定的瓦斯涌出量和瓦斯涌出形式鉴定矿井瓦斯等级，同时还必须进行矿井二氧化碳涌出量的测定工作，作为核定和调整风量的依据。

4.4 由煤炭企业组织鉴定或委托有资质的中介机构进行鉴定。鉴定数据必须准确可靠，如实反映情况，鉴定单位对鉴定结果负责。

4.5　每年的矿井瓦斯等级鉴定工作结束后一月内，将鉴定报告报省（自治区、直辖市）级负责煤炭行业管理的部门审批，并报省级煤矿安全监察机构备案。

5　鉴定方法

5.1　鉴定时间和基本条件

5.1.1　矿井瓦斯等级的鉴定工作应在正常生产条件下进行。

5.1.2　根据当地气候条件，选择矿井绝对瓦斯涌出量最大的月份进行鉴定。在鉴定月的上、中、下旬中各取一天（间隔10天），每天分三个班（或四个班）进行测定工作。

5.1.3　测定前必须编制矿井瓦斯等级鉴定计划，做好组织分工、进行人员培训。

5.1.4　测定前对采用的所有仪器、仪表进行检查，确保仪器仪表在其计量检定证的有效期内使用。

5.2　测定内容、测点选择和要求

5.2.1　测定内容主要为风量、风流中瓦斯和二氧化碳浓度，同时应测定和统计瓦斯抽放量和月产煤量。如果进风流中含有瓦斯或二氧化碳时，还应在进风流中测风量、瓦斯（或二氧化碳）浓度。进、回风流的瓦斯（或二氧化碳）涌出量之差，就是鉴定地区的风排瓦斯（或二氧化碳）量。抽放瓦斯的矿井，测定风排瓦斯量的同时，在相应的地区还要测定瓦斯抽放量。瓦斯涌出量应包括抽出的瓦斯量和风排瓦斯量。

5.2.2　确定矿井瓦斯等级时，按每一自然矿井、煤层、翼、水平和各采区分别计算相对瓦斯涌出量和绝对瓦斯涌出量。所以测点应布置在每一通风系统的主要通风机的风硐、各水平、各煤层和各采区的进、回风道测风站内。如无测风站，可选取断面规整并无杂物堆积的一段平直巷道做测点。

5.2.3　每一测定班的测定时间应选在生产正常时刻，并尽可能在同一时刻进行测定工作。

5.3　测定数据的整理和记录

5.3.1　测定基础数据的整理和记录

每一测点所测定的瓦斯和二氧化碳的基础数据，可参照附录A中的表A.1格式填写，采用四班制的矿井表A.1格式应按四班制绘制，进风流有瓦斯时应增加进风巷的测点数据。绝对瓦斯涌出总量按式(1)计算。

$$q_{绝} = q_{排} + q_{抽} \qquad \cdots\cdots(1)$$

式中：

$q_{绝}$——绝对瓦斯（或二氧化碳）涌出总量，m^3/min；

$q_{抽}$——抽放瓦斯（或二氧化碳）纯量，m^3/min；

$q_{排}$——三班（或四班）平均风排瓦斯（或二氧化碳）量，m^3/min。按式(2)计算。

$$q_{排} = \frac{1}{n}\sum_{i=1}^{n} q_{排i} = \frac{1}{100\times n}\sum_{i=1}^{n}(Q_{回i}\cdot C_{回i} - Q_{进i}\cdot C_{进i}) \qquad \cdots\cdots(2)$$

式中：

n——班制，矿井采用三班制时 $n=3$，矿井采用四班制时 $n=4$；

i——测定班序号，采用三班制的矿井 $i=1,2,3$；采用四班制的矿井 $i=1,2,3,4$；

$q_{排i}$——第 i 班的风排瓦斯（或二氧化碳）量，m^3/min；

$Q_{回i}$——第 i 班回风巷风流中的风量，m^3/min；

$C_{回i}$——第 i 班回风巷风流中的瓦斯（或二氧化碳）浓度，%；

$Q_{进i}$——第 i 班进风巷风流中的风量，m^3/min；

$C_{进i}$——第 i 班进风巷风流中的瓦斯（或二氧化碳）浓度，%。

5.3.2　测定结果汇总与记录

整理完测定基础数据后，应汇总、整理出矿井测定结果报告表，并参照附录A中的表A.2格式填

写，按矿井、翼、水平、煤层和采区分行填写。

矿井绝对瓦斯涌出量应包括各通风系统风排瓦斯量和各抽放系统的瓦斯抽放量，绝对瓦斯涌出量取鉴定月的上、中、下三旬进行测定的三天中最大一天的绝对瓦斯涌出量。

在鉴定月的上、中、下三旬进行测定的三天中，以最大一天的绝对瓦斯涌出量来计算平均每产煤 1 t 的瓦斯涌出量（相对瓦斯涌出量）。相对瓦斯涌出量（$q_{相}$）按下式计算：

$$q_{相} = 1440 \times q_{max}/D$$

式中：

$q_{相}$——相对瓦斯（或二氧化碳）涌出量，m^3/t；

q_{max}——最大一天的绝对瓦斯涌出量，m^3/min；

D——月平均日产煤量，t/d。

6 矿井瓦斯等级的鉴定

6.1 矿井瓦斯等级鉴定的指标

鉴定矿井瓦斯等级的指标为矿井相对瓦斯涌出量、矿井绝对瓦斯涌出量和瓦斯涌出形式。

6.2 矿井瓦斯等级划分

按照矿井瓦斯涌出量和瓦斯涌出形式，将瓦斯矿井分为三级，级别及其划分标准如下：

——低瓦斯矿井：矿井相对瓦斯涌出量小于或等于 10 m^3/t 且矿井绝对瓦斯涌出量小于（或等于）40 m^3/min；

——高瓦斯矿井：矿井相对瓦斯涌出量大于 10 m^3/t，或矿井绝对瓦斯涌出量大于 40 m^3/min；

——煤（岩）与瓦斯（二氧化碳）突出矿井：矿井发生过煤（岩）与瓦斯（二氧化碳）突出现象。

6.3 低瓦斯矿井的高瓦斯区鉴定

在低瓦斯矿井中，相对瓦斯涌出量大于 10 $m^3/t \cdot d$ 或有瓦斯（二氧化碳）喷出危险的区域（采区）定为高瓦斯（二氧化碳）区。

6.4 煤（岩）与瓦斯（二氧化碳）突出矿井的鉴定

煤（岩）与瓦斯（二氧化碳）突出矿井的鉴定按 AQ 1024 执行。

7 鉴定报告的内容

矿井瓦斯等级鉴定报告应采用统一的表格格式，各省可根据实际情况对鉴定报告提出统一要求或统一制作，但鉴定报告应包括以下主要内容：

——矿井基本情况（格式参见附录 B 表 B.1）；

——矿井瓦斯和二氧化碳测定基础数据表（格式见附录 A 表 A.1）；

——矿井瓦斯和二氧化碳测定报告表（格式见附录 A 表 A.2）；

——矿井通风系统图（绘制矿井通风系统图，并标注测定地点）；

——瓦斯来源分析；

——矿井煤尘爆炸性鉴定情况（情况说明，附鉴定报告）；

——煤层自然发火倾向性鉴定（情况说明，附鉴定报告）、煤层最短自然发火期及内、外因火灾发生情况；

——矿井煤（岩）与瓦斯（二氧化碳）突出情况，瓦斯（二氧化碳）喷出情况；

——鉴定月份生产状况及鉴定结果简要分析或说明；

——鉴定单位和鉴定人员。

8 正在建设矿井的鉴定

正在建设的矿井每年也应进行矿井瓦斯等级的鉴定工作。在没有采区投产的情况下，当单条掘进巷道的绝对瓦斯涌出量大于 3 m^3/min 时，矿井应定为高瓦斯矿井；在有采区投产的情况下，当采区相对瓦斯涌出量大于 10 m^3/t 时，矿井也应定为高瓦斯矿井；在采掘中发生过煤（岩）与瓦斯（二氧化碳）突出的矿井应定为煤（岩）与瓦斯（二氧化碳）突出矿井。如果鉴定结果与矿井设计不符时，应提出修改矿井瓦斯等级的专门报告，报原设计单位同意。

附 录 A
（资料性附录）
数据测定记录和报告表

表 A.1 瓦斯和二氧化碳涌出量测定基础数据表

＿＿＿＿矿＿＿＿＿井　　　　　　＿＿＿＿年＿＿月

测点名称	气体名称	旬别	日期	第一班			第二班			第三班			三班平均风排量 m^3/min	抽放瓦斯量 m^3/min	涌出总量 m^3/min	月工作日	月产煤量 t	说明
				风量 m^3/min	浓度 %	涌出量 m^3/min	风量 m^3/min	浓度 %	涌出量 m^3/min	风量 m^3/min	浓度 %	涌出量 m^3/min						
	瓦斯	上																
		中																
		下																
	二氧化碳	上																
		中																
		下																

表 A.2 矿井瓦斯等级鉴定和二氧化碳测定结果报告表

＿＿＿＿矿＿＿＿＿井　　　　　　＿＿＿＿年＿＿月

矿井、煤层、翼、水平、采区名称	气体名称	三旬中最大一天的涌出量 m^3/min			月实际工作日数 d	月产煤量 t	月平均日产煤量 t/d	相对涌出量 m^3/t	矿井瓦斯等级	上年度瓦斯等级	上年度矿井瓦斯涌出量		说明
		风排量	抽放量	总量							绝对量 m^3/min	相对量 m^3/t	
	瓦斯												
	二氧化碳												

附 录 B
（资料性附录）
矿井基本情况表

表 B.1 矿井基本情况表

<table>
<tr><td>矿井名称</td><td colspan="2"></td><td colspan="2">隶属关系</td><td></td></tr>
<tr><td>详细地址</td><td colspan="2"></td><td colspan="2">法人代表</td><td></td></tr>
<tr><td>矿井职工数</td><td colspan="2"></td><td colspan="2">下井职工数</td><td></td></tr>
<tr><td>井田面积 km²</td><td colspan="2"></td><td colspan="2">可采储量 Mt</td><td></td></tr>
<tr><td>矿井现状</td><td colspan="2">□生产 □基建</td><td colspan="2">投产日期</td><td></td></tr>
<tr><td>设计生产能力 Mt/a</td><td colspan="2"></td><td colspan="2">核定生产能力 Mt/a</td><td></td></tr>
<tr><td>上年度原煤产量 Mt</td><td colspan="2"></td><td colspan="2">本年度计划产量 Mt</td><td></td></tr>
<tr><td>可采煤层数</td><td colspan="2"></td><td colspan="2">现开采煤层名称</td><td></td></tr>
<tr><td>煤层开采顺序</td><td colspan="2"></td><td colspan="2">地质构造复杂程度</td><td></td></tr>
<tr><td>煤层倾角 (°)</td><td colspan="2"></td><td colspan="2">主采煤层厚度 m</td><td></td></tr>
<tr><td>开拓方式</td><td colspan="2"></td><td colspan="2">井筒数</td><td></td></tr>
<tr><td>水平数</td><td colspan="2"></td><td colspan="2">现开采水平</td><td></td></tr>
<tr><td>采区数</td><td colspan="2"></td><td colspan="2">现开采采区名称</td><td></td></tr>
<tr><td>采煤工作面数</td><td colspan="2"></td><td colspan="2">煤巷掘进工作面数</td><td></td></tr>
<tr><td>采煤方法</td><td colspan="2"></td><td colspan="2">采煤工艺</td><td></td></tr>
<tr><td>顶板管理方法</td><td colspan="2"></td><td colspan="2">掘进方式</td><td></td></tr>
<tr><td rowspan="2">通风方式、方法</td><td rowspan="2" colspan="2"></td><td rowspan="2">主要通风机</td><td>型号、台数</td><td></td></tr>
<tr><td>电机功率 kW</td><td></td></tr>
<tr><td>矿井总进风量 m³/min</td><td colspan="2"></td><td colspan="2">矿井总回风量 m³/min</td><td></td></tr>
<tr><td>矿井等积孔 m²</td><td colspan="2"></td><td colspan="2">突出煤层名称</td><td></td></tr>
<tr><td>地面抽放泵型号及台数</td><td colspan="2"></td><td colspan="2">抽放泵型电机功率 kW</td><td></td></tr>
<tr><td>井下移动泵站型号及台数</td><td colspan="2"></td><td colspan="2">移动泵站电机功率 kW</td><td></td></tr>
<tr><td>抽放管路直径及长度</td><td colspan="2"></td><td colspan="2">瓦斯抽放方法</td><td></td></tr>
<tr><td>瓦斯抽放泵站负压 kPa</td><td colspan="2"></td><td colspan="2">瓦斯抽放浓度 %</td><td></td></tr>
<tr><td>上年度抽放量 Mm³</td><td colspan="2"></td><td colspan="2">抽放瓦斯利用率 %</td><td></td></tr>
<tr><td>安全监控系统型号</td><td colspan="2"></td><td colspan="2">生产厂家</td><td></td></tr>
<tr><td>监控系统安装时间</td><td colspan="2"></td><td colspan="2">联网情况</td><td></td></tr>
<tr><td>甲烷传感器安装数</td><td colspan="2"></td><td colspan="2">瓦斯检查报警仪有效台数</td><td></td></tr>
<tr><td rowspan="2">瓦检员数量</td><td>应配人数</td><td></td><td rowspan="2">自救器数量</td><td>应配台数</td><td></td></tr>
<tr><td>实配人数</td><td></td><td>实配台数</td><td></td></tr>
<tr><td>其他需说明的情况</td><td colspan="5"></td></tr>
</table>

ICS：13.100
D 09
备案号：18911—2006

AQ

中华人民共和国安全生产行业标准

AQ 1026—2006

煤矿瓦斯抽采基本指标

Basic index of coal mine gas drainage and exploition

2006-11-02 发布 2006-12-01 实施

国家安全生产监督管理总局 发布

前　　言

本标准全部内容为强制性条文。

本标准由国家煤矿安全监察局提出。

本标准由全国安全生产标准化技术委员会煤矿安全分技术委员会归口。

本标准起草单位：煤炭科学研究总院重庆分院、中国矿业大学、煤炭科学研究总院抚顺分院、阳泉矿业(集团)有限责任公司、淮南矿业(集团)有限责任公司、芙蓉(集团)实业有限责任公司。

本标准主要起草人：胡千庭、文光才、俞启香、王魁军、李宝玉、周德昶、高正强、龙伍见。

煤矿瓦斯抽采基本指标

1 范围

本标准规定了煤矿瓦斯抽采应达到的指标及其测算方法。

本标准适用于井工煤矿。

2 规范性引用文件

下列文件中的条款通过本标准的引用而成为本标准的条款。凡是注日期的引用文件，其随后所有的修改单(不包括勘误的内容)或修订版均不适用于本标准，然而，鼓励根据本标准达成协议的各方研究是否可使用这些文件的最新版本。凡是不注日期的引用文件，其最新版本适用于本标准。

MT/T 638 煤矿井下煤层瓦斯压力的直接测定法

MT/T 77 煤层气测定方法(解吸法)

AQ 1025 矿井瓦斯等级鉴定规范

3 必须进行瓦斯抽采的矿井

有下列情况之一的矿井，必须建立地面永久抽采瓦斯系统或井下临时抽采瓦斯系统：

a) 一个采煤工作面的瓦斯涌出量大于 5 m^3/min 或一个掘进工作面瓦斯涌出量大于 3 m^3/min，用通风方法解决瓦斯问题不合理时；

b) 矿井绝对涌出量达到以下条件的：

——大于或等于 40 m^3/min；

——年产量 1.0～1.5 Mt 的矿井，大于 30 m^3/min；

——年产量 0.6～1.0 Mt 的矿井，大于 25 m^3/min；

——年产量 0.4～0.6 Mt 的矿井，大于 20 m^3/min；

——年产量等于或小于 0.4Mt，大于 15 m^3/min。

c) 开采有煤与瓦斯突出危险煤层。

4 瓦斯抽采应达到的指标

4.1 突出煤层工作面采掘作业前必须将控制范围内煤层的瓦斯含量降到煤层始突深度的瓦斯含量以下或将瓦斯压力降到煤层始突深度的煤层瓦斯压力以下。若没能考察出煤层始突深度的煤层瓦斯含量或压力，则必须将煤层瓦斯含量降到 8 m^3/t 以下，或将煤层瓦斯压力降到 0.74 MPa(表压)以下。控制范围如下：

a) 石门(井筒)揭煤工作面控制范围应根据煤层的实际突出危险程度确定，但必须控制到巷道轮廓线外 8 m 以上(煤层倾角＞8°时，底部或下帮 5 m)。钻孔必须穿透煤层的顶(底)板 0.5 m 以上。若不能穿透煤层全厚，必须控制到工作面前方 15 m 以上。

b) 煤巷掘进工作面控制范围为：巷道轮廓线外 8 m 以上(煤层倾角＞8°时，底部或下帮 5 m)及工作面前方 10 m 以上。

c) 采煤工作面控制范围为：工作面前方 20 m 以上。

4.2 瓦斯涌出量主要来自于邻近层或围岩的采煤工作面瓦斯抽采率应满足表 1 规定，瓦斯涌出量主要来自于开采层的采煤工作面前方 20 m 以上范围内煤的可解吸瓦斯量应满足表 2 规定。

表 1 采煤工作面瓦斯抽采率应达到的指标

工作面绝对瓦斯涌出量 Q m^3/min	工作面抽采率 %	备注
$5 \leqslant Q < 10$	$\geqslant 20$	
$10 \leqslant Q < 20$	$\geqslant 30$	
$20 \leqslant Q < 40$	$\geqslant 40$	
$40 \leqslant Q < 70$	$\geqslant 50$	
$70 \leqslant Q < 100$	$\geqslant 60$	
$100 \leqslant Q$	$\geqslant 70$	

表 2 采煤工作面回采前煤的可解吸瓦斯量应达到的指标

工作面日产量 t	可解吸瓦斯量 W_j	备注
≤1000	≤8	
1001～2500	≤7	
2501～4000	≤6	
4001～6000	≤5.5	
6001～8000	≤5	
8001～10000	≤4.5	
>10000	≤4	

4.3 采掘工作面风速不得超过 4 m/s，回风流中瓦斯浓度不得超过 1%。

4.4 矿井瓦斯抽采率应满足表 3 规定。

表 3 矿井瓦斯抽采率应达到的指标

矿井绝对瓦斯涌出量 Q m^3/min	矿井抽采率 %	备注
$Q < 20$	$\geqslant 25$	
$20 \leqslant Q < 40$	$\geqslant 35$	
$40 \leqslant Q < 80$	$\geqslant 40$	
$80 \leqslant Q < 160$	$\geqslant 45$	
$160 \leqslant Q < 300$	$\geqslant 50$	
$300 \leqslant Q < 500$	$\geqslant 55$	
$500 \leqslant Q$	$\geqslant 60$	

5 指标的测定及计算方法

5.1 煤层瓦斯压力的测定及计算方法

煤层瓦斯压力可采用以下方法之一测定或计算。

a) 按 MT/T 638 规定测定瓦斯压力；

b) 按 MT/T 77 规定测定瓦斯含量，按式(1)计算瓦斯压力。

$$W = \frac{abP}{1+bP} \times \frac{100 - A_d - M_{ad}}{100} \times \frac{1}{1+0.31M_{ad}} + \frac{10\pi P}{\gamma} \quad \cdots\cdots(1)$$

式中：

W——煤层瓦斯含量，m^3/t；

a,b——吸附常数；

P——煤层绝对瓦斯压力，MPa；

A_d——煤的灰分，%；

M_{ad}——煤的水分，%；

π——煤的孔隙率，m^3/m^3；

γ——煤的容重(假比重)，t/m^3。

5.2 煤层瓦斯含量的测定及计算方法

煤层瓦斯含量可采用以下方法之一测定或计算。

a) 按 MT/T 77 规定测定瓦斯含量；

b) 按 MT/T 638 规定测定瓦斯压力，按式(1)计算瓦斯含量。

5.3 绝对瓦斯涌出量的测定及计算方法

按 AQ 1025(矿井瓦斯等级鉴定规范)执行。

5.4 可解吸瓦斯量的确定

按 5.2 测算抽采后的煤层瓦斯含量，按式(2)计算煤的可解吸瓦斯量。

$$W_j = W - W_c \qquad \cdots\cdots(2)$$

式中：

W_j——煤的可解吸瓦斯量，m^3/t；

W_c——煤在标准大气压力下的残存瓦斯含量，按式(3)计算。

$$W_c = \frac{0.1ab}{1+0.1b} \times \frac{100-A_d-M_{ad}}{100} \times \frac{1}{1+0.31M_{ad}} + \frac{\pi}{\gamma} \qquad \cdots\cdots(3)$$

5.5 矿井瓦斯抽采率的测定及计算方法

在瓦斯抽采站的抽采主管上安装瓦斯计量装置，测定矿井每天的瓦斯抽采量。矿井瓦斯抽采量包括井田范围内地面钻井抽采、井下抽采(含移动抽采)的瓦斯量。每月底按式(4)计算矿井月平均瓦斯抽采率(η_k)。

$$\eta_k = \frac{Q_{kc}}{Q_{kc} + Q_{kf}} \qquad \cdots\cdots(4)$$

式中：

η_k——矿井月平均瓦斯抽采率，%；

Q_{kc}——矿井月平均瓦斯抽采量，m^3/min；

Q_{kf}——矿井月平均风排瓦斯量，m^3/min。

5.6 工作面瓦斯抽采率的测定及计算方法

工作面回采期间，在工作面瓦斯抽采干管上安装瓦斯计量装置，每周测定工作面瓦斯抽采量(含移动抽采)。每月底按式(5)计算工作面月平均瓦斯抽采率(η_m)。

$$\eta_m = \frac{Q_{mc}}{Q_{mc} + Q_{mf}} \qquad \cdots\cdots(5)$$

式中：

η_m——工作面月平均瓦斯抽采率，%；

Q_{mc}——回采期间，工作面月平均瓦斯抽采量，m^3/min；

Q_{mf}——工作面月平均风排瓦斯量，m^3/min。

6 其他

6.1 矿井必须综合抽采瓦斯，并且提前 3～5 年制定抽采瓦斯规划，每年年底前编制下年度的抽采瓦斯计划,以确保抽采瓦斯工作面的正常衔接,做到“抽、掘、采”平衡。

6.2 低瓦斯矿井新水平、新采区应测定煤层原始瓦斯含量和压力,高瓦斯、煤与瓦斯突出矿井每个采区垂深每增加 50 m 应测定煤层原始瓦斯含量和压力。

ICS 73.010
D 09
备案号：18912—2006

AQ

中华人民共和国安全生产行业标准

AQ 1027—2006
代替 MT/T 692—1997

煤矿瓦斯抽放规范

Code for coal mine gas drainage

2006-11-02 发布　　2006-12-01 实施

国家安全生产监督管理总局　发布

前　言

为切实贯彻落实先抽后采的方针，加强瓦斯抽放技术管理，保证瓦斯抽放工程的安全，提高瓦斯抽放效果，防止瓦斯事故，保护环境，制定本标准。

本标准以原国家安全生产监督管理局、国家煤矿安全监察局2004年颁布的《煤矿安全规程》、原煤炭工业部1997年制定的《矿井瓦斯抽放管理规范》、《矿井抽放瓦斯工程设计规范》(MT 5018—96)为依据，在充分考虑煤矿瓦斯抽放工艺技术特点和目前我国煤矿瓦斯抽放现状及发展趋势的基础上编制而成。

本标准代替MT/T 692—1997《煤矿瓦斯抽放技术规范》。

本标准与《煤矿瓦斯抽放技术规范》(MT/T 692—1997)相比内容上有了较大增加：

——增加了矿井瓦斯抽放工程设计的内容；

——增加了移动泵站瓦斯抽放系统；

——增加了瓦斯抽放方法；

——增加了瓦斯抽放管理；

——增加了瓦斯利用；

——增加了瓦斯抽放系统的报废；

——对一些词句进行了修改。

本标准的附录A、附录B、附录C、附录D、附录E为规范性附录。

本标准由国家安全生产监督管理总局提出。

本标准由全国安全生产标准化技术委员会煤矿安全分技术委员会归口。

本标准负责起草单位：中国煤炭工业劳动保护科学技术学会。

本标准参加起草单位：煤炭科学研究总院抚顺分院。

本标准主要起草人：窦永山、王魁军、邱宝杓、张兴华、高坤、曹垚林、富向。

煤矿瓦斯抽放规范

1 范围

本标准规定了建立矿井瓦斯抽放系统的条件及工程设计要求、瓦斯抽放方法、瓦斯抽放管理及职责、瓦斯利用、瓦斯抽放系统的报废程序，以及瓦斯抽放基础参数的测算方法、各类瓦斯抽放方法的抽放率、瓦斯抽放监控系统监测参数的指标要求和瓦斯抽放工程设计有关计算方法。

本标准适用于全国煤矿企业、管理部门及有关事业单位。

2 规范性引用文件

下列文件中的条款通过本标准的引用而成为本标准的条款。凡是注日期的引用文件，其随后所有的修改单(不包括勘误的内容)或修订版均不适用于本标准，然而，鼓励根据本标准达成协议的各方研究是否可使用这些文件的最新版本。凡是不注日期的引用文件，其最新版本适用于本标准。

MT 5018—96　矿井抽放瓦斯工程设计规范

《煤矿安全规程》(2004 年版)

《煤矿瓦斯抽放管理规范》(1997 年版)

GB 50187—1993　工业企业总平面设计规范

GB 50215—2005　煤炭工业矿井设计规范

3 术语和定义

下列术语和定义适用于本标准。

3.1

瓦斯抽放　gas drainage

采用专用设备和管路把煤层、岩层和采空区中的瓦斯抽出或排出的措施。

3.2

未卸压抽放瓦斯　gas drainage without pressure relief

抽放未受采动影响和未经人为松动卸压煤(岩)层的瓦斯，亦称为预抽。

3.3

卸压抽放瓦斯　gas drainage with pressure relief

抽放受采动影响和经人为松动卸压煤(岩)层的瓦斯。

3.4

本煤层抽放瓦斯　gas drainage from extracting seam

抽放开采煤层的瓦斯。

3.5

邻近层抽放瓦斯　gas drainage from adjacent seam

抽放受开采层采动影响的上、下邻近煤层(可采煤层、不可采煤层、煤线、岩层)的瓦斯。

3.6

采空区抽放瓦斯　gas drainage from gob

抽放现采工作面采空区和老采空区的瓦斯。前者称现采空区(半封闭式)抽放，后者称老采空区(全封闭式)抽放。

3.7

围岩瓦斯抽放　gas drainage from surrounding rock

抽放开采层围岩内的瓦斯。

3.8

地面瓦斯抽放　gas drainage on surface

在地面向井下煤(岩)层打钻孔抽放瓦斯。

3.9

综合抽放瓦斯　combined gas drainage

在一个矿井或工作面同时采用2种或2种以上方法进行抽放瓦斯。

3.10

强化抽放　forced gas drainage

针对一些透气性低、采用常规的预抽方式难以奏效的煤层而采取的特殊抽放方式。

3.11

预抽　gas drainage from virgin coal seam

在煤层未受采动以前进行的瓦斯抽放。

3.12

瓦斯储量　gas reserves

煤田开采过程中,能够向开采空间排放瓦斯的煤层和岩层中赋存瓦斯的总量。

3.13

矿井瓦斯抽放量(纯瓦斯抽放量)　gas drainage volume

矿井抽出瓦斯气体中的甲烷含量。

3.14

矿井可抽瓦斯量　drainable gas quantity

瓦斯储量中在当前技术水平下能被抽出来的最大瓦斯量。

3.15

煤层透气性系数　gas permeability coefficient of coal seam

表征煤层对瓦斯流动的阻力,反映瓦斯沿煤层流动难易程度的系数。

3.16

钻孔瓦斯流量衰减系数　damping factor of gas flow-rate per hole

表示钻孔瓦斯流量随时间延长呈衰减变化的系数。

3.17

瓦斯抽放率　gas drainage effeciency

矿井、采区或工作面等的抽放瓦斯量占其抽排瓦斯总量的百分比。

3.18

边采边抽　gas drainage while extraction

抽放回采工作面前方卸压煤体的瓦斯或厚煤层开采时抽放未采分层卸压煤体的瓦斯。

3.19

边掘边抽　gas drainage while drivage

掘进巷道的同时,抽放巷道周围卸压煤体内瓦斯。

3.20

穿层钻孔　crossing hole

在岩石巷道或煤层巷道内向相邻煤层施工的钻孔。

3.21

顺层钻孔　hole drilled along seam

在煤层巷道内，沿煤层布置的钻孔。

3.22

斜交钻孔　inclined cross hole

与工作面呈一定夹角布置的顺层钻孔。

3.23

平行钻孔　parallel holes

与工作面平行布置的顺层钻孔。

3.24

交叉钻孔　cross holes

平行钻孔与斜交钻孔交替布置的钻孔。

3.25

高位钻孔　highly-located hole

在风巷向煤层顶板施工的抽放钻孔(进入裂隙带)。

3.26

高抽巷　highly-located drainage roadway

在开采层顶部处于采动影响形成的裂隙带内挖掘的专用抽放巷道。

3.27

水力压裂　hydraulic crackin

在钻孔内以水作为动力，在无自由面的情况下使煤体裂隙畅通的一种措施。

3.28

水力割缝　hydraulic cutting

在钻孔内运用高压水射流对钻孔两侧的煤体进行切割，形成一定深度的扁平缝槽的一种措施。

3.29

深孔预裂爆破　deep-hole pre-splitteing blasting

在钻孔内利用炸药爆破作为动力，使煤体裂隙增大，提高煤层透气性的一种措施。

3.30

封孔器　hole packer

瓦斯抽放和煤层注水钻孔孔口的密封装置。

3.31

放水器　drainage device

用于储存和放出抽放管路中积水的专用装置。

3.32

防回火装置　flame arrestor

在抽放瓦斯管路中，阻止火焰蔓延的安全装置。

3.33

水封防爆箱　explosive-proof box

在抽放瓦斯管路中，用以隔爆的一种水箱式安全装置。

4　建立抽放瓦斯系统

4.1　凡符合下列情况之一的矿井，必须建立地面永久瓦斯抽放系统或井下移动泵站瓦斯抽放系统。

4.1.1　一个采煤工作面绝对瓦斯涌出量大于 5 m^3/min 或一个掘进工作面绝对瓦斯涌出量大于

3 m³/min，用通风方法解决瓦斯问题不合理的。

4.1.2　矿井绝对瓦斯涌出量达到以下条件的：

——大于或等于 40 m³/min；

——年产量 1.0 Mt～1.5 Mt 的矿井，大于 30 m³/min；

——年产量 0.6 Mt～1.0 Mt 的矿井，大于 25 m³/min；

——年产量 0.4 Mt～0.6 Mt 的矿井，大于 20 m³/min；

——年产量等于或小于 0.4 Mt 的矿井，大于 15 m³/min。

4.1.3　开采具有煤与瓦斯突出危险煤层。

4.2　凡符合 4.1 条件，并同时具备下列两个条件的矿井，应建立地面永久瓦斯抽放系统：

——瓦斯抽放系统的抽放量可稳定在 2 m³/min 以上；

——瓦斯资源可靠、储量丰富，预计瓦斯抽放服务年限在五年以上。

4.3　新建瓦斯抽放系统的矿井，必须经具有相关资质的专业机构进行可行性论证，由企业技术负责人组织瓦斯抽放工程设计。

4.4　新建或改扩建矿井，根据地质报告提供的瓦斯资源或参照邻近矿井参数而达到第 4.1 条条件时，必须将瓦斯抽放工程纳入矿井设计中，但设计所依据的瓦斯参数必须经具有相关资质的专业机构进行可行性论证。

5　地面永久瓦斯抽放系统

5.1　地面永久瓦斯抽放系统工程设计内容

——矿井概况：煤层赋存条件、矿井煤炭储量、生产能力、巷道布置、采煤方法及通风状况；

——瓦斯基础数据：瓦斯等级鉴定、矿井瓦斯涌出量、煤层瓦斯压力、含量、矿井瓦斯储量及可抽量、煤层透气性系数与钻孔瓦斯流量及其衰减系数；

——抽放方法：钻孔（巷道）布置与抽放工艺参数；

——抽放设备：抽放泵、管路系统、监测及安全装置；

——泵站建筑：泵房、供电系统、电控设备、供水系统及软化水装置、采暖、避雷系统；

——瓦斯利用：利用方式和利用量、资金概算；

——技术经济指标：投资概算及工期；

——设计文件：设计说明书、设备与器材清册、资金概算、相关图纸。

5.2　瓦斯抽放系统工程设计的一般规定

5.2.1　瓦斯抽放工程设计应体现安全第一、技术经济合理原则，因地制宜地采用新技术、新工艺、新设备、新材料。

5.2.2　新建矿井瓦斯抽放工程设计应以批准的精查地质报告为依据，并参照邻近或条件类似生产矿井的瓦斯资料；改（扩）建及生产矿井应以本矿地质、瓦斯资料为依据。

5.2.3　瓦斯抽放工程设计应与矿井开采设计同步进行，合理安排掘进、抽放、回采三者间的超前与接替关系，保证有足够的工程施工及抽放时间。

5.2.4　瓦斯抽放站的建设方式，应经技术经济比较确定。一般情况下，宜采用集中建站方式。当有下列情况之一时，可采用分散建站方式：

——分区开拓或分期建设的大型矿井，集中建站技术经济不合理；

——矿井瓦斯抽放量较大且瓦斯利用点分散；

——一套瓦斯抽放系统难以满足要求。

5.2.5　分期建设、分期投产的矿井，瓦斯抽放工程可一次设计，分期建设、分期投抽。

5.2.6　瓦斯抽放工程设计应进行矿井瓦斯资源的评价。

5.3 **矿井瓦斯储量、可抽瓦斯量、瓦斯抽放率、年抽放量及抽放年限**

5.3.1 矿井瓦斯储量应为矿井可采煤层的瓦斯储量、受采动影响后能够向开采空间排放的不可采煤层及围岩瓦斯储量之和。

5.3.2 矿井可抽瓦斯量是指矿井瓦斯储量中在当前技术水平下能被抽出来的最大瓦斯量。

5.3.3 设计瓦斯抽放率,可根据煤层瓦斯抽放方法、瓦斯涌出来源等因素综合确定;也可参照邻近生产矿井或条件类似矿井的数值选取。抽放率指标应符合第8.6.3条的有关规定。

5.3.4 矿井设计年瓦斯抽放量或矿井设计年瓦斯抽放规模按设计的日瓦斯抽放量乘以矿井设计年工作日数计算。

5.3.5 矿井或水平的抽放年限应与其抽放瓦斯区域的开采年限相适应。

5.4 **抽放管路系统**

5.4.1 抽放管路系统应根据井下巷道的布置、抽放地点的分布、瓦斯利用的要求以及矿井的发展规划等因素确定,避免或减少主干管路系统的频繁改动,确保管道运输、安装和维护方便,并应符合下列要求:

——抽放管路通过的巷道曲线段少、距离短,管路安装应平直,转弯时角度不应大于50°;

——抽放管路系统宜沿回风巷道或矿车不经常通过的巷道布置;若设于主要运输巷内,在人行道侧其架设高度不应小于1.8 m,并固定在巷道壁上,与巷道壁的距离应满足检修要求;瓦斯抽放管件的外缘距巷道壁不宜小于0.1 m;

——当抽放设备或管路发生故障时,管路内的瓦斯不得流入采掘工作面及机电硐室内;

——管径要统一,变径时必须设过渡节。

5.4.2 瓦斯抽放管路的管径应按最大流量分段计算,并与抽放设备能力相适应,抽放管路按经济流速为5 m/s～15 m/s和最大通过流量来计算管径,抽放系统管材的备用量可取10%。

5.4.3 当采用专用钻孔敷设抽放管路时,专用钻孔直径应比管道外形尺寸大100 mm;当沿竖井敷设抽放管路时,应将管道固定在罐道梁上或专用管架上。

5.4.4 抽放管路总阻力包括摩擦阻力和局部阻力;摩擦阻力可用低负压瓦斯管路阻力公式计算;局部阻力可用估算法计算,一般取摩擦阻力的10%～20%。

5.4.5 地面管路布置:

——尽可能避免布置在车辆通行频繁的主干道旁。

——不得将抽放管路和动力电缆、照明电缆及通讯电缆等敷设在同一条地沟内。

——主干管应与城市及矿区的发展规划和建筑布置相结合。

——抽放管道与地上、下建(构)筑物及设施的间距,应符合《工业企业总平面设计规范》的有关规定。

——瓦斯管道不得从地下穿过房屋或其他建(构)筑物,一般情况下也不得穿过其他管网,当必须穿过其他管网时,应按有关规定采取措施。

5.4.6 抽放管路附属装置及设施:

——主管、分管、支管及其与钻场连接处应装设瓦斯计量装置;

——抽放钻场、管路拐弯、低洼、温度突变处及沿管路适当距离(间距一般为200 m～300 m,最大不超过500 m)应设置放水器;

——在抽放管路的适当部位应设置除渣装置和测压装置;

——抽放管路分岔处应设置控制阀门,阀门规格应与安装地点的管径相匹配;

——地面主管上的阀门应设置在地表下用不燃性材料砌成的不透水观察井内,其间距为500 m～1000 m。

5.4.7 当条件适当时,可选用新材料的瓦斯抽放管,但井下抽放管路禁止采用玻璃钢管。

5.4.8 在倾斜巷道中,管路应设防滑卡,其间距可根据巷道坡度确定,对28°以下的斜巷,间距一般取

15 m～20 m。

5.4.9 抽放管路应有良好的气密性及采取防腐蚀、防砸坏、防带电及防冻等措施。

5.4.10 通往井下的抽放管路应采取防雷措施。

5.5 抽放设备及抽放站

5.5.1 矿井瓦斯抽放设备的能力，应满足矿井瓦斯抽放期间或在瓦斯抽放设备服务年限内所达到的开采范围的最大抽放量和最大抽放阻力的要求，且应有不小于15%的富裕能力。矿井抽放系统的总阻力，必须按管网最大阻力计算，瓦斯抽放系统应不出现正压状态。

5.5.2 在一个抽放站内，瓦斯抽放泵及附属设备只有一套工作时，应备用一套；两套或两套以上工作时，应至少备用一套。

5.5.3 抽放站位置：

——设在不受洪涝威胁且工程地质条件可靠地带，应避开滑坡、溶洞、断层破碎带及塌陷区等；

——宜设在回风井工业场地内，站房距井口和主要建筑物及居住区不得小于50 m；

——站房及站房周围20 m范围内禁止有明火；

——站房应建在靠近公路和有水源的地方；

——站房应考虑进出管敷设方便，有利瓦斯输送，并尽可能留有扩能的余地。

5.5.4 抽放站建筑：

——站房建筑必须采用不燃性材料，耐火等级为二级；

——站房周围必须设置栅栏或围墙。

5.5.5 站房附近管道应设置放水器及防爆、防回火、防回水装置，设置放空管及压力、流量、浓度测量装置，并应设置采样孔、阀门等附属装置。放空管设置在泵的进、出口，管径应大于或等于泵的进、出口直径，放空管的管口要高出泵房房顶3 m以上。

5.5.6 泵房内电气设备、照明和其他电气、检测仪表均应采用矿用防爆型。

5.5.7 抽放站应有双回供电线路。

5.5.8 抽放站应有防雷电、防火灾、防洪涝、防冻等设施。

5.5.9 干式瓦斯抽放泵吸气侧管路系统必须装设防回火、防回气、防爆炸的安全装置。

5.5.10 站房必须有直通矿调度室的电话。

5.5.11 抽放泵运转时，必须对泵水流量、水温度、泵轴温度等进行监测、监控。

5.5.12 抽放站应有供水系统。站房设备冷却水一般采用闭路循环。给水管路及水池容积均应考虑消防水量。污水应设置地沟排放。

5.5.13 抽放站采暖与通风应符合现行的《煤炭工业矿井设计规范》的有关规定。

5.5.14 废水、噪声和对空排放瓦斯不得超过工业卫生规定指标，抽放站场地应搞好绿化。

5.6 瓦斯抽放参数的监测、监控

5.6.1 地面永久瓦斯抽放系统必须建立瓦斯抽放参数监控系统。

5.6.2 矿井瓦斯抽放系统必须监测抽放管道中的瓦斯浓度、流量、负压、温度和一氧化碳等参数，同时监测抽放泵站内瓦斯泄漏等。当出现瓦斯抽放浓度过低、一氧化碳超限、泵站内有瓦斯泄漏等情况时，应能报警并使抽放泵主电源断电。

5.6.3 抽放站内应配置专用检测瓦斯抽放参数的仪器仪表。

6 井下移动泵站瓦斯抽放系统

6.1 根据4.1、4.2规定，不具备建立地面永久瓦斯抽放系统条件的，对高瓦斯区应建立井下移动泵站瓦斯抽放系统。

6.2 建立井下移动泵站瓦斯抽放系统时，由企业技术负责人负责组织编制设计和安全技术措施。井下移动泵站瓦斯抽放工程设计可按地面永久瓦斯抽放工程设计的相关内容进行。

6.3　井下移动瓦斯抽放泵站应安装在瓦斯抽放地点附近的新鲜风流中。抽出的瓦斯必须引排到地面、总回风道或分区回风道；已建永久抽放系统的矿井，移动泵站抽出的瓦斯可直接送至矿井抽放系统的管道内，但必须使矿井抽放系统的瓦斯浓度符合《煤矿安全规程》第一百四十八条规定。

6.4　移动泵站抽出的瓦斯排至回风道时，在抽放管路出口处必须采取安全措施，包括设置栅栏、悬挂警戒牌。栅栏设置的位置，上风侧为管路出口外推 5 m，上下风侧栅栏间距不小于 35 m。两栅栏间禁止人员通行和任何作业。移动抽放泵站排到巷道内的瓦斯，其浓度必须在 30 m 以内被混合到《煤矿安全规程》允许的限度以内。栅栏处必须设警戒牌和瓦斯监测装置，巷道内瓦斯浓度超限报警时，应断电、停止瓦斯抽放、进行处理。监测传感器的位置设在栅栏外 1 m 以内。两栅栏间禁止人员通行和任何作业。

6.5　井下移动瓦斯抽放泵站必须实行"三专"供电，即专用变压器、专用开关、专用线路。

7　瓦斯抽放方法

7.1　一般规定

7.1.1　建立瓦斯抽放系统的矿井必须实施先抽后采或边采边抽。

7.1.2　按矿井瓦斯来源实施开采煤层瓦斯抽放、邻近层瓦斯抽放、采空区瓦斯抽放和围岩瓦斯抽放。

7.1.3　多瓦斯来源的矿井，应采用综合瓦斯抽放方法。

7.2　瓦斯抽放方法选择

7.2.1　开采层瓦斯抽放方法：

未卸压煤层进行预抽，煤层瓦斯抽放的难易程度可划分为三类，见表 1。

表 1　煤层瓦斯抽放难易程度表

类　别	钻孔流量衰减系数 d^{-1}	煤层透气性系数 $m^2/MPa^2 \cdot d$
容易抽放	＜0.003	＞10
可以抽放	0.003～0.05	10～0.1
较难抽放	＞0.05	＜0.1

——煤层透气性较好、容易抽放的煤层，宜采用本层预抽方法，可采用顺层或穿层布孔方式。

——煤层透气性较差、采用分层开采的厚煤层，可利用先采分层的卸压作用抽放未采分层的瓦斯。

——单一低透气性高瓦斯煤层，可选用加密钻孔、交叉钻孔、水力割缝、水力压裂、松动爆破、深孔控制预裂爆破等方法强化抽放。煤与瓦斯突出危险严重煤层，应选择穿层网格布孔方式。

——煤巷掘进瓦斯涌出量较大的煤层，可采用边掘边抽或先抽后掘的抽放方法。

7.2.2　邻近层瓦斯抽放方法：

——通常采用从开采层回风巷（或回风副巷）向邻近层打垂直或斜交穿层钻孔抽放瓦斯的方法。

——当邻近层瓦斯涌出量大时，可采用顶（底）板瓦斯巷道（高抽巷）抽放。

——当邻近层或围岩瓦斯涌出量较大时，可在工作面回风侧沿开采层顶板布置迎面水平长钻孔（高位钻孔）抽放上邻近层瓦斯。

7.2.3　采空区瓦斯抽放方法：

——老采空区应选用全封闭式抽放方法。

——现采空区可根据煤层赋存条件和巷道布置情况，采用顶（底）板钻孔法，有煤柱及无煤柱垂直及斜交钻孔法，插（埋）管法等抽放方法，并应采取措施，提高瓦斯抽放浓度。

——开采容易自燃或自燃煤层的采空区，必须经常检测抽放管路中 CO 浓度和气体温度等有关参数的变化。发现有自然发火征兆时，必须采取防止煤自燃的措施。

7.2.4　埋藏浅、瓦斯含量高的厚煤层或煤层群，有条件时，可采用地面钻孔预抽开采层瓦斯、抽放卸压邻近层瓦斯或抽放采空区瓦斯的方法。

7.2.5 对矿井瓦斯涌出来源多、分布范围广、煤层赋存条件复杂的矿井，应采用多种抽放方法相结合的综合抽放方法。

7.2.6 煤与瓦斯突出矿井开采保护层时，必须同时抽放被保护煤层的瓦斯。

7.3 专用瓦斯抽放巷道的要求

——专用瓦斯抽放巷道的位置、数量应能达到良好的抽放效果。

——必须提前掘好巷道，保证有足够的抽放时间，有较大的抽放范围。

——专用于敷设抽放管路、布置钻场、钻孔的瓦斯抽放巷道采用矿井全压通风时，巷道风速不得低于0.5 m/s。

7.4 钻场钻孔布置

——钻场的布置应免受采动影响，避开地质构造带，便于维护，利于封孔，保证抽放效果。

——尽量利用现有的开拓、准备和回采巷道布置钻场。

——对开采层未卸压抽放，除按钻孔抽放半径确定合理的孔间距外，应尽量增大钻孔的见煤长度。

——邻近层卸压抽放，应将钻孔打在采煤工作面顶板冒落后所形成的裂隙带内，并避开冒落带。

——强化抽放布孔方式除考虑应取得好的抽放效果外，还应考虑措施施工方便。

——边采边抽钻孔的方向应与开采推进方向相迎，避免采动首先破坏孔口或钻场。

——钻孔方向应尽可能正交或斜交煤层层理。

——穿层钻孔终孔位置，应在穿过煤层顶(底)板0.5 m处。

7.5 封孔

7.5.1 封孔方法的选择应根据抽放方法及孔口所处煤(岩)层位、岩性、构造等因素综合确定，因地制宜地选用新方法、新工艺。

7.5.2 岩壁钻孔，宜采用封孔器封孔。封孔器械应满足密封性能好、操作便捷、封孔速度快的要求。

7.5.3 煤壁钻孔，宜采用充填材料进行压风封孔。封孔材料可选用膨胀水泥、聚氨酯等新型材料。在钻孔所处围岩条件较好的情况下，亦可选用水泥砂浆或其他封孔材料。

7.5.4 封孔长度：

——孔口段围岩条件好、构造简单、孔口负压中等时，封孔长度可取2 m～3 m；

——孔口段围岩裂隙较发育或孔口负压高时，封孔长度可取4 m～6 m；

——在煤壁开孔的钻孔，封孔长度可取5 m～8 m；

——采用除聚氨酯外的其他材料封孔时，封孔段长度与封孔深度相等；

——采用聚氨酯封孔时，封孔参数见表2。

表2 聚氨酯封孔参数

单位为m

封孔材料	钻孔条件	封孔段长度	封孔深度
聚氨酯	孔口段较完整	0.8	3～5
	孔口段较破碎	1.0	4～6

7.5.5 钻孔封孔质量检查标准：

——预抽瓦斯钻孔抽放过程中孔口瓦斯浓度不应小于40%；

——邻近层瓦斯抽放钻孔抽放过程中孔口瓦斯浓度不应小于30%；

——当钻孔封孔质量达不到上述标准时，应加大封孔段长度。

7.5.6 当采用地面钻孔瓦斯抽放时，抽放结束后应全孔封实。

8 瓦斯抽放管理

8.1 矿井瓦斯抽放工作由企业技术负责人负全面技术责任，应定期检查、平衡瓦斯抽放工作；负责组织编制、审批、实施、检查瓦斯抽放工作长远规划、年度计划和安全技术措施，保证瓦斯抽放工作的正常衔接，做到“掘、抽、采”平衡。企业行政正、副职负责落实和检查所分管范围内的有关瓦斯抽放工作；企业各职能部门负责人对本职范围内的瓦斯抽放工作负责。瓦斯抽放所需要的费用、材料和设备等，必须列入企业财务、供应计划和生产计划。煤炭企业必须配备专业技术人员，负责瓦斯抽放日常管理，总结分析瓦斯抽放效果，研究和改进抽放技术，组织新技术推广等。

8.2 瓦斯抽放矿井必须建立专门的瓦斯抽放队伍，负责打钻、管路安装回收等工程的施工和瓦斯抽放参数测定等工作。

8.3 瓦斯抽放矿井必须建立健全岗位责任制、钻孔钻场检查管理制度、抽放工程质量验收制度。

8.4 瓦斯抽放矿井必须有下列图纸和技术资料：

a) 图纸：

1) 瓦斯抽放系统图；

2) 泵站平面与管网(包括阀门、安全装备、检测仪表、放水器等)布置图；

3) 抽放钻场及钻孔布置图；

4) 泵站供电系统图。

b) 记录：

1) 抽放工程和钻孔施工记录；

2) 抽放参数测定记录；

3) 泵房值班记录。

c) 报表：

1) 抽放工程年、季、月报表；

2) 抽放量年、季、月、旬报表。

d) 台账：

1) 抽放设备管理台账；

2) 抽放工程管理台账；

3) 瓦斯抽放系统和抽放参数、抽放量管理台账。

e) 报告：

1) 矿井和采区抽放工程设计文件及竣工报告；

2) 瓦斯抽放总结与分析报告。

8.5 加强瓦斯抽放参数(抽放量、瓦斯浓度、负压、正压、大气压、温度等)的监测，发现问题时，及时处理。抽放量的计算用大气压为 101.325 kPa、温度为 20℃时标准状态下的数值。

8.6 抽放瓦斯管理

8.6.1 “多打孔、严封闭、综合抽”是加强瓦斯抽放工作的方向。瓦斯抽放矿井应增加瓦斯抽放钻孔量，提高瓦斯管路敷设质量、严密封孔及对多瓦斯源矿井(工作面)采用综合抽放方法，以提高抽放效果。

8.6.2 永久抽放系统的年瓦斯抽放量应不小于 100 万 m^3，移动泵站不小于 10 万 m^3。

8.6.3 瓦斯抽出率：

——预抽煤层瓦斯的矿井：矿井抽出率应不小于 20%，回采工作面抽出率应不小于 25%；

——邻近层卸压瓦斯抽放的矿井：矿井抽出率应不小于 35%，回采工作面抽出率应不小于 45%；

——采用综合抽放方法的矿井：矿井抽出率应不小于 30%；

——煤与瓦斯突出矿井，预抽煤层瓦斯后，突出煤层的瓦斯含量应小于该煤层始突深度的原始煤层瓦斯含量或将煤层瓦斯压力降到 0.74 MPa 以下。

8.6.4 预抽煤层瓦斯的钻孔量：

——当采用顺层孔抽放时，钻孔量见表 3；

——当采用穿层钻孔抽放时，钻孔见煤点的间距可参照下列数据：容易抽放煤层 15 m～20 m；可以抽放煤层 10 m～15 m；较难抽放煤层 8 m～10 m。

表 3　吨煤钻孔量表

单位为 m/t

煤层类别	薄煤层	中厚煤层	厚煤层
容易抽放	0.05	0.03	0.01
可以抽放	0.05～0.1	0.03～0.05	0.01～0.03
较难抽放	＞0.1	＞0.05	＞0.03

8.7　严格瓦斯抽放工程施工质量，所有瓦斯抽放工程都须按质量标准进行验收，不符合设计标准的应重新施工直到合格为止。

8.8　瓦斯抽放管路必须进行防腐处理，外部涂红色以示区别。

8.9　瓦斯抽放量的计量器具必须采用符合国家标准的计量器具。

9　瓦斯利用

9.1　瓦斯抽放的矿井应加强瓦斯利用工作，变害为利，保护环境并以用促抽，以抽保用。年瓦斯抽放量在 100 万 m^3 及以上的矿井，必须开展瓦斯利用工作。矿井瓦斯利用须经相关资质的专业机构进行可行性论证。

9.2　进行瓦斯抽放论证和设计时，要同时对瓦斯利用进行论证和设计。

9.3　瓦斯利用设计内容包括：确定瓦斯利用量和利用方式、储气装置及容积、输送气方法、输气管路系统、安全及检测装置、利用工艺，绘制瓦斯利用工程系统布置图，编制设备材料清册、土建工程计划、资金概算、劳动组织及管理制度、安全技术措施、经济分析等。

10　地面永久瓦斯抽放系统的报废

10.1　矿井永久瓦斯抽放系统报废申请报告，由煤矿企业技术负责人组织编制，经具有相关资质的专门机构论证。

10.2　矿井永久瓦斯抽放系统报废申请报告内容：

——矿井概况：煤层赋存条件、矿井保有储量、生产能力、巷道布置、采煤方法及通风状况。

——瓦斯基础资料：历年瓦斯抽放数据、瓦斯等级鉴定数据、主要煤层瓦斯含量等值线图、瓦斯涌出量等值线图、矿井瓦斯现有储量等。

附 录 A
（规范性附录）
瓦斯抽放基础参数测算

A.1 瓦斯压力测定

应在岩石巷道向煤层打钻孔、封孔及安装压力表直接测定煤层瓦斯压力：

——测定地点要选在无断层、裂隙等地质构造处，瓦斯赋存状况要具有代表性；

——测压巷道距煤层的岩柱距离不应小于 10 m；

——测压孔的孔径以 75 mm 为宜，要贯穿整个煤层（厚煤层应钻入煤层 3 m 以上），完钻后应及时封孔，封孔要严密，测压管接头不得漏气。

A.2 瓦斯含量测定与计算

煤层瓦斯含量是指每吨煤或每立方米煤体中含有的瓦斯量，单位为 m^3/t 或 m^3/m^3。

常用的煤层瓦斯含量测算法是：取煤样送实验室做煤的吸附性能实验，求出吸附常量 a、b 值，并在井下相应地点测定煤层的瓦斯压力，以下列公式计算瓦斯含量：

$$X = \frac{abP}{1+bP} \times \frac{100 - A_{ad} - M_{ad}}{100} \times \frac{1}{1+0.31M_{ad}} + \frac{10KP}{\gamma} \quad \cdots\cdots(1)$$

式中：

X——煤层瓦斯含量，m^3/t；

a——吸附常数，试验温度下的极限吸附量，m^3/t；

b——吸附常数，MPa^{-1}；

P——煤层绝对瓦斯压力，MPa；

A_{ad}——煤的灰分，%；

M_{ad}——煤的水分，%；

K——煤的孔隙体积，m^3/m^3；

γ——煤的视密度，t/m^3。

A.3 矿井瓦斯储量计算

瓦斯储量系指煤田开发过程中，能够向开采空间排放瓦斯的煤岩层赋存的瓦斯总量。其计算公式为：

$$W_k = W_1 + W_2 + W_3 \quad \cdots\cdots(2)$$

式中：

W_k——矿井瓦斯储量，Mm^3；

W_1——可采煤层的瓦斯储量总和，Mm^3，

$$W_1 = \sum_{i=1}^{n} A_{1i} \times X_{1i} \quad \cdots\cdots(3)$$

A_{1i}——矿井每一个可采煤层的煤炭储量，Mt；

n——矿井可采煤层数；

X_{1i}——每一个可采煤层的瓦斯含量，m^3/t；

W_2——可采煤层采动影响范围内的不可采邻近煤层的瓦斯储量总和，Mm^3，

$$W_2 = \sum_{j=1}^{n} A_{2i} \times X_{2i} \quad \cdots\cdots(4)$$

A_{2i}——可采煤层采动影响范围内每一个不可采煤层的煤炭储量，Mt。采动影响范围：上邻近层取 50 m～60 m，下邻近层取 20 m～30 m；

X_{2i}——可采煤层采动影响范围内每一个不可采煤层的瓦斯含量，m^3/t；

n——矿井可采煤层采动影响范围内的不可采煤层数；

W_3——围岩瓦斯储量，Mm^3；当围岩瓦斯很小时，$W_3=0$；若含瓦斯量多时，可实测或按下式计算，

$$W_3 = K(W_1 + W_2) \quad \cdots\cdots(5)$$

K——围岩瓦斯储量系数，一般取 $K=0.05\sim0.20$。

A.4 矿井设计年瓦斯抽放量或矿井设计年瓦斯抽放规模计算

按设计的日瓦斯抽放量乘以矿井设计年工作日数计算。其计算式为：

$$Q_a = Q_d \times N \quad \cdots\cdots(6)$$

式中：

Q_a——矿井设计年瓦斯抽放量，Mm^3/a；

Q_d——矿井设计日瓦斯抽放量(应根据矿井的采掘部署、矿井(采区、采掘、工作面)瓦斯涌出量预测、通风能力、选用的瓦斯抽放方法及其抽放率等来确定)，Mm^3/d；

N——矿井设计年工作日数，d。

A.5 可抽瓦斯量概算

可抽瓦斯量是指瓦斯储量中在当前技术水平能被抽出来的最大瓦斯量。其概算法是：

$$\text{可抽瓦斯量} = \text{瓦斯储量} \times \text{抽放率} \quad \cdots\cdots(7)$$

A.6 抽放率计算

矿井(或采区)抽放率：

$$\eta_k = \frac{100Q_{kc}}{Q_{kc} + Q_{kf}} \quad \cdots\cdots(8)$$

式中：

η_k——矿井月平均瓦斯抽放率，%；

Q_{kc}——矿井月平均瓦斯抽放量，m^3/min；

Q_{kf}——矿井月平均风排瓦斯量，m^3/min。

工作面瓦斯抽放率：

$$\eta_m = \frac{100Q_{mc}}{Q_{mc} + Q_{mf}} \quad \cdots\cdots(9)$$

式中：

η_m——工作面月平均瓦斯抽放率，%；

Q_{mc}——回采期间，工作面月平均瓦斯抽放量，m^3/min；

Q_{mf}——工作面月平均风排瓦斯量，m^3/min。

A.7 抽放量(标量)换算

$$Q_{标} = Q_{测} \frac{P_1 T_{标}}{p_{标} T_1} \quad \cdots\cdots(10)$$

式中：

$Q_{标}$——标准状态下的瓦斯抽放量，m^3/min；

$Q_{测}$——测得的抽放瓦斯量，m^3/min；

P_1——测定时管道内气体绝对压力，MPa；

T_1——测定时管道内气体绝对温度，K，

$$T_1 = t + 273 \qquad \cdots\cdots(11)$$

t——测定时管道内气体摄氏温度，℃；

$p_{标}$——标准绝对压力，101.325 kPa；

$T_{标}$——标准绝对温度，(20＋273)K。

A.8 钻孔瓦斯流量衰减系数

钻孔瓦斯流量随着时间延续呈衰减变化关系的系数，可作为评估开采层预抽瓦斯难易程度的一个指标。

测算方法：选择具有代表性的地区打钻孔，先测其初始瓦斯流量 q_0，经过时间 t 后，再测其瓦斯流量 q_t，然后以下式计算之：

$$q_t = q_0 \cdot e^{-at} \qquad \cdots\cdots(12)$$

式中：

a——钻孔瓦斯流量衰减系数，d^{-1}；

q_0——钻孔初始瓦斯流量，m^3/min；

q_t——经 t 时间后的钻孔瓦斯流量，m^3/min；

t——时间，d。

A.9 瓦斯来源分析

矿井瓦斯来源是确定抽放方法的主要依据，因此，应尽量详细地做好下述测定工作：

——必须测定出掘进、采煤与采空区的瓦斯涌出量分别占全矿井瓦斯涌出量的比例；

——必须准确地判断出采区工作面的瓦斯主要是来自本煤层还是邻近层。一般把回采工作面基本顶初次冒落前的平均瓦斯涌出量认为是本煤层的瓦斯涌出量，而将基本顶初次冒落后的平均瓦斯涌出增加量认为是邻近层的瓦斯涌出量。

附 录 B
（规范性附录）
瓦斯抽放方法类别及抽放率

瓦斯抽放方法类别及抽放率见表 B.1。

表 B.1 瓦斯抽放方法分类表

分类		方法简述		适用条件	工作面抽放率 %
开采层瓦斯抽放	未卸压抽放	岩巷揭煤与煤巷掘进抽放	1）由岩巷向煤层打穿层钻孔抽放	高瓦斯煤层或有突出危险煤层	10～30
			2）由巷道工作面打超前钻孔抽放		10～30
		采区（工作面）大面积抽放	1）由开采层工作面运输巷、回风巷、煤门打上下向顺层钻孔抽放或打交叉钻孔抽放	有预抽时间的高瓦斯煤层	10～30
			2）由岩巷、石门、邻近层打穿层钻孔抽放，突出煤层瓦斯预抽可采用网格布孔		10～20
			3）地面钻孔抽放		10
			4）密闭开采层巷道抽放		10
	采动卸压抽放	边掘边抽	由巷道两侧或沿巷道向掘进巷道周围打钻孔抽放	瓦斯涌出量大的掘进巷道	20～30
		边采边抽	1）由运输巷、回风巷向工作面前方卸压区打钻孔抽放	煤层透气性较小，预抽时间不充分的煤层	10～20
			2）由岩巷、煤门向开采层上部或下部未采的分层打穿层孔或顺层孔抽放		10～20
	人为卸压抽放	水力割缝	1）由工作面运输巷打顺层钻孔用水力割煤	多使用于低透气性煤层预抽	20～30
		松动爆破	2）由工作面运输巷或回风巷打顺层钻孔进行松动爆破		20～30
		水力压裂	3）由岩巷或地面打钻孔进行水力压裂		＞30
		控制爆破	4）由工作面运输巷或回风巷打顺层钻孔，控制孔不装药，爆破孔装药进行爆破		＞30
邻近煤层瓦斯抽放		上下邻近层	1）由工作面运输巷、回风巷或岩巷向邻近层打钻孔抽放	瓦斯来源于邻近层的工作面	30～60
			2）由工作面运输巷、回风巷打斜交迎面钻孔抽放		30～60
			3）由煤门打顺层钻孔抽放		30～60
			4）在邻近层掘进专用瓦斯巷道抽放		30～60
			5）地面钻孔抽放		30～45

表 B.1(续)

分类	方法简述		适用条件	工作面抽放率 %
采空区瓦斯抽放	全封闭式抽放	密闭采空区插管抽放	瓦斯涌出量大的老采空区	15
	半封闭式抽放	1）由现采空区后方设密闭墙插管抽放 2）由采空区附近巷道向采空区上方打钻孔抽放	采空区瓦斯涌出量大的回采工作面	30 30
围岩瓦斯抽放	围岩裂隙与溶洞	1）由巷道向裂隙带或溶洞打钻孔抽放 2）密闭巷道抽放	有围岩瓦斯涌出或瓦斯喷出危险地区	

附 录 C
（规范性附录）
瓦斯抽放参数监控系统

C.1 用途

连续监测抽放管路中的浓度、压差、温度、负压、正压等参数，连续监测瓦斯泵房内泄漏瓦斯浓度、抽放泵和电机的轴温等参数。可编制瓦斯抽放报表，由微机完成测量显示、打印等功能。当任一参数超限时，可发出声光报警信号，并按给定的程序停止或启动。

C.2 技术参数

瓦斯抽放监控系统参数指标见表 C.1（供参考）。

表 C.1 瓦斯抽放监控系统监测参数指标

监测参数名称	精 度	测试范围	备注
抽放量（通过压差换算）	±2%	抽放泵能力内的全范围	抽放管路参数
瓦斯浓度	(0～50%)±3% (50%～80%) ±5% (80%～90%) ±10%	0%～100%	
管道内负压	±1%	(0～0.1)MPa	
管道内正压	±1%	(0～0.1)MPa	
负压管道内温度	±1%	(0～100)℃	
正压管道内温度	±1%	(0～100)℃	
泵房内泄漏瓦斯浓度（环境瓦斯浓度）	±1%	0%～5%	抽放泵参数
泵水流量	±2%	全范围	
泵水温度	±1%	(0～100)℃	
泵轴温度	±1%	(0～100)℃	

附 录 D
（规范性附录）
瓦斯抽放工程设计

D.1 瓦斯抽放管径选择

选择瓦斯抽放管径，可按下式计算：

$$D = 0.1457\sqrt{\frac{Q}{V}} \quad \cdots\cdots(13)$$

式中：

D——瓦斯管内径，m；

Q——管内瓦斯流量，m^3/min；

V——瓦斯在管路中的平均流速，m/s，一般取 V=10 m/s～15 m/s。

D.2 管路摩擦阻力计算

计算直管摩擦阻力，可按下式计算：

$$H_z = \frac{9.8L\gamma Q^2}{k_0 D^5} \quad \cdots\cdots(14)$$

式中：

H_z——阻力损失，Pa；

L——管路长度，m；

Q——瓦斯流量，m^3/h；

D——管道内径，cm；

k_0——与管径有关的系数，见表 D.1；

γ——混合瓦斯对空气的相对密度，见表 D.2。

表 D.1 不同管径的系数 K_0 值

通称管径 mm	15	20	25	32	40	50
K_0 值	0.46	0.47	0.48	0.49	0.50	0.52
通称管径 mm	70	80	100	125	150	150 以上
K_0 值	0.55	0.57	0.62	0.67	0.70	0.71

局部阻力可用估算法计算，一般取摩擦阻力的10%～20%。管路系统长，网络复杂或主管管径较小者，可按上限取值，反之则按下限取值。

表 D.2 在 0℃ 及 10^5 Pa 气压时的 γ 值

瓦斯浓度 %	0	1	2	3	4	5	6	7	8	9
0	1	0.996	0.991	0.987	0.982	0.978	0.973	0.969	0.964	0.960
10	0.955	0.951	0.947	0.942	0.938	0.933	0.929	0.924	0.920	0.915
20	0.911	0.906	0.902	0.898	0.893	0.889	0.884	0.880	0.875	0.871
30	0.866	0.862	0.857	0.853	0.848	0.844	0.840	0.835	0.831	0.826

表 D.2(续)

瓦斯浓度 %	0	1	2	3	4	5	6	7	8	9
40	0.822	0.817	0.813	0.808	0.804	0.799	0.795	0.791	0.786	0.782
50	0.777	0.773	0.768	0.764	0.759	0.755	0.750	0.746	0.742	0.737
60	0.733	0.728	0.724	0.719	0.715	0.710	0.706	0.701	0.697	0.693
70	0.688	0.684	0.679	0.675	0.670	0.666	0.661	0.657	0.652	0.648
80	0.644	0.639	0.635	0.630	0.626	0.621	0.617	0.612	0.608	0.603
90	0.599	0.595	0.590	0.586	0.581	0.577	0.572	0.568	0.563	0.559
100	0.554	—	—	—	—	—	—	—	—	—

D.3 瓦斯抽放泵容量的计算

D.3.1 瓦斯泵流量计算

$$Q=\frac{100Q_z\cdot K}{X\cdot\eta} \quad \cdots\cdots(15)$$

式中:

Q——瓦斯泵的额定流量,m^3/min;

Q_z——矿井瓦斯最大抽放总量(纯量),m^3/min;

X——瓦斯泵入口处的瓦斯浓度,%;

η——瓦斯泵的机械效率,一般取 $\eta=0.8$;

K——瓦斯抽放的综合系数(备用系统),取 $K=1.2$。

D.3.2 瓦斯泵压力计算

$$\begin{aligned}H&=(H_{入}+H_{出})\cdot K\\&=[(h_{入摩}+h_{入局}+h_{钻负})+(h_{出摩}+h_{出局}+h_{出正})]\cdot K \quad \cdots\cdots(16)\\&=(h_{摩}+h_{局}+h_{钻负}+h_{出正})\cdot K\end{aligned}$$

式中:

H——瓦斯泵的压力,Pa;

$H_{入}$——井下负压段管路全部阻力损失,Pa;

$H_{出}$——井上正压段管路全部阻力损失,Pa;

K——备用系数,取 $K=1.2$;

$h_{入摩}$——井下负压段管路摩擦阻力损失,Pa;

$h_{入局}$——井下负压段管路局部阻力损失,Pa;

$h_{钻负}$——井下抽放钻场或钻孔孔口必须造成的负压,Pa;根据经验,对于非卸压煤层可取 $h_{钻负}\geqslant 13$ kPa;对于卸压煤层可取 $h_{钻负}\geqslant 6.7$ kPa;对于采空区瓦斯抽放,孔口负压不可太高,以免引起采空区煤的自燃;

$h_{出摩}$——井上正压段管路摩擦阻力损失,Pa;

$h_{出局}$——井上正压段管路局部阻力损失,Pa;

$h_{出正}$——用户在瓦斯出口所需的正压,Pa;

$h_{摩}$——井上、下管路最大总摩擦阻力损失,Pa;

$h_{局}$——井上、下管路最大总局部阻力损失,Pa。

D.3.3 根据 D.3.1、D.3.2 计算出来的流量和压力值,选择所需要的瓦斯泵。

附　录　E
（规范性附录）
主要单位换算

主要单位换算：

1 毫米汞柱（mmHg）＝133.322 Pa；

1 毫米水柱（mmH_2O）＝9.80665 Pa；

1 千克力每平方厘米（kgf/cm^2）＝9.80665×10^4 Pa；

1 标准大气压（atm）＝1.03125×10^5 Pa。

透气性系数：1 $m^2/MPa^2\cdot d\approx0.025$ mD（毫达西）

ICS 73.010
D 09
备案号：18913—2006

AQ

中华人民共和国安全生产行业标准

AQ 1028—2006

煤矿井工开采通风技术条件

Coal mine ventilation technical condition

2006-11-02 发布　　2006-12-01 实施

国家安全生产监督管理总局　发 布

前　言

本标准依照国家有关煤矿安全生产法律法规、《煤矿安全规程》等规定编制而成。

本标准主要对煤矿井工开采矿井通风技术条件作出了规定。

本标准由国家安全生产监督管理总局提出。

本标准由全国安全生产标准化技术委员会煤矿安全分技术委员会归口。

本标准负责起草单位：中国煤炭工业劳动保护科学技术学会。

本标准参加起草单位：开滦（集团）有限责任公司。

本标准主要起草人：窦永山、殷作如、邱宝杓、常文杰、张瑞玺、周凤增、郭达、高伟、陈成桥、武建国。

煤矿井工开采通风技术条件

1 范围

本标准规定了采用井工方式开采的煤矿的基本通风技术条件。

本标准适用于全国井工开采的煤矿，包括新建和改、扩建矿井。

2 规范性引用文件

下列文件中包含的部分条款通过本标准引用而成为本标准条文。本标准出版时，所示版本均为有效。所有标准都会被修订，使用本标准的各方应探讨使用下列标准最新版本的可能性。

《煤矿安全规程》(2004 年版)

GB 50215—2005 煤炭工业矿井设计规范

3 术语和定义

3.1

矿井通风 mine ventilation

向矿井连续输送新鲜空气，供给人员呼吸，稀释并排出有害气体和浮尘，改善井下气候条件的作业。

3.2

矿井通风系统 mine ventilation system

矿井通风方式、主要通风机的工作方法、矿井通风网络和通风设施的总称。

3.3

矿井通风方式 layout of ventilation shafts

指矿井进风井和出风井的布置方式。

3.4

矿井通风方法 main fan operating mode

指矿井主要通风机的工作方法。

3.5

矿井通风网络 mine ventilation network

通风系统中表示风道(分支)连接形式和风流方向的结构系统，习惯称风网。

3.6

中央并列式通风 centralized appose ventilation

进风井和出风井并列位于井田走向中央的通风方式。

3.7

中央分列式通风(又称中央边界式通风) centralized borderline ventilation

进风井位于井田走向的中央，出风井位于井田沿边界走向中部的通风方式。

3.8

对角式通风 diagonal ventilation

进风井位于井田中央，出风井位于两翼，或出风井位于井田中央，进风井位于两翼的通风方式。

3.9

混合式通风 compound ventilation

井田中央和两翼边界均有进、出风井的通风方式。

3.10

主要通风机　main fan

安装在地面的，向全矿井、一翼或一个分区供风的通风机。

3.11

局部通风机　auxiliary fan

向井下局部地点供风的通风机。

3.12

辅助通风机　booster fan

某分区通风阻力过大，主要通风机不能供给足够风量时，为了增加风量而在该分区使用的通风机。

3.13

通风机工况点　fan operating point

通风机个体特性曲线与矿井风阻特性曲线在同一坐标图上的交点。

3.14

矿井空气　mine air

来自地面的新鲜空气和井下产生的有害气体及浮尘的混合体。

3.15

矿井气候条件　climatic condition in mine

矿井空气温度、湿度、大气压力和风速等反映的综合状态。

3.16

风量　air quantity

单位时间内流过井巷或风筒的风流体积。

3.17

矿井有效风量　effective air quantity

送到采掘工作面、硐室和其他用风地点的风量之总称。

3.18

矿井有效风量率　ventilation efficiency

矿井有效风量占矿井总进风量的百分数。

3.19

需风量　air requirement

矿井生产过程中，为供人员呼吸，稀释和排出有害气体、浮尘，创造良好气候条件所需要的风量。

3.20

机械通风　mechanical ventilation

利用通风机产生的风压对矿井和井巷进行通风的方法。

3.21

自然通风　natural ventilation

利用自然风压对矿井或井巷进行通风的方法。

3.22

局部通风　local ventilation

利用局部通风机或主要通风机产生的风压对局部地点进行通风的方法。

3.23

全风压通风　total pressure ventilation

利用矿井主要通风机产生的风压和通风设施向采、掘工作面和硐室等用风地点供风的通风方法。

3.24

扩散通风　diffusion ventilation

利用空气中分子的自然扩散运动，对局部地点进行通风的方式。

3.25

通风机附属装置　accessory equipment of fan

用以引导风流、降低矿井通风点阻力，提高主要通风机的有效静压、保护主要通风机免受爆炸冲击波的破坏，实现灾变时期矿井反风的主要通风机的配套装置。

3.26

分区通风　separate ventilation

井下各用风地点的回风直接进入采区回风巷或总回风巷的通风方式。

3.27

串联通风　series ventilation

井下用风地点的回风再次进入其他用风地点的通风方式。

3.28

压入式通风　forced ventilation

通风机向井下或风筒内压入空气的通风方法。

3.29

抽出式通风　exhaust ventilation

通风机从井下或局部用地点抽出污浊空气的通风方法。

3.30

上行通风　ascensional ventilation

风流沿采煤工作面由下向上流动的通风方式。

3.31

下行通风　descensional ventilation

风流沿采煤工作面由上向下流动的通风方式。

3.32

反风风门　reversing door

与正常风门开启方向相反的风门。

3.33

矿井通风阻力　head loss of mine ventilation

矿井风流流动过程中，在风流内部粘滞力和惯性力、井巷壁面的外部阻滞、障碍物的扰动作用下，部分机械能不可逆地转换为热能而引起的机械能损失。

3.34

等积孔　equivalent oriffice

衡量矿井或风巷通风难易程度的假想薄壁孔口面积值。

3.35

通风设施　ventilation equipment and installation

为保证进入矿井的风量能按生产的需要定向、定量地流向用风地点而在通风网络中设置用以引导、隔断和控制风流的设施，又称通风构筑物。

3.36

风量调节　air quantity regulation

为了满足采掘工作面和硐室所需风量，对矿井总风量或局部风量进行的调节工作。

3.37

矿井反风　reversal ventilation in mines

为防止灾害扩大和抢救人员的需要而采取的迅速倒转风流方向的措施。

3.38

矿井通风测量　measurement of mine ventilation

测定矿井通风参数的工作。

3.39

矿井风量测量　measurement of mine airquantity

检测矿井井巷中风流流量的工作。

3.40

矿井通风阻力测定　measurement of mine head loss

测量矿井井巷中风流的摩擦阻力和局部阻力的工作。

3.41

通风机性能测定　measurement of fan′s characteristics

测定通风机的风压、功率、效率与风量之间关系的工作。常以通风机性能曲线即通风机产生的风压 H、消耗的功率 N 和效率 η 分别与风量 Q 之间的关系曲线来表征。

3.42

矿井漏风　air leakage of mine

从与矿井生产无关的通道中漏失的风量。

3.43

矿井通风图　mine ventilation diagram

表示矿井通风系统和通风状态的图形。它包括通风系统图、通风系统立体示意图、通风网络图、通风压力分布图、通风压能图等。

3.44

矿井通风设计　the design of mine ventilation

在进行矿井开拓、开采设计的同时，依据矿井的自然条件及生产技术条件，确定矿井通风系统、供风量、通风阻力和矿井主要通风设备的工作。

3.45

主要风巷　the main air-way

总进风巷、总回风巷、主要进风巷和主要回风巷的总称。

3.46

进风巷　intake

进风风流所经过的巷道。为全矿井或矿井一翼进风用的叫总进风巷；为几个采区进风用的叫主要进风巷；为1个采区进风用的叫采区进风巷；为1个工作面进风用的叫工作面进风巷。

3.47

回风巷　return

回风风流所经过的巷道。为全矿井或矿井一翼回风用的叫总回风巷；为几个采区回风用的叫主要回风巷；为1个采区回风用的叫采区回风巷；为1个工作面回风用的叫工作面回风巷。

3.48

专用回风巷　specialized return

在采区巷道中，专门用于回风，不得用于运料、安设电气设备的巷道。在煤(岩)与瓦斯(二氧化碳)突出区，专用回风巷内还不得行人。

3.49

采煤工作面的风流　airflow in face

采煤工作面工作空间中的风流。

3.50

掘进工作面的风流　airflow in head

掘进工作面到风筒出风口这一段巷道中的风流。

3.51

独立风流　independent airflow

从主要进风巷分出的，经过爆炸材料库或充电硐室后再进入主要回风巷的风流。

3.52

全风压　total pressure

通风系统中主要通风机出口侧和进口侧的总风压差。

3.53

火风压　fire induced draft

井下发生火灾时，高温烟流流经有高差的井巷所产生的附加风压。

3.54

循环风　recirculation ventilation

局部通风机的回风，部分或全部再进入同一部局部通风机的进风风流中。

4　矿井空气

4.1　矿井空气成分

4.1.1　采掘工作面的进风流中，氧气浓度不低于20%，二氧化碳浓度不超过0.5%。

4.1.2　矿井总回风巷或一翼回风巷中瓦斯或二氧化碳浓度不应超过0.75%，超过时，必须立即查明原因，进行处理。

4.1.3　井下一些有害气体的浓度不得超过表1规定。

表1　矿井有害气体最高允许浓度

名　称	最高允许浓度 %
一氧化碳（CO）	0.002 4
氧化氮（换算成为二氧化氮 NO_2）	0.000 25
二氧化硫（SO_2）	0.000 5
硫化氢（H_2S）	0.000 66
氨（NH_3）	0.004
注：矿井中所有气体的浓度均按体积的百分比计算。	

4.2　矿井气候条件

4.2.1　进风井口以下的空气温度（干球温度，下同）必须在2 ℃以上。

4.2.2　生产矿井采掘工作面空气温度不得超过26 ℃，机电设备硐室的空气温度不得超过30 ℃；当空气温度超过时，必须缩短超温地点工作人员的工作时间，并给予高温保健待遇。

4.2.3　采掘工作面的空气温度超过30 ℃、机电设备硐室的空气温度超过34 ℃时，必须停止作业。

4.2.4　矿井井巷中的风速应符合表2规定。

表 2 井巷中的允许风流速度

井巷名称	允许风速 m/s	
	最低	最高
无提升设备的风井和风硐		15
专为升降物料的井筒		12
风桥		10
升降人员和物料的井筒		8
主要进、回风巷		8
架线电机车巷道	1.0	8
运输机巷,采区进、回风巷	0.25	6
采煤工作面、掘进中的煤巷和半煤岩巷	0.25	4
掘进中的岩巷	0.15	4
其他通风行人巷道	0.15	
注 1：设有梯子间的井筒或修理中的井筒,风速不得超过 8 m/s;梯子间四周经封闭后,井筒中的最高允许风速可按表中有关规定执行。 注 2：无瓦斯涌出的架线电机车巷道中的最低风速可低于 1.0 m/s,但不得低于 0.5 m/s。 注 3：综合机械化采煤工作面,在采取煤层注水和采煤机喷雾降尘等措施后,其最大风速可高于 4 m/s 的规定值,但不得超过 5 m/s。 注 4：专用排瓦斯巷道的风速不得低于 0.5 m/s,抽放瓦斯巷道的风速不应低于 0.5 m/s。		

4.2.5 井下作业场所空气中粉尘浓度应符合表 3 要求。

表 3 作业场所空气中粉尘浓度标准

粉尘中游离 SiO_2 含量 %	最高允许浓度 mg/m^3	
	总粉尘	呼吸性粉尘
＜10	10	3.5
10～50	2	1
50～80	2	0.5
≥80	2	0.3

5 矿井通风

5.1 矿井通风系统

5.1.1 矿井必须有完整独立的通风系统。两个及以上独立生产的矿井不允许有共用的主要通风机、进、回风井和通风巷道。

5.1.2 矿井的通风系统必须根据矿井瓦斯涌出量、矿井设计生产能力、煤层赋存条件、表土层厚度、井田面积、地温、煤层自燃倾向性等条件,通过优化或技术经济比较后确定。

5.1.3 每个生产矿井必须至少有 2 个能行人的通达地面的安全出口,各个出口间的距离不得小于 30 m。采用中央式通风系统的新建和改扩建矿井,设计中应规定井田边界附近的安全出口。当井田一翼走向较长、矿井发生灾害不能保证人员安全撤出时,必须掘出井田边界附近的安全出口。

5.1.4 矿井进风井口应按全年风向频率,必须布置在粉尘、有害气体和高温气体不能侵入的地方。已布置在粉尘、有害气体和高温气体能侵入的地点的,应制定完善的防治措施。

5.1.5 木料场、矸石山、炉灰场距进风井的距离不得小于 80 m，不得将矸石山或炉灰场设在进风井的主导风向上风侧。抽放瓦斯的泵房距进风井口和主要建筑物不得小于 50 m。进风井口应装设防火铁门，防火铁门必须严密并易于关闭，打开时不妨碍提升、运输和人员通行，并应定期维修；如果不设防火铁门，必须有防止烟火进入矿井的安全措施。

5.1.6 矿井进风井和出风井的位置应位于当地历年来最高洪水位以上。

5.1.7 箕斗提升井或装有带式输送机的井筒兼作风井使用时，必须遵守下列规定：

a) 箕斗提升井兼作回风井时，井上下装、卸载装置和井塔(架)必须有完善的封闭措施，其漏风率不得超过 15%，并应有可靠的防尘措施；装有带式输送机的井筒兼作回风井时，井筒中的风速不得超过 6 m/s，且必须装设安全监测系统。

b) 箕斗提升井或装有带式输送机的井筒兼作进风井时，箕斗提升井筒中的风速不得超过 6 m/s、装有带式输送机的井筒中的风速不得超过 4 m/s，并应有可靠的防尘措施，井筒中必须装设自动报警灭火装置和敷设消防管路。

5.1.8 所有矿井必须采用机械通风，矿井主要通风机必须安装在地面。

5.1.9 矿井通风系统阻力应满足表 4 要求。

表 4 矿井通风阻力要求

矿井通风系统风量 m^3/min	系统的通风阻力 Pa
＜3000	＜1500
3000～5000	＜2000
5000～10000	＜2500
10000～20000	＜2940
＞20000	＜3920

5.1.10 矿井通风系统必须能够将足够的新鲜空气有效地送到井下工作场所，保证安全生产和良好的劳动条件；井下通风巷道必须风流稳定可靠，井下环境符合规定；发生事故时，风流易于控制，人员便于撤出。

5.1.11 新建、改扩建矿井设计时，必须进行矿井风温预测计算，超温地点必须有制冷降温设计，配齐降温设施。

5.1.12 新建矿井投产前必须进行 1 次矿井通风阻力测定，以后每 3 年至少进行 1 次。矿井转入新水平生产或改变一翼通风系统后，必须重新进行矿井通风阻力测定。矿井通风阻力测定方法见附录 A。

5.1.13 进、回风井之间和主要进、回风巷之间的每个联络巷中，必须砌筑永久性风墙；需要使用的联络巷，必须安设 2 道联锁的正向风门和 2 道反向风门。

5.1.14 矿井开拓新水平和准备新采区的回风，必须引入总回风巷或主要回风巷中。在未构成通风系统前，可将此种回风引入生产水平的进风中；但在有瓦斯喷出或有煤(岩)与瓦斯(二氧化碳)突出危险的矿井中，开拓新水平和准备新采区时，必须先在无瓦斯喷出或无煤(岩)与瓦斯(二氧化碳)突出危险的煤(岩)层中掘进巷道并构成通风系统，为构成通风系统的掘进巷道的回风，可以引入生产水平的进风中。上述的 2 种回风流中的瓦斯和二氧化碳浓度都不得超过 0.5%，其他有害气体浓度必须符合本标准 4.1.3条规定，并制定安全措施，报企业技术负责人审批。

5.1.15 矿井总回风巷或一翼回风巷风流中瓦斯浓度超过 0.75%时，必须立即查明原因，进行处理。

5.1.16 装备矿井安全监控系统的矿井，每一个采区、一翼回风巷及总回风巷的测风站应设置风速传感器。

5.1.17 对开采容易自燃和自燃的单一厚煤层或煤层群的矿井，集中运输大巷和总回风巷应布置在岩层内或不易自燃的煤层内；如果布置在容易自燃和自燃的煤层内，必须砌碹或锚喷，碹后的空隙和冒落处必须用不燃性材料充填密实，或用无腐蚀性、无毒性的材料进行处理。

5.1.18 采用均压技术防灭火时，改变矿井通风方式、主要通风机工况以及井下通风系统时，对均压地点的均压状况必须及时进行调整，保证均压状态的稳定。

5.1.19 煤系底部有强岩溶承压含水层时，主要运输巷和主要回风巷必须布置在不受水威胁的层位中，并以石门分区隔离开采。

5.1.20 矿井开拓或准备采区时，在设计中必须根据该处全风压供风量和瓦斯涌出量编制通风设计。掘进巷道的通风方式、局部通风机和风筒的安装和使用等应在作业规程中明确规定。

5.2 矿井通风方式和通风方法

5.2.1 矿井通风方式主要有中央式（包括中央并列式、中央分列式又叫中央边界式）、对角式（包括两翼对角式、分区对角式）、分区式和混合式等。

5.2.2 矿井通风方法主要有抽出式、压入式。

5.2.3 有煤与瓦斯突出危险的矿井、高瓦斯矿井、煤层易自燃的矿井及有热害的矿井，应采用对角式或分区式通风；当井田面积较大时，初期可采用中央式通风，逐步过渡为对角式或分区式通风。

5.2.4 矿井通风方法应采用抽出式；当地形复杂、露头发育、老窑多，采用多风井通风有利时，可采用压入式通风；由于管理复杂，矿井一般不宜采用压抽混合式，只是在矿井地表裂隙多、深井、高阻力矿井中采用。

5.3 矿井通风系统图和通风网络图

5.3.1 矿井必须按季绘制通风系统图，图中必须标明风流方向、风量和通风设施的安装地点。通风系统图必须按月补充修改。

5.3.2 多煤层开采的矿井必须绘制分煤层通风系统图。

5.3.3 矿井应绘制通风系统立体示意图和矿井通风网络图。

5.4 矿井建井期间通风

5.4.1 建井期间，必须安装使用机械通风设备；至少应安装1台主要通风机和2台配套的电动机装置，其中1台电动机作备用。

5.4.2 建井期间的局部通风，应根据现场实际，合理选择压入式、抽出式或混合式通风。

5.4.3 在井筒掘进通风时，布置在地面的通风机距离井口不得小于15 m，风机应避开永久通风机房及风道的位置，不影响施工期间的运输和提升；井下排出的污风要避开当地常年主要风向，以免造成井口空气污染。

5.4.4 竖井掘进过程中风筒要悬吊平直，固定牢靠，井筒内吊挂的风筒接头连接牢固。

5.4.5 主、副井贯通后，应尽快改装通风设备，安装地面主要通风机或临时主要通风机。高瓦斯或瓦斯突出矿井的临时主要通风机不能设在井下。

5.4.6 主、副井掘至井底车场水平时，应尽快在它们之间掘一条联络风巷，以便尽早构成通风系统；主井与副井贯通后，直至主、副井与风井贯通前，应利用贯通后的双巷及时构成通风系统。每完成一次贯通，应及时调整通风系统，局部通风机及时移到合理位置。

5.5 矿井漏风

5.5.1 矿井漏风按形式不同分为外部漏风（指从装有主要通风机的井口及其附属装置处漏失的风流）；内部漏风（指未经采掘工作面、硐室和其他用风地点，直接漏入回风的无效风流）。

5.5.2 矿井漏风率（指矿井总漏风量占通风机风量的百分率）分为外部漏风率和内部漏风率。

5.5.3 矿井外部漏风率应满足以下规定：

a) 对于抽出式主要通风机，无提升任务的出风井不得超过5%，有提升任务的出风井不得超过15%；

b) 对于压入式主要通风机，无提升任务的进风井不得超过10%，有提升任务的进风井不得超过15%。

5.5.4 矿井应采取措施提高矿井有效风量。

5.6 矿井风量计算、分配与调节

5.6.1 矿井需要的风量应按下列要求分别计算，并选取其中的最大值：

a) 按井下同时工作的最多人数计算，每人每分钟供给风量不得少于 4 m^3。

b) 按采煤、掘进、硐室及其他地点实际需要风量的总和进行计算。各地点的实际需要风量，必须使该地点的风流中的瓦斯、二氧化碳、氢气和其他有害气体的浓度、风速以及温度、每人供风量符合本标准的有关规定。

5.6.2 煤矿企业应根据自身具体条件制定风量计算方法，至少每 5 年修订 1 次。煤矿矿井风量计算方法参照本标准附录 C。

5.6.3 矿井每年安排采掘作业计划时必须核定矿井通风能力，必须按实际供风量核定矿井产量，严禁超通风能力生产。煤矿生产能力核定标准见附录 C。

5.6.4 矿井必须建立测风制度，每 10 天进行 1 次全面测风，每次测风结果应记录并写在测风地点的记录牌上。

5.6.5 矿井应根据井下有害气体变化、生产实际、测风结果采取措施，及时进行风量调节。

5.6.6 当使用增加风阻的调节法进行局部风量调节时，调节设施应避免设置在通过风量较大的主要风路中；尽量设在非运输巷道中；还要考虑防火需要。

5.6.7 应根据矿井风量、风压的变化情况调整主要通风机的工况点，进行矿井总风量调节。

5.6.8 当矿井多台主要通风机联合运转时，公共风路的阻力不大于能力较小主要通风机的 30%；当能力较大主要通风机进行风量调节后，必须对其他主要通风机作出相应的调整。

5.6.9 多风机通风系统，在满足风量按需分配的前提下，各主要通风机的工作风压应接近。当通风机之间的风压相差较大时，应减小共用风路的风压，使其不超过任何一个通风机风压的 30%。

6 采区通风

6.1 采区通风系统

6.1.1 矿井生产水平和采区必须实行分区通风。

6.1.2 任何准备采区，必须在采区构成通风系统后，方可开掘其他巷道。采煤工作面必须在采区构成完整的通风、排水系统后，方可回采。

6.1.3 高瓦斯矿井、有煤（岩）与瓦斯（二氧化碳）突出危险的矿井的每个采区和开采容易自燃煤层的采区，必须设置至少 1 条专用回风巷；低瓦斯矿井开采煤层群联合布置的采区和分层开采采用联合布置的采区，必须设置 1 条专用回风巷。采区专用回风巷内不得运输物料、安设电气设备；在煤（岩）与瓦斯（二氧化碳）突出区域，专用回风巷内不得行人。

6.1.4 采区进、回风巷必须贯穿整个采区，严禁一段为进风巷、一段为回风巷。

6.1.5 采、掘工作面应实行独立通风；同一采区内，同一煤层上下相连的 2 个同一风路中的采煤工作面、采煤工作面与其相连接的掘进工作面、相邻的 2 个掘进工作面，布置独立通风有困难时，在制定措施后，可采用串联通风，但串联通风的次数不得超过 1 次。

6.1.6 采区内为构成新区段通风系统的掘进巷道或采煤工作面遇地质构造而重新掘进的巷道，布置独立通风确有困难时，其回风可以串入采煤工作面，但必须制定安全措施，且串联通风的次数不得超过 1 次；构成独立通风系统后，必须立即改为独立通风。

6.1.7 对于 6.1.5 条、6.1.6 条两种情况规定的串联通风，必须在进入被串联工作面的风流中装设安全监测系统，且瓦斯和二氧化碳浓度都不得超过 0.5 %，其他有害气体浓度都应符合本标准规定。

6.1.8 开采有瓦斯喷出或有煤（岩）与瓦斯（二氧化碳）突出危险的煤层时，严禁任何 2 个工作面之间串联通风。

6.1.9 采掘工作面的进风和回风不得经过采空区或冒顶区。水采工作面由采空区回风时，工作面必须

有足够的新鲜风流，工作面及其回风巷的风流中的瓦斯和二氧化碳浓度必须符合本标准有关规定。

6.1.10 无煤柱开采沿空送巷和沿空留巷时，应采取防止从巷道的两帮和顶部向采空区漏风的措施。矿井在同一煤层、同翼、同一采区相邻正在开采的采煤工作面沿空送巷时，采掘工作面严禁同时作业。

6.1.11 突出矿井中布置采掘工作面应遵循下列原则：

a) 主要巷道应布置在岩层或非突出煤层中。应尽可能减少突出煤层中的掘进工作量。开采保护层的采区，应充分利用保护层的保护范围。

b) 应尽可能减少石门揭穿突出煤层的次数，揭穿突出煤层地点应避开地质构造带。如果条件许可，应尽量将石门布置在被保护区内，或先掘出揭煤地点的煤层巷道，然后再与石门贯通。石门与突出煤层中已掘进巷道贯通时，被贯通巷道应超过石门贯通位置 5 m 以上、并保持正常通风。

c) 在同一突出煤层的同一区段的集中应力影响范围内，不得布置 2 个工作面相向回采或掘进。突出煤层的掘进工作面，应避开本煤层或邻近煤层采煤工作面的应力集中范围。

6.1.12 防突安全防护措施中，采取震动爆破的工作面，必须具有独立、可靠、畅通的回风系统，爆破时回风系统内必须切断电源，严禁人员作业和通过。在其进风侧的巷道中，必须设置 2 道坚固的反向风门。与回风系统相连的风门、密闭、风桥等通风设施必须坚固可靠，防止突出后的瓦斯涌入其他区域。

6.1.13 采区回风巷、采掘工作面回风巷风流中瓦斯浓度超过 1.0％或二氧化碳浓度超过 1.5％时，必须停止工作，撤出人员，采取措施，进行处理。

6.1.14 对回采工作面和其他用风地点，应根据实际需要随时测风，每次测风结果应记录并写在测风地点的记录牌上。

6.2 回采工作面通风

6.2.1 回采工作面通风方式由采区瓦斯、粉尘、气温以及自然发火倾向等因素决定。根据采煤工作面进、回风道的数量与位置，将回采工作面通风方式分为 U 形、W 形、Y 形、Z 形及 U+L 形等。

6.2.2 U 形通风方式指采煤工作面与进、回风道构成的形如英文字母“U”的通风方式，包括后退式和前进式两种。U 形后退式通风漏风小，上角易瓦斯积聚，适用于瓦斯涌出量不大的煤层；U 形前进式通风漏风大，不适用于自然发火煤层。

6.2.3 W 形通风方式指采煤工作面上、下端的平巷进风（或回风），中间平巷回风（或进风）的布置方式。W 形通风采准巷道的开掘和维护量少；风阻小，漏风量少，易于防火；中间及上下平巷可布置钻孔，利于煤层注水和抽放瓦斯。适用于高瓦斯、易自燃的煤层。

6.2.4 Y 形通风方式指在采煤工作面上、下端各设一条进风道，另在采空区一侧设回风道的通风方式。Y 形通风上角不易积聚瓦斯，且其上下两端处于进风流中、可布置抽放钻孔；采空区漏风多，易引起采空区煤炭自燃。适用于瓦斯涌出量大、发火不严重的煤层。

6.2.5 Z 形通风方式指采煤工作面、进、回风道构成的形如英文字母“Z”的通风方式，其中一条进风道（或回风道）的一侧为采空区，分为前进式和后退式。前进式上角易积聚瓦斯，不适用于瓦斯涌出大的工作面；后退式当采空区的瓦斯涌出量很大时，其回风巷中会出现瓦斯超限现象。Z 形通风采空区内漏风大，易引起煤炭自燃，不适用于发火严重的工作面。

6.2.6 U+L 形通风方式即 U 形通风＋尾巷的通风方式，俗称尾巷通风方式。风流通过上隅角经联络横巷进入上部回风巷，上角不易瓦斯积聚，但是大部分瓦斯涌向尾巷，易发生瓦斯事故，因此尾巷不得兼作其他用途，不得敷设电缆、金属管道，并须设栅栏、安装安全监测系统。适用于瓦斯涌出量大的工作面。

6.2.7 有煤（岩）与瓦斯（二氧化碳）突出危险的采煤工作面不得采用下行通风。

6.2.8 装有矿井安全监控系统的机械化采煤工作面、水采和煤层厚度小于 0.8 m 的保护层的采煤工作面，经抽放瓦斯（抽放率 25％以上）和增加风量已达到最高允许风速后，其回风巷风流中瓦斯浓度仍不能降低到 1.0％以下时，回风巷风流中瓦斯最高允许浓度为 1.5％，但应符合下列要求：

a) 工作面的风流控制必须可靠。

b) 必须保持通风巷的设计断面。

c) 必须配有专职瓦斯检查工。

6.2.9 回采工作面及其他作业地点风流中瓦斯浓度达到1.0%时，必须停止用电钻钻眼；爆破地点附近20 m以内风流中瓦斯浓度达到1.0%时，严禁爆破。

6.2.10 回采工作面及其他作业地点风流中、电动机或其开关安设地点附近20 m以内风流中的瓦斯浓度达到1.5%时，必须停止工作，切断电源，撤出人员，进行处理。

6.2.11 回采工作面及其他巷道内，体积大于0.5 m^3 的空间内积聚的瓦斯浓度达到2.0%时，附近20 m内必须停止工作，撤出人员，切断电源，进行处理。

6.2.12 回采工作面风流中二氧化碳浓度达到1.5%时，必须停止工作，撤出人员，查明原因，制定措施，进行处理。

6.2.13 采煤工作面绝对瓦斯涌出量大于或等于20 m^3/min、进回风巷道净断面8 m^2 以上，经抽放瓦斯（抽放率25%以上）和增大风量已达到本标准规定最高允许风速后，其回风巷风流中瓦斯浓度仍不符合本标准规定时，由企业主要负责人审批后，可采用专用排瓦斯巷，但该巷回风流中的瓦斯浓度不得超过2.5%，并遵守下列规定：

a) 工作面风流控制必须可靠。

b) 专用排瓦斯巷内不得进行生产作业和设置电气设备；进行巷道维修工作时，瓦斯浓度必须低于1.5%。

c) 专用排瓦斯巷内风速不得低于0.5 m/s。

d) 专用排瓦斯巷内必须用不燃性材料支护，并应有防止产生静电、摩擦和撞击火花的安全措施。

e) 专用排瓦斯巷必须贯穿整个工作面推进长度且不得留有盲巷。

f) 专用排瓦斯巷内必须安设甲烷传感器，甲烷传感器应悬挂在距专用排瓦斯巷回风口15 m处，当甲烷浓度达到2.5%时，能发出报警信号并切断工作面电源，工作面必须停止工作，进行处理。

g) 煤层的自燃倾向性为不易自燃。

6.2.14 开采容易自燃和自燃的煤层（薄煤层除外）时，采煤工作面必须采用后退式开采。

6.2.15 矿井在同一煤层、同翼、同一采区相邻正在开采的采煤工作面沿空送巷时，采掘工作面严禁同时作业。

6.2.16 水采工作面由采空区回风时，工作面必须有足够的新鲜风流，工作面及其回风巷的风流中的瓦斯和二氧化碳浓度必须符合本标准6.2.9～6.2.12规定。

6.2.17 采空区必须及时封闭。必须随采煤工作面推进逐个封闭与采空区连通的巷道。采区开采结束后45天内，必须在所有与已采区相连通的巷道中设置防火墙，全部封闭采区。

7 掘进通风

7.1 掘进巷道必须采用矿井全风压通风或局部通风机通风。

7.2 掘进通风分为压入式、抽出式、混合式3种。掘进巷道中瓦斯涌出量、掘进距离、巷道断面积是选择掘进通风方式的依据。

7.3 压入式通风指用局部通风设备向掘进工作面输送空气的通风方式。压入式通风安全性好，风流有效射程远、工作面通风效果好，可使用普通柔性风筒，但作业环境差，适用于有瓦斯涌出的巷道。

7.4 抽出式通风指通过局部通风设备从掘进工作面抽出污浊空气的通风方式。抽出式通风巷道作业环境好，但安全性较差，需用刚性风筒或带金属骨架的可伸缩柔性风筒。

7.5 混合式通风指装备的2套局部通风设备一套作压入式通风、另一套作抽出式通风的联合通风方式。混合式通风巷道作业环境好，通风效果好，但使用设备多、管理复杂。适用于长距离、大断面的掘进巷道。

7.6 煤巷、半煤岩巷和有瓦斯涌出的岩巷的掘进通风方式应采用压入式，不得采用抽出式（压气、水力引射器不受此限）；如果采用混合式，必须制定安全措施。

7.7 瓦斯喷出区域和煤（岩）与瓦斯（二氧化碳）突出煤层的掘进通风方式必须采用压入式。

7.8 煤矿井下使用的局部通风机必须性能良好，运转超过6个月应上井检修。

7.9 局部通风机设备要齐全，吸风口有风罩和整流器，高压部位（包括电缆接线盒）有衬垫，通风机必须吊挂或垫高，离地面高度大于0.3 m；11 kW及以上功率的局部通风机要装有消音器（低噪声局部通风机、除尘风机除外）。

7.10 局部通风机必须由指定人员负责管理，保证正常运转。

7.11 压入式局部通风机和启动装置，必须安装在进风巷道中，距掘进巷道回风口不得小于10 m；全风压供给该处的风量必须大于局部通风机的吸入风量，局部通风机安装地点到回风口间的巷道中的最低风速不能低于0.15 m/s。

7.12 矿井使用局部通风机通风时，压入式风筒的出风口或抽出式风筒的吸风口与掘进工作面的距离，应在风流的有效射程或有效吸程范围内，并在作业规程中明确规定。

7.13 使用混合式通风时，短抽或短压风筒与主导风筒的重叠段长度应大于10 m，风筒重叠段的掘进巷道中的风速和瓦斯浓度，应满足本标准有关规定。

7.14 低瓦斯矿井掘进工作面的局部通风机，可采用装有选择性漏电保护装置的供电线路供电，或与采煤工作面分开供电。

7.15 瓦斯喷出区域、高瓦斯矿井、煤（岩）与瓦斯（二氧化碳）突出矿井中，掘进工作面的局部通风机应采用三专（专用变压器、专用开关、专用线路）供电；也可采用装有选择性漏电保护装置的供电线路供电，但每天应有专人检查1次，保证局部通风机可靠运转。

7.16 严禁使用3台以上（含3台）的局部通风机同时向一个掘进工作面供风。不得使用1台局部通风机同时向2个作业的掘进工作面供风。

7.17 使用局部通风机供风的地点必须实行风电闭锁，保证停风后切断停风区内全部非本质安全型电气设备的电源。使用2台局部通风机供风的，2台局部通风机都必须同时实现风电闭锁。

7.18 使用混合式通风时，安设在掘进巷道中的局部通风机（或湿式除尘通风机）必须与掘进巷道中的主导局部通风机联动闭锁。当主导通风机停止运转时，掘进巷道中的局部通风机能自动停止运转；主导局部通风机未启动时，掘进巷道中的局部通风机不能启动。

7.19 当使用混合式通风时，位于掘进巷道中的局部通风机的吸风口必须安装瓦斯自动断电装置，保证吸入风流的瓦斯浓度不超过1.0%，超过时自动切断局部通风机的电源。

7.20 用局部通风机通风的掘进工作面，不得停风；因检修、停电等原因停风时，必须撤出人员，切断电源。恢复通风前，必须检查瓦斯。只有在局部通风机及其开关附近10 m以内风流中的瓦斯浓度都不超过0.5%时，方可人工开启局部通风机。

7.21 局部通风机因故停止运转，在恢复通风前，必须首先检查瓦斯，只有停风区中最高瓦斯浓度不超过1.0%和最高二氧化碳浓度不超过1.5%，且符合6.20条规定条件时，方可人工启动局部通风机，恢复正常通风。

7.22 巷道贯通必须遵守下列规定：

综合机械化掘进巷道在相距50 m前，其他巷道在相距20 m前，必须停止一个工作面作业，做好调整通风系统的准备工作。

掘进巷道贯通时，必须由专人在现场统一指挥，停掘的工作面必须保持正常通风，设置栅栏及警标，经常检查风筒的完好状况和工作面及其回风流中瓦斯浓度，瓦斯浓度超限时，必须立即处理。掘进的工作面每次爆破前，必须派专人和瓦斯检查工共同到停掘的工作面检查工作面及其回风流中的瓦斯浓度，瓦斯浓度超限时，必须先停止在掘工作面的工作，然后处理瓦斯，只有在2个工作面及其回风流中的瓦斯浓度都在1.0％以下时，掘进的工作面方可爆破。每次爆破前，2个工作面入口必须有专人警戒。

掘进巷道贯通后，必须停止采区内的一切工作，立即调整通风系统，风流稳定后，方可恢复工作。

7.23 在突出矿井的突出危险区，掘进工作面进风侧必须设置至少2道牢固可靠的反向风门。反向风门距工作面的距离，应根据掘进工作面的通风系统和预计的突出强度确定。

7.24 掘进工作面及其他作业地点风流中瓦斯浓度达到1.0％时，必须停止用电钻钻眼；爆破地点附近20 m以内风流中瓦斯浓度达到1.0％时，严禁爆破。

7.25 掘进工作面及其他作业地点风流中、电动机或其开关安设地点附近20 m以内风流中的瓦斯浓度达到1.5％时，必须停止工作，切断电源，撤出人员，进行处理。

7.26 掘进工作面及其他巷道内，体积大于0.5 m^3的空间内积聚的瓦斯浓度达到2.0％时，附近20 m内必须停止工作，撤出人员，切断电源，进行处理。

7.27 掘进工作面风流中二氧化碳浓度达到1.5％时，必须停止工作，撤出人员，查明原因，制定措施，进行处理。

8 硐室通风

8.1 井下各类硐室风速、温度必须满足本标准4.2相关条文规定。

8.2 井下爆炸材料库必须有独立的通风系统，回风风流必须直接引入矿井的总回风巷或主要回风巷中。新建矿井采用对角式通风系统时，投产初期可利用采区岩石上山或用不燃性材料支护和不燃性背板背严的煤层上山作爆炸材料库的回风巷。

8.3 爆炸材料库每小时风量不得小于其总容积的4倍。

8.4 井下机电设备硐室应设在进风风流中。如果硐室深度不超过6 m、入口宽度不小于1.5 m而无瓦斯涌出，可采用扩散通风。

8.5 井下个别机电设备硐室，可设在回风流中，但此回风流中的瓦斯浓度不得超过0.5％，并必须安装安全监测系统。

8.6 采区变电所必须有独立的通风系统。

8.7 处在回风流中的机电设备硐室的进风侧必须安装安全监测系统。

8.8 井下充电室必须有独立的通风系统，回风风流引入回风巷。

8.9 井下充电室，在同一时间内，5t及其以下的电机车充电电池的数量不超过3组，5t以上的电机车充电电池的数量不超过1组时，可不采用独立的通风系统，但必须在新鲜风流中。

8.10 井下充电室风流中以及局部积聚处的氢气浓度，不得超过0.5％。

9 通风设备及通风设施

9.1 矿井主通风机

9.1.1 新建矿井选择通风设备，应符合下列规定：

a) 应满足首采水平各个时期的工况变化，并使通风设备长期高效率运行。当工况变化较大时，应根据矿井分期时间及节能情况，分期选择电动机。

b) 风机能力应留有10％的余量。

c) 轴流式通风机应校验电动机正常启动容量，还应校验反风时的容量。

9.1.2 矿井必须采用机械通风；主要通风机必须安装在地面；装有通风机的井口必须封闭严密，其外部漏风率在无提升设备时不得超过5％，有提升设备时不得超过15％。

9.1.3 必须保证主要通风机连续运转。主要通风机应有两回路直接由变(配)电所馈出的供电线路；主要通风机的控制回路和辅助设备，必须有与主要通风机同等可靠的备用电源。

9.1.4 必须安装2套同等能力的主要通风机装置，其中1套作备用，备用通风机必须能在10 min内开动。

9.1.5 生产矿井严禁采用局部通风机或风机群作为主要通风机使用。

9.1.6 矿井应建立主要通风机定期检修制度，至少每月检查1次主要通风机。

9.1.7 改变通风机转数或叶片角度时，必须经矿技术负责人批准。

9.1.8 新安装的主要通风机投入使用前，必须进行1次通风机性能测试和试运转工作，以后每5年至少进行1次性能测定。煤矿用主要通风机现场性能参数测定方法参照附录B进行。

9.1.9 矿井通风机房应按同类型矿井井口防洪标准采取防洪措施。

9.1.10 通风机房周围20 m以内不得布置有烟火作业的建筑物及设施，并应考虑噪声及排出的乏风对周围的影响，与提升机房、变电所、矿办公楼的距离不宜小于30 m；与进风井口、压缩空气站的距离应符合下列规定：

a) 低瓦斯矿井不应小于30 m；

b) 高瓦斯矿井不应小于50 m。

9.1.11 通风机房附近20 m内，不得有烟火或用火取暖。通风机房位于工业广场以外时，除开采有瓦斯喷出区域的矿井和煤(岩)与瓦斯突出矿井外，可用隔焰式火炉或防爆式电热器取暖。

9.1.12 严禁主要通风机房兼作他用。主要通风机房内必须安装水柱计、电流表、电压表、轴承温度计等仪表，还必须有直通矿调度室的电话，并有反风操作系统图、司机岗位责任制和操作规程。

9.1.13 主要通风机的运转应由专职司机负责，司机应每小时将通风机运转情况计入运转记录簿内；发现异常，立即报告。

9.1.14 每个主要通风机房内，主要通风机的噪音不得超过90 dB(A)；通风机房内噪音不应超过85 dB(A)，值班室应隔音。通风装置对附近的住宅区、办公室的噪声值不得超过55 dB(A)，当达不到要求时，通风装置必须采取消除噪声措施。

9.1.15 因检修、停电或其他原因停止主要通风机运转时，必须制定停风措施。

9.1.16 主要通风机停止运转时，受停风影响的地点，必须立即停止工作、切断电源，撤出人员。

9.1.17 主要通风机停止运转期间，对由1台主要通风机担负全矿通风的矿井，必须打开井口防爆门和有关封门，利用自然风压通风；对由多台主要通风机联合通风的矿井，必须正确控制风流，防止风流紊乱。

9.1.18 矿井主要通风机应有监测系统，以监测主要通风机及电机的运转情况。

9.2 矿井主要通风机附属装置

9.2.1 装有主要通风机的通风井口应安装防爆门，防爆门每6个月检查维修1次。

9.2.2 矿井主要通风机与出风井连接的风硐，风速最大不得超过15 m/s；风硐转弯部分要呈圆弧形，内墙光滑，拐弯平缓，并保持无堆积物；风硐及其闸门等装置，结构要严密不漏风；风硐和主要通风机相连的一段巷道的长度应不小于10～12倍的风机动轮直径。

9.2.3 扩散器应用混凝土砌筑或金属板焊接，扩散器的设计、构筑原则是阻力小、出口速压低。

9.2.4 暖风道和压入式通风的风硐必须用不燃性材料砌筑，并应至少设2道防火门。

9.3 矿井辅助通风机

9.3.1 矿井通风系统中，如果某一分区风路的风阻过大，主要通风机不能供给其足够风量时，可在井下安设辅助通风机。

9.3.2 在井下安设辅助通风机，必须经过计算选定辅助通风机的性能和型号。

9.3.3 安设辅助通风机的巷道或硐室，必须有绕道，并在绕道内设置两道风门，辅助通风机正常运转时，必须关闭两道绕道风门，防止风流循环；辅助通风机临时因故停止运转时，必须迅速打开绕道风门，保证矿井全风压通风。

9.3.4 辅助通风机吸入端风流中的瓦斯浓度不得超过0.5%，并安排专人经常检查。辅助通风机必须有专用线路供电，在供电线路上不应分接任何负荷。

9.3.5 辅助通风机需要检修停止运转时，必须制定安全技术措施；辅助通风机所负担的区域，必须停止工作，撤出人员，切断电源。

9.3.6 当矿井主要通风机需要反风时，辅助通风机必须停止运转，并打开绕道风门。

9.3.7 辅助通风机房，必须符合下列要求：

a) 供给新鲜风流。

b) 有能行人的直达主要进风巷道的进风道。

c) 设有通达矿井调度室的专用电话。

d) 配备专用司机，负责辅助通风机的运转和绕道风门的控制，并备有辅助通风机运行记录簿。

9.3.8 在新建、改扩建矿井设计中，不得在井下安设辅助通风机。

9.3.9 严禁在煤(岩)与瓦斯(二氧化碳)突出矿井中安设辅助通风机。

9.4 矿井通风设施

9.4.1 矿井中控制风流的风门、风桥、风墙、风窗等通风设施必须可靠、位置合理。

9.4.2 在井筒之间、矿井(一翼、采区)进回风巷之间、石门、采区上下山车场，各区段车场等需长期隔断风流但人员、物料需要通过的地点应设置永久风门。每处至少安装两道连锁的正向风门和两道反向风门，风门能自动关闭；任意两道风门之间距离不小于 4 m，需要有运输工具通过时，两道风门之间距离同时不得小于运输工具长度。

9.4.3 不应在倾斜巷道中设置风门；如果必须设置风门，应安设自动风门或设专人管理，并有防止矿车或风门碰撞人员以及矿车破坏风门的安全措施。

9.4.4 凡报废的采区通向运输大巷和总回风巷的所有联络巷，所有结束回采的工作面、平巷间的联络巷、岩石集中巷连通煤层的巷道都应设置永久性密闭。

9.4.5 开采突出煤层时，工作面回风侧不应设置风窗。

9.4.6 井下巷道需临时封闭的地点应构筑临时密闭。

9.4.7 凡是进风、回风风流平面交叉的地点均应设置风桥。风桥应用不燃性材料建筑，桥面平整不漏风，风桥不应设风门。

9.4.8 矿井的总进风巷、总回风巷、矿井一翼的总进风巷、总回风巷应设置永久测风站，采掘工作面及其他用风地点应设置临时测风站。

10 矿井反风

10.1 生产矿井主要通风机必须装有反风装置，并满足以下要求：

a) 结构简单，坚固可靠。

b) 所有操作开关集中安设，动作灵活可靠，便于值班司机一人独立操作。

c) 能在 10 min 内改变巷道中的风流方向。

d) 当风流方向改变后，主要通风机的供给风量不应小于正常供风量的 40%。

e) 反风风门(闸板)的起重量大于 1 t 时，应采用电动、手摇两用风门绞车，并集中操作。

10.2 矿井必须明确反风方法。

10.3 每季度应至少检查 1 次反风设施，检查项目包括主要通风机和启动电气设备、进风井口房、反风道、所有地面闸门和风门、电控设备绞车和钢丝绳、防爆门、反风设备的防冻设施以及进、回风井之间和主要进、回风道之间的正、反向风门等。每一矿井每年应进行 1 次反风演习，矿井通风系统有重大变化时，应进行一次反风演习。

10.4 对多台主要通风机通风的矿井，应分别作多台主要通风机同时反风和单台主要通风机各自反风的演习，以分别观测其反风效果。

10.5 反风演习持续时间不应少于从矿井最远地点撤到地面所需的时间。

10.6 反风演习前，必须制定反风演习计划，报企业技术负责人审批。

10.7 反风演习持续时间内，在反风后出风井口附近 20 m 范围内以及反风后出风井口相连通的井口房等建筑物内，都必须切断电源，禁止一切火源存在，并禁止交通。

10.8 反风演习过程中，必须及时对有关观测项目进行观测记录。

附　录　A
（资料性附录）
矿井通风阻力测定方法

A.1　仪器准备

矿井通风阻力测定应准备下列仪器，并在检验有效期内。

a)　普通型空盒气压计：

测量范围 80 kPa～107 kPa(相当于 600 mmHg～800 mmHg)，最小分度值 50 Pa。

b)　倾斜压差计或矿用通风参数仪：

测量范围 0 kPa～3000 Pa，最小分度值 10 Pa。

c)　精密气压计：

测量范围 83.6 kPa～114 kPa，最小分度值 25 Pa。

d)　通风干湿温度计：

测量范围－25℃～＋50℃，最小分度值 0.2℃。

e)　皮托管：

校正系数 0.998～1.004。

f)　低速风速表：

测量范围 0.2 m/s～5 m/s，启动风速≤0.2 m/s。

g)　中速风速表：

测量范围 0.4 m/s～10 m/s，启动风速≤0.4 m/s。

h)　高速风速表：

叶轮式，测量范围 0.8 m/s～25 m/s，启动风速≤0.5 m/s。

杯式，测量范围 1.0 m/s～30 m/s，启动风速≤0.8 m/s。

i)　秒表：

最小分度值 1 s。

j)　钢卷尺：

2 m 钢卷尺，测量范围 0 m～2 m，最小分度值 1.0 mm。

30 m 钢卷尺，测量范围 0 m～30 m，最小分度值 1.0 mm。

k)　橡胶管(或塑胶管)：

内径 4 mm～5 mm。

l)　橡胶管接头：

内径 3 mm～4 mm，外径 5 mm～6 mm，长度 50 mm～80 mm。

A.2　测定步骤

A.2.1　测定路线选择

在通风系统图上选择测定的主要路线和次要路线。同时，要考虑一个工作班内将该路线测完；当测定路线较长时，可分段、分组测定。

A.2.2　测点选择

首先在通风系统图上按选定测定路线布置测点，并按顺序编号。然后再按井下实际情况确定测点位置，并作标记。

选择测点时应满足下列要求：

a) 测点应在分风点或合风点前(或后)处选定。选在前方不得小于巷道宽度的3倍;选在后方不得小于巷道宽度的8倍;

b) 需要在巷道转弯处、断面变化大的地方选点时,选在前方不得小于巷道宽度的3倍;选在后方不得小于巷道宽度的8倍;

c) 测点前、后3 m内巷道应支护良好,巷道内无堆积物;

d) 两测点间的压差应不小于20 Pa。

A.2.3 压差计法

A.2.3.1 风压测量

从测点1开始,在测点1、2两处各设置一个皮托管,一般在测点2的下风侧6 m~8 m处安设压差计。

皮托管应设置在风流稳定的地点,正对风流。压差计应靠近巷道壁安设平稳,调零或记下初读数。橡胶管要防止折叠和被水、污物等堵塞,待橡胶管内的空气温度等于巷道内的空气温度后,将两个橡胶管安在压差计上,待压差计液面稳定后读数,及时进行记录。

测点1、2测完后,压差计可以不动,进行测点2、3间的测量。依次按测点的顺序进行测量,直至全路线测完为止。

测量顺序也可逆风流方向进行。

A.2.3.2 风速测量

用风速表测量风速,需测量三次,取其平均风速值。

A.2.3.3 大气物理参数测量

用空盒气压计测量大气压力;用通风干湿温度计测量空气的干球温度和湿球温度。

A.2.3.4 巷道断面积和周长参数测量

按测点的巷道断面形状,用钢卷尺进行测量。

A.2.3.5 测点间距测量

用钢卷尺测量两测点的距离。

A.2.4 气压计法

A.2.4.1 风压测量

逐点测量法:在井口或井底车场调好两台精密气压计(Ⅰ、Ⅱ),并记录初读数。仪器Ⅰ留在原地监视大气压力变化,每隔10 min~15 min记录一次读数,仪器Ⅱ按测点顺序分别测出各测点风流的绝对静压。

双测点同时测定法:在测点1处,调好两台精密气压计(Ⅰ、Ⅱ),并记录初读数。然后仪器Ⅰ留在原处不动,仪器Ⅱ放置在测点2,在约定时间内两台仪器同时读数。再把仪器Ⅰ移到测点2,同时读数,仪器Ⅰ不动,将仪器Ⅱ移到测点3,再在约定时间内两台仪器同时读数。如此前进直至测完。

A.2.4.2 风速测量同A.2.3.2

A.2.4.3 大气物理参数测量同A.2.3.3

A.2.4.4 巷道断面积和周长参数测量同A.2.3.4

A.2.4.5 测点间距测量同A.2.3.5

A.2.4.6 测点标高测量

由矿地测部门给出各点标高。

A.3 测定结果计算

A.3.1 空气密度计算

空气密度按下式计算:

$$\rho = 3.484 \times 10^{-3} \frac{P_0 - 0.3779\phi P_{sh}}{273.15 + t}$$

式中：

ρ——空气密度，kg/m³；

P_0——测点的大气压力，Pa；

ψ——空气相对湿度，%；

$P_{\text{饱}}$——测点温度为 t℃时，空气的绝对饱和水蒸气压力，Pa；

t——空气温度，℃。

A.3.2　巷道断面积和周长计算

按巷道断面形状，计算其断面积和周长。

A.3.3　平均风速计算

每测点取三次实际风速值的算术平均值。

A.3.4　风量计算

风量按下式计算：

$$q_v = Sv$$

式中：

q_v——测点风量，m/s；

S——测风处巷道断面积，m；

v——测风断面的平均风速，m/s。

A.3.5　动压计算

动压按下式计算：

$$h_d = \frac{\rho v^2}{2}$$

式中：

h_d——测点的动压，Pa。

A.3.6　通风阻力计算

A.3.6.1　两测点间通风阻力

压差计法按下式计算：

$$h_{xij} = h_{ij} + h_{di} - h_{dj}$$

式中：

h_{xij}——两测点间的通风阻力，Pa；

h_{ij}——两测点间的压差值，Pa；

h_{di}——测点 i 的动压值，Pa；

h_{dj}——测点 j 的动压值，Pa。

气压计法：

a）　逐点测定法。按下式计算：

$$h_{rij} = k'(h_j' - h_i') - k''(h_i'' - h_j'') + (Z_i - Z_j)\rho_{ij} g + (h_{dj} - h_{dj})$$

式中：

k'、k''——气压计（Ⅰ、Ⅱ）的校正系数；

h_i'、h_j'——气压计在 i、j 的读数，Pa；

h_i''、h_j''——测 h_j'、h_i'时，气压计（Ⅱ）的读数，Pa；

Z_i、Z_j——测点 i、j 的标高，m；

ρ_{ij}——测点 i、j 空气密度的平均值，kg/m³；

g——重力加速度，m/s²。

b）　双测点同时测定法。按下式计算：

$$h_{rij} = k'(h_j' - h_i') - k''(h_i'' - h_j'') + (Z_i - Z_j)\rho_{ij}g + (h_{dj} - h_{dj})$$

式中：

h_i''、h_j''——气压计(Ⅱ)在测点 i、j 的读数，Pa。

A.3.7 测量路线的总阻力计算

测量路线的总阻力按下式计算：

$$h_{tr} = \sum h_{rij}$$

式中：

h_{tr}——测量路线的总阻力，Pa；

h_{rij}——在测量路线上的各段阻力之和，Pa。

A.3.8 巷道风阻

A.3.8.1 两点间阻力计算

两点间风阻按下式计算：

$$R_{ij} = \frac{h_{rij}}{q_{vij}^2}$$

式中：

R_{ij}——测点 i、j 间的风阻，$N \cdot s^2/m^8$；

q_{vij}——测点 i、j 风量的算术平均值，s^3/m。

A.3.8.2 两点间的标准风阻计算

两点间的标准风阻按下式计算：

$$R_{sij} = 1.2\frac{R_{ij}}{\rho_{ij}}$$

式中：

R_{sij}——标准空气密度下的测点 n、$n+1$ 间的标准风阻，$N \cdot s^2/m^8$。

A.3.8.3 巷道百米标准风阻计算

巷道百米标准风阻按下式计算：

$$R_{100} = 100\frac{R_{sij}}{L_{ij}}$$

式中：

R_{100}——巷道百米标准风阻，$N \cdot s^2/m^8$；

L_{ij}——测点 i、j 间的距离，m。

A.4 测定结果处理

对选定的测定路线作通风阻力测定时，还需同时作必要的补充测定，以便对通风网络的风量平衡和阻力平衡校核。同时，按风量不同中相对静压测值与自然风压值校验全矿阻力测定值的误差、判定可靠性。

测定结果计算后，应编制矿井通风阻力测定报告，报告内容主要包括：测定时间、测定目的和要求、当时矿井的通风和生产情况、测定路线选择、人员组织、使用仪器、测量方法、测定结果、矿井通风阻力分布、绘制阻力分布曲线及分析和改善矿井通风状况的建议等。

附 录 B
（资料性附录）
煤矿用主要通风机现场性能参数测定方法

B.1 一般规定

B.1.1 一般条件

a） 测定前应检查通风机、电动机各零部件是否齐全，装配是否紧固，运行是否正常。

b） 通风机进风口或出风口至风量、风压测定断面之间的风道应无明显漏风。

c） 引风道、风硐内应无杂物堆积和积水。

d） 保障测定人员安全及防止机器受损坏所采取的措施，应对通风机的空气动力性能无任何影响。

B.1.2 风量和风压调节

B.1.2.1 轴流式通风机

a） 抽出式通风。风量调节闸门应设在距通风机入口大于5倍叶轮直径的巷道内。

b） 压入式通风。风量调节闸门应设在距通风机出口大于10倍叶轮直径的巷道内。

c） 风量调节闸门。应安装牢固，其强度应能承受大于通风机最大风压1.5倍的压力。

B.1.2.2 离心式风机

一般可利用通风机自身设置的闸门进行风量调节。若闸门损坏或调节不方便，可参照轴流式风机的规定设置风量调节风门。

每调节一次风量、风压为通风机的一个工况点，通风机的特性曲线应包含有7个以上工况点。

a） 轴流式通风机应采用开路启动，逐渐增阻调节。

b） 离心式通风机应采用闭路启动，逐渐降阻调节。

c） 特殊情况可不受此限。

B.1.3 运行参数调节

安装在煤矿的通风机，有下列情况之一者应进行运行参数测定：

a） 连续运转3年。

b） 新安装。

c） 技术改造前、后。

d） 更换了叶片、电动机、改变了动叶、导叶角度。

B.1.4 检测

通风机应由相应资质的检测机构进行测量。

B.1.5 测量仪器

见表B.1。

表B.1 测量仪器

序号	仪器名称	测量范围	准确度	数量	用途
1	气压计	800 hPa～1 060 hPa	±200 Pa	1	测大气压力
2	温度计	0℃～50℃	0.1℃	2	测温度
3	干湿温度计	－25℃～＋50℃	0.2℃	2	测干、湿温度
4	皮托管		系数0.998～1.004	≥25	测动压、全压
5	全压管		系数0.998～1.004	≥25	测全压

表 B.1(续)

序号	仪器名称	测量范围	准确度	数量	用途
6	附壁静压片或静压管		系数 0.998～1.004	≥8	测全压
7	风速传感器、风速表	0.5 m/s～20 m/s	±(0.1～0.2)m/s	≥25	测风速
8	压差计	0～6000 Pa	±10 Pa	≥5	测静压、全压
9	压差计	0～2000 Pa	±1.0 Pa	≥5	测动压
10	电流传感器		0.2 级	2	电气参数测定
11	电压互感器		0.2 级	2	电气参数测定
12	功率因数测量仪表		0.5 级	2	电气参数测定
13	功率测量仪表		0.5 级	2	电气参数测定
14	电压测量仪表		0.5 级	2	电气参数测定
15	电流测量仪表		0.5 级	2	电气参数测定
16	转速表		±1 r/min	2	测风机、电机转数
17	声差计		1 型	2	测噪声
18	点温计	0℃～100℃	0.1℃	1	电机升温
注：在进行通风机运行参数测定时，可根据具体测定方法选用表中的测量仪表。在高原地区测量大气压时，应选用相适应的空壳气压计。					

B.2 参数测定

B.2.1 空气密度的测定

在距风压测点 20 m 内的巷道中，用气压计测量绝对静压，用干、湿温度计测量干、湿温度。每调节工况 1 次测量 3 次，取其算术平均值按下式计算空气密度：

$$\rho = 3.484 \times 10^{-3} \frac{p_0 - 0.337\psi p_{sh}}{273 + t}$$

式中：

ρ——空气密度，kg/m^3；

p_0——大气压力，Pa；

ψ——空气相对湿度，%；

p_{sh}——温度为 t℃时空气的绝对饱和水蒸气压力，Pa；

t——空气的温度，℃。

B.2.2 风量测定

B.2.2.1 选择测定断面的条件

按 GB/T 10178 中 6.2 条选择风量测定断面，应选两个以上测风断面，断面之间应无漏风。现场条件不能满足要求时可按下列的要求选择：

a) 轴流式通风机可选在集风器入口。

b) 离心式通风机可选在通风机入风口附近。

B.2.2.2 风速测点的布置

a) 圆形巷道断面：按 GB/T 10178 中 6.4.3.1 条的要求布置。

b) 矩形巷道断面：按 GB/T 10178 中 6.4.3.3 条的要求布置。

c) 扩散器环形断面：按 GB/T 10178 中 6.4.3.2 条的要求布置。

d) 其他形状的巷道断面：

1） 面积测定在同一断面上划分成若干个矩形、三角形、半圆形等小块，计算总面积。

2） 测点布置用全压管测风量，将全压测点布置在每个小面积块的重心上。静压测点，根据巷道断面的近似形状布置在巷道壁上。

B.2.2.3 静压测点的布置

a） 环形空间，测点布置在水平、垂直的两条直径与硐壁和芯筒外缘的交点。

b） 圆形断面，测点布置在水平、垂直的两条直径与硐壁的交点。

c） 矩形断面，测点布置在高、宽中线与硐壁的交点处。

B.2.2.4 测定方法

a） 皮托管测定法：皮托管布置在流速均匀的测定断面安装支撑架和皮托管，皮托管的测头应超前支撑架 100 mm，其全压孔应迎风正对风流，偏角不大于 5°；动压测量时，用干净、畅通，不漏气的软管，将皮托管的"＋""－"接头与压差计的"＋""－"接头对应连接，测量动压。

b） 全压管、附壁静压片测定法：全压管的安装按 C.3.2 条的规定.在流速不均匀的测定断面或扩散器环形空间、集风器入口安设全压管。全压管测头应超前支撑架 100 mm，全压孔迎风正对气流，允许偏角不大于 15°。附壁静压片紧贴壁面安设。全压、静压测定时用干净、畅通、不漏气的软管，将全压管、附壁静压片的接头分别与压差计连接。

c） 风速传感器、风速计测定法：按 C.3.2 的要求，安设支撑架和风速传感器。仪表测头应超前支撑架 200 mm～250 mm，测量各测定风速。

B.2.2.5 风速计算

B.2.2.5.1 皮托管测定法

$$v_i = \sqrt{\frac{2p_{di}}{\rho}}$$

式中：

v_i——测风断面第 i 测点风速，m/s；

ρ——空气密度，kg/m³；

p_{di}——第 i 测点测得的动压，Pa。

B.2.2.5.2 全压管、附壁静压片测定法

$$p_{di} = \xi_{ti} p_{ti} - p_{si}$$

$$p_{si} = \frac{L_{ib}}{L_{ab}}(\xi_a p_{sa} - \xi_b p_{sb}) + \xi_b p_{sb}$$

式中：

p_{ti}——第 i 测点测得的全压，Pa；

ξ_{ti}——第 i 测点全压管系数；

p_{si}——第 i 测点测算的静压，Pa；

L_{ib}——i 点到静压测点 b 的距离，m；

L_{ab}——a、b 两静压点的距离，m；

p_{sa}、p_{sb}——a、b 静压测点测得的静压，Pa；

ξ_a、ξ_b——a、b 静压测点附壁静压片的系数。

B.2.2.5.3 风速传感器、遥测风速计测定法

直接测得各测点的风速。

B.2.2.6 风量计算

$$q_{vi} = \sum_{i=1}^{n} v_i A_i$$

式中：

q_{vi}——通过通风机的风量，m^3/min；

n——测点数；

v_i——第 i 测点测得的风速，m/s；

A_i——测风断面第 i 块的面积，m^2。

B.2.2.7 测定误差

在同一工况用同一方法在两个(或多个)断面上所测定的风量，其算术平均值与最大值或最小值的相对差值应不大于2.5%，若大于2.5%应重新测试或重新审定测试方案。

B.2.3 风压测定

B.2.3.1 选择测定断面的条件

轴流式通风机：

a) 抽出式通风，测风断面应选定在集风器入口。

b) 压入式通风，测定断面应选择在扩散器出口。

c) 抽压式通风，测风断面应选定在集风器入口和扩散器出口。

离心式风机：

a) 单吸风口离心式通风机，测压断面应选定在控制闸门后尽可能靠近通风机入口。

b) 双吸风口离心式通风机，测压断面应选定在风道分支处。

c) 也可根据轴流式通风机相应原则选定。

现场可根据生产的实际情况，可在其他适宜的位置选定测压断面，测定结果仅供生产使用。

B.2.3.2 风压测点的布置

与风速测点选择原则相同。

B.2.3.3 风压计算

B.2.3.3.1 通风机静压计算

a) 皮托管测定法。

抽出式通风：

$$p_a = \left| \frac{\sum_{i=1}^{n} \xi_i p_{ti}}{n_i} \right|$$

式中：

p_a——通风机静压；

p_{ti}——第 i 测点测得全压，Pa；

ξ_i——第 i 测点皮托管系数；

n_i——测点数。

b) 全压管测定法。

抽出式通风按上式计算。

B.2.3.3.2 通风机全压计算

a) 抽出式通风：

$$p_t = p_a + p_{d2}$$

$$p_{d2} = \frac{1}{2}\rho_2 \left(\frac{q_{v_2}}{A_2}\right)^2$$

b) 压入式通风：

$$p_t = \frac{\sum_{i=1}^{n} p_{ti}}{n_i}$$

c) 抽压式通风：

$$p_t = \left|\frac{\sum_{j=1}^{n} p_{tj}}{n_2}\right| + \left|\frac{\sum_{i=1}^{n_1} p_{ti}}{n_1}\right|$$

式中：

p_t——通风机全压，Pa；

p_{d2}——通风机扩散器出口测算的速压，Pa；

ρ_2——通风机扩散器出口空气密度，kg/m³；

q_{v2}——通风机扩散器出口通过风量，m³/s；

A_2——通风机扩散器出口断面积，m²；

p_{ti}——通风机入口第 i 测点全压，Pa；

p_{tj}——通风机扩散器出口第 j 测点全压，Pa；

n_2——扩散器出口测点数；

n_1——通风机入口测点数。

B.2.4 转速测定

B.2.4.1 电动机转速测定

用转速表测算电动机转速，每调 1 个工况点测 3 次，取其算术平均值。

B.2.4.2 通风机转速测定

测定方法同电动机测量，通风机与电动机直接转动，只测电动机转数；通风机与电动机以其他方式传动，应分别测通风机、电动机的转数。

B.2.4.3 传动效率

传动效率按表 B.2 选取。

表 B.2 传动效率

类型	传动形式	效率
联轴器	浮动联轴器	0.98
	齿轮联轴器	0.99
	弹性联轴器	0.99
	万向联轴器($\alpha \leqslant 3°$)	0.97
	万向联轴器($\alpha > 3°$)	0.95
	梅花接轴	0.97
	液力联轴器(在设计点)	0.93
带式传动	平带无压紧轮的开式传动	0.98
	平带有压紧轮的开式传动	0.97
	平带交叉传动	0.90
	三角带传动	0.96

B.2.4.4 通风机功率、效率测定

B.2.4.4.1 电动机输入功率、效率的测定

按国标 GB/T 10178 中功率测定方法进行。

B.2.4.4.2 通风机轴功率计算

$$P_a = \eta_{ti} \eta_m p_e$$

式中：

P_a——通风机轴功率，kW；

η_{ti}——机械传动效率；

η_m——电动机效率；

p_e——电动机输入功率，kW。

B.2.5 通风机输出功率计算

B.2.5.1 通风机全压功率

$$P_t = \frac{p_t q_{vi}}{1000}$$

式中：

P_t——通风机全压功率，kW；

p_t——通风机全压，Pa；

q_{vi}——通过通风机风量，m³/s。

B.2.5.2 通风机静压功率

$$P_s = \frac{p_s q_{vl}}{1000}$$

式中：

P_s——通风机静压功率，kW；

p_s——通风机静压，Pa；

q_{vl}——通过通风机风量，m³/s。

B.2.6 通风机效率计算

B.2.6.1 通风机全压效率计算

$$\eta_t = \frac{P_t}{P_a} \times 100$$

式中：

η_t——通风机全压效率，%；

P_t、P_a——通风机全压功率、轴功率，kW。

B.2.6.2 通风机静压效率

$$\eta_s = \frac{P_s}{P_A} \times 100$$

式中：

η_s——通风机静压效率，%；

P_s、P_a——通风机静压功率、轴功率，kW。

B.2.6.3 测定数据的换算

将测定数据换算成标准空气状况和通风机额定转速条件下的数据。

B.2.6.3.1 换算系数计算

a) 空气密度换算系数：

$$k_\rho = \frac{1.2}{\rho_{1i}}$$

式中：

k_p——密度换算系数；

ρ_{1i}——某一工况点实测空气密度，kg/m³。

b) 通风机转速换算系数：

$$k_n = \frac{N_0}{N_i}$$

式中：

k_n——转速换算系数；

N_0——通风机额定转速，r/min；

N_i——某一工况点实测转速，r/min。

B.2.6.3.2 通风机风量换算

$$q_{vj} = k_n \times q_v$$

式中：

q_{vj}——换算后的通风机风量，m^3/s。

B.2.6.3.3 通风机风压换算：

a) 全压换算：

$$p_{tf} = k_\rho \cdot k_n^2 \cdot p_t$$

b) 静压换算：

$$p_{sf} = k_\rho \cdot k_n^2 \cdot p_s$$

式中：

p_{tf}——换算后的通风机全压，Pa；

p_{sf}——换算后的通风机静压，Pa。

B.2.6.3.4 通风机功率换算

a) 轴功率换算：

$$p_{af} = k_\rho \cdot k_n^3 \cdot p_a$$

b) 输出全压功率换算：

$$p_{tf} = k_\rho \cdot k_n^3 \cdot p_t$$

c) 输出静压功率换算：

$$p_{sf} = k_\rho \cdot k_n^3 \cdot p_s$$

式中：

p_{af}——换算后的通风机轴功率，kW；

p_{tf}——换算后的通风机全压功率，kW；

p_{sf}——换算后的通风机静压功率，kW。

B.2.6.3.5 通风机效率换算

a) 全压效率：

$$\eta_{tf} = \frac{p_{tf}}{p_{af}} \times 100\%$$

b) 静压效率：

$$\eta_{sf} = \frac{p_{sf}}{p_{af}} \times 100\%$$

c) 通风机机组效率：

$$\eta_{fm} = \frac{p_{tf}}{p_e} \times 100\%$$

B.2.7 通风机工序能耗计算

B.2.7.1 单台通风机工序能耗计算

$$E_t = \frac{nW}{t\sum_{j=1}^{n} q_{vfj}\, p_{tfj}} \times 10^6$$

式中：

E_t——单台通风机工序能耗，kW·h/(Mm³·Pa)；

n——单台通风机测定次数；

W——单台通风机消耗电量(可按电动机输入功率计算)，kW·h；

t——统计时间，这里取 3600 s；

q_{vfj}——第 j 次测算的通风机风量，m^3/s；

p_{tfj}——第 j 次测算的通风机全压，m^3/s。

B.2.7.2 多台通风机工序能耗计算

$$E_{mf}=\frac{\sum_{i=1}^{n}E_{fi}}{n}$$

式中：

E_{fi}——第 i 台通风机工序能耗，kW·h/(Mm^3·Pa)；

n——运行的通风机台数。

B.2.8 噪声测定

参照 GB/T 2888 第 1.9 条规定标准长度，即当主要通风机叶轮直径小于或等于 1 m 时，取标准长度为 1 m，当叶轮直径大于 1 m 时，取标准长度等于叶轮直径。按 C.3.2.1 条在主要通风机扩散器出口 45°的水平方向上，测量风机噪声。

B.2.9 反风量测量

通风机及其系统处于反风运行状态，参照正常通风状态下的规定进行测定。

B.3 测定结果的处理

测定完成后，应及时编写测试报告。

附 录 C
（资料性附录）
煤矿生产能力核定标准

C.1 总则

C.1.1 为科学核定煤矿生产能力，依据有关法律、法规和技术政策，制定本标准。

C.1.2 核定煤矿生产能力，必须具备以下条件：

a) 依法取得采矿许可证、安全生产许可证、煤炭生产许可证和营业执照；

b) 有健全的生产、技术、安全管理机构及必备的专业技术人员；

c) 有完善的生产、技术、安全管理制度；

d) 各生产系统及安全监控系统运转正常。

C.1.3 核定煤矿生产能力以万 t/a 为计量单位，年工作日采取 330 d。

C.1.4 核定煤矿生产能力应当逐项核定各生产系统（环节）的能力，取其中最低能力为煤矿综合生产能力。同时核查采区回采率、煤炭资源可采储量和服务年限。

井工矿主要核定主井提升系统、副井提升系统、排水系统、供电系统、井下运输系统、采掘工作面、通风系统和地面生产系统的能力。矿井压风、灭尘、通讯系统和地面运输能力、高瓦斯矿井瓦斯抽排能力等作为参考依据，应当满足核定生产能力的需要。

露天矿主要核定穿爆、采装、运输、排土等环节的能力。除尘、防排水、供电、地面生产系统的能力作为参考依据，应当满足核定生产能力的需要。

C.1.5 核定煤矿生产能力档次划分标准为：

a) 30 万 t/a 以下煤矿以 1 万 t 为档次（即 1、2 万 t/a……）；

b) 30 万 t/a 至 90 万 t/a 煤矿以 3 万 t 为档次（即 33、36 万 t/a……）；

c) 90 万 t/a 至 600 万 t/a 煤矿以 5 万 t 为档次（即 95、100 万 t/a……）；

d) 600 万 t/a 以上的煤矿以 10 万 t 为档次（即 610、620 万 t/a……）。

生产能力核定结果不在标准档次的，按就近下靠的原则确定。

C.1.6 煤矿通风系统能力必须按实际供风量核定，井下各用风地点所需风量要符合规程规范要求。经省级煤炭行业管理部门批准的矿井年度通风能力，可作为核定生产能力的依据。

C.1.7 核定煤矿生产能力所用参数，必须采集已公布或上报的生产技术指标、现场实测和合法检测机构的测试数据，经统计、分析、整理、修正，并进行现场验证而确定。

C.2 资源储量及服务年限核查

C.2.1 煤矿资源储量核查内容及标准：

a) 有依法认定的资源储量文件；

b) 有上年度核实或检测的资源储量数据；

c) 采区回采率达到规定标准；

d) 安全煤柱的留设符合有关规定；

e) “三个煤量”符合要求；

f) 上行开采及特殊开采的批准文件；

g) 厚薄煤层、难易开采煤层、不同煤种煤质煤层合理配采情况；

h) 按规定批准的资源储量的增减情况(注销、报损、地质及水文地质损失和转入、转出等);

i) 有无超层越界开采行为。

C.2.2 提高煤矿核定生产能力必须有资源保障,核定生产能力后的服务年限应不低于煤矿设计规范对各类型矿井(露天)服务年限的规定。达不到上述规定的,不得提高核定生产能力。

C.3 提升系统生产能力核定

C.3.1 核定主、副井提升系统能力必备条件:

a) 提升系统设备、设施配套完整,符合有关规程规范要求,经具备资质的检测检验机构测试合格;

b) 提升系统保护装置完善、运转正常;

c) 提升系统技术档案齐全,各种运行、维护、检查、事故记录完备。每日强制性检查和维护时间应达到 2 h～4 h。

C.3.2 主井提升系统核定生产能力的主要内容:

a) 主井提升能力是指从主井底到达地面的提升系统的能力;

b) 主井提升能力按年工作日 330 d、每日提升时间 16 h 计算。若采用定量装载并实现数控自动化运行、滚筒直径 2 m 以上的提升机,或采用带式输送机提升且设有井底中央煤仓时,每日提升时间可按 18 h 计算。

C.3.3 主井提升系统能力核定公式及标准:

a) 主井采用箕斗、矿车提升时,提升能力核定按下式计算:

$$A = 3600\frac{b \cdot t \cdot P_M \cdot k}{10^4 k_1 \cdot k_2 \cdot T}(万\ t/a)$$

式中:

A——主井提升能力,万 t/a;

b——年工作日,330 d;

t——日提升时间,16 h 或 18 h,按第十一条规定选取;

P_M——每次提升煤炭量,t/次;

k——装满系数。立井提升取 1.0;当为斜井串车或箕斗提升时,倾角 20°及以下取 0.95,20°～25°取 0.9,25°以上取 0.8;

k_1——提升不均匀系数。井下有缓冲仓时取 1.1,无缓冲仓时取 1.2;

k_2——提升设备能力富余系数,取 1.1～1.2;

T——提升一次循环时间,s/次。

b) 主井采用带式输送机提升时,提升能力核定按下式计算:

1) 钢绳芯胶带(或普通胶带)输送机。

$$A = 330\frac{k \cdot B^2 \cdot v \cdot \gamma \cdot C \cdot t}{10^4 k_1}(万\ t/a)$$

式中:

A——年运输量,万 t/a;

k——输送机负载断面系数,按表 C.1 取值;

B——输送机带宽,m;

v——输送机带速,m/s;

C——输送机倾角系数,按表 C.2 取值,当输送机倾角在 25°～28°时,按 20°～25°外推计算取值;

k_1——运输不均匀系数,取 1.2;

γ——松散煤堆容积重,t/m³,取 0.85～0.9;

t——日提升时间,16 h 或 18 h,按第十一条规定选取;当乘人时,应扣除运送人员时间。

表 C.1 输送机负载断面系数

物料煤动堆积角 θ			25°	30°	35°
k	带宽 mm	650	355	390	420
		800～1000	400	435	470
		1200～1400	420	455	500
		1600～1800		470	520
		2000～2200		480	535

表 C.2 输送机倾角系数

输送机倾角	0°～8°	8°～16°	16°～20°	20°～25°
C	1～0.97	0.97～0.88	0.88～0.81	0.81～0.72

2）钢丝绳牵引输送机。

$$A = 330\frac{(k'+k'')B^2 \cdot v \cdot \gamma \cdot C \cdot t}{10^4 k_1}(\text{万 t/a})$$

式中：

$k'+k''$——输送机负载断面系数，按表 C.3 取值。

表 C.3 输送机负载断面系数

物料煤动堆积角 θ	25°	30°
$k'+k''$	180+125	220+130

其他字母含义及单位同钢绳芯胶带（或普通胶带）输送机。

3）按实测的输送机状况计算公式。

$$A = 3\ 600 \times 330\frac{w \cdot v \cdot t}{10^7 k_1}(\text{万 t/a})$$

式中：

w——单位输送机长度上的负载量，kg/m。该参数实测时，应根据在用输送机实际情况，同时观察电流变化情况和电动机、减速器等的运行情况，找出其变化规律后，确定准确的计算参数。

其他字母含义及单位同钢绳芯胶带（或普通胶带）输送机。

C.3.4 副井提升系统能力核定的主要内容：

a) 副井提升系统能力是指从副井底到达地面的提升系统的能力；

b) 副井提升能力按年工作日 330 d、三班作业、班最大提升时间 5 h 计算。

C.3.5 副井提升系统能力核定公式及标准：

副井提升能力核定按下式计算：

$$A = 330 \times 3\frac{5 \times 3600 - T_R - D \cdot T_Q}{10^4\left(\frac{R}{P_G}T_G + \frac{M}{P_C}T_C\right)}(\text{万 t/a})$$

式中：

A——副井提升能力，万 t/a；

R——出矸率（矸石与产量的重量比），%；

P_G——每次提矸石重量，t/次；

T_G——提矸一次循环时间，s/次；

M——吨煤用材料比重，%；

P_C——每次提升材料重量,t/次;

T_C——每次提升材料循环时间,s/次;

D——下其他材料次数,每班按 5 次～10 次计(指下炸药、设备、长材等);

T_Q——下其他材料每次循环时间,s/次;

T_R——每班人员上下井总时间,s/班。

计算人员上下井所需时间应符合以下规定:

a) 工人每班下井时间,取实测最大值。

b) 升降工人时间为工人下井时间的 1.5 倍;有综采工作面的矿井为 1.6 倍～1.8 倍(全部为综采的取大值);升降其他人员时间为升降工人时间的 20%。

C.3.6 混合井提升系统能力核定的主要内容:

a) 混合井提升能力是指从承担矿井主副提升任务的混合井底到达地面的提升系统的能力。

b) 混合井提升能力按年工作日 330 d、三班作业、班最大提升时间 6 h 计算。

C.3.7 混合井提升系统能力核定公式及标准:

混合井提升能力核定按下式计算:

$$A = 330 \times 3 \frac{6 \times 3600 - T_R - D \cdot T_Q}{10^4 \left(\frac{k_1}{P_M} T_M + \frac{k_1 R}{P_G} T_G + \frac{M}{P_C} T_C \right)} (\text{万 t/a})$$

式中:

A——混合井提升能力,万 t/a;

R——出矸率(矸石与产量的重量比),%;

P_G——每次提矸石重量,t/次;

T_M——提煤一次循环时间,s/次;

P_M——每次提煤重量,t/次;

T_G——提矸一次循环时间,s/次;

M——吨煤用材料比重,%;

P_C——每次提升材料重量,t/次;

T_C——每次提升材料循环时间,s/次;

D——下其他材料次数,每班按 5 次～10 次计(指下炸药、设备、长材等);

T_Q——下其他材料每次循环时间,s/次;

T_R——每班上下人总时间,s/班,有关规定同副井提升能力核定;

k_1——提煤和提矸不均匀系数,取 1.25。

C.4 井下排水系统生产能力核定

C.4.1 核定井下排水系统能力必备条件:

a) 排水系统完善,设备、设施完好,运转正常,经具备资质的检测检验机构测试合格;

b) 有依法批准的地质报告提供的正常涌水量和最大涌水量,以及生产期间的实际涌水量数据。有突水淹井危险的矿井应有经技术论证预测的突水量,并有防治水害的有效措施;

c) 管理维护制度健全,各种运行、维护、检查、事故记录完备,有每年一次的全部工作水泵和备用水泵联合排水试验报告。

C.4.2 排水系统能力核定的主要内容和标准:

a) 矿井有多级排水系统的,应对各级排水系统能力分别核定,然后根据矿井排水系统构成和各级涌水情况,综合分析确定矿井排水能力;

b) 从依法批准的矿井地质报告提供的涌水量和生产期间的实际涌水量数据中,取最大值作为矿井排水系统能力的计算依据；

c） 核定矿井排水系统能力时，水泵和排水管的能力应按规定在20 h内排出矿井24 h的正常涌水量和最大涌水量；

d） 矿井水仓容量必须满足《煤矿安全规程》规定，主水仓容量必须符合以下计算要求：

1）正常涌水量在1 000 m^3/h以下时：

$$V \geqslant 8Q_s(m^3)$$

2）正常涌水量大于1 000 m^3/h时：

$$V \geqslant 2(Q_s + 3\,000)(m^3)$$

且应符合 $V \geqslant 4Q_s(m^3)$

式中：

V——主要水仓的有效容量，m^3；

Q_s——矿井每小时正常涌水量，m^3/h。

e） 矿井排水系统能力核定按下式计算：

1）矿井正常涌水量排水能力。

$$A_n = 330\,\frac{20B_n}{10^4 P_n}(\text{万 t/a})$$

2）矿井最大涌水量排水能力。

$$A_m = 330\,\frac{20B_m}{10^4 P_m}(\text{万 t/a})$$

式中：

A_n——排正常涌水时的能力，万 t/a；

B_n——工作水泵小时排水能力，m^3/h；

P_n——上一年度平均日产吨煤所需排出的正常涌水量，m^3/t；

A_m——排最大涌水时的能力，万 t/a；

B_m——工作水泵加备用水泵的小时排水能力，m^3/h；

P_m——上一年度平均日产吨煤所需排出的最大涌水量，m^3/t。

以上两种计算结果取其小值为矿井排水系统能力。

C.5 供电系统生产能力核定

C.5.1 核定供电系统能力必备条件：

a） 供电系统合理，设备、设施及保护装置完善，技术性能符合规定要求，运行正常；

b） 供电系统技术档案齐全，各种运行、维护、检查、事故记录完备，管理维护制度健全；

c） 年产6万t及以上的矿井应有两回路独立的、不得分接任何负荷的电源线路；

d） 年产6万t以下的矿井采用独立的、未分接任何负荷的单回路电源供电时，应有满足通风、排水、提升等矿井设备可靠运转的备用电源。

C.5.2 供电系统能力核定的主要内容和标准：

a） 正常情况下，两回路电源线应采用分列运行的方式。当采用一回路运行时，另一回路必须带电备用。能力核定计算为工作线路和工作变压器的折算能力，备用线路、备用变压器、备用发电机组不计入供电容量。

b） 电源线路的供电能力，需符合允许载流量的要求，并应满足线路压降不超过5%的规定。

c） 电源线路能力核定按下式计算：

$$A = 330 \times 16\,\frac{P}{10^4 w}(\text{万 t/a})$$

式中：

A——电源线路的折算能力，万 t/a；

P——线路合理、允许的供电容量，kW。按线路允许的载流量计算，但线路电压降不得超过 5%；

w——矿井吨煤综合电耗，kWh/t，采用上年度的实际吨煤综合电耗。

d) 主变压器能力核定按下式计算：

$$A = 330 \times 16 \frac{S \cdot \psi}{10^4 w}(\text{万 t/a})$$

式中：

A——变压器的折算能力，万 t/a；

S——工作变压器容量，kVA；

ψ——为全矿井的功率因数，取 0.9；

w——矿井吨煤综合电耗，kWh/t，同电源线路能力核定计算式采用数。

e) 井筒电缆可不折算矿井生产能力，但需保证当任何一回路发生故障或停止供电时，其余回路仍能担负井下全部负荷用电，安全载流量及电压降均符合要求。

C.6 井下运输系统生产能力核定

C.6.1 核定井下运输系统能力必备条件：

a) 井下运输系统完善，保护齐全，运转正常；

b) 倾斜井巷内按规定装备有完善、有效的防跑车及跑车防护装置；

c) 各种行车、调度信号设施齐全，安全标志齐全、醒目，车场、巷道内照明符合规定。

d) 井下采用无轨胶轮车运输的，所用设备必须为防爆型。

C.6.2 井下运输系统能力核定的主要内容和标准：

a) 井下运输系统能力主要包括工作面巷道、上(下)山、集中巷、暗斜井、大巷的运输能力；

b) 核定井下运输系统能力时，若实测数据大于设备额定能力，以设备额定能力为准；若实测数据小于设备额定能力，以实测数据为准；

c) 井下运输系统中最小的环节(或设备)能力为井下运输系统的核定能力；

d) 井下运输系统有多个独立的系统时，其核定能力为各独立系统最小环节能力之和；

e) 当采用带式输送机运输时，核定能力按主井提升带式输送机计算公式计算，其中 k_1 不均匀系数取 1.1，大巷为平巷运输时，倾角系数 C 取 1.0；

f) 当采用电机车运输时，大巷运输及井底车场通过能力按下式计算：

$$A = 60 \times 16 \times 330 \frac{N \cdot G}{10^4 k_1 (1+R) \cdot T}(\text{万 t/a})$$

式中：

N——每列车矿车数，辆/列；

G——每辆车载煤量，t/辆；

R——通过大巷运输矸石、材料、设备、人员等占原煤运量比重，%；

k_1——不均匀系数，取 1.15；

T——大巷中相邻两列车间隔时间，min/列。按下式计算：

$$T = \frac{\frac{2L}{v} + t_1 + t_2}{n} \quad (\text{min/列})$$

式中：

L——大巷运输距离，m；

v——列车平均运行速度，m/min；

t_1——装车调车时间(含中途停车时间),min;

t_2——卸载调车时间,min;

n——运煤列车的列数,列。

井下轨道运输仅承担辅助运输时,不核定其能力。

g) 当采用无轨胶轮车作为井下主要运输时,其能力核定按下式计算。

$$A = 330 \times 60 \frac{n \cdot t \cdot G}{10^4 T \cdot k_1} (\text{万 t/a})$$

式中:

A——运输能力,万 t/a;

t——每天工作时间,取 16 h;

G——胶轮车载重量,t/台;

k_1——运输不均衡系数,取 1.2;

n——胶轮车平均日工作台数,台;

T——运输一次循环时间,min/次。

$$T = \frac{2L}{v} + t_1 + t_2$$

式中:

L——加权平均运输距离,m;

v——胶轮车平均运行速度,m/min;

t_1——装车调车时间(含中途停车时间),min;

t_2——装载调车时间,min。

用该公式计算出结果后,须按下式验算井底车场和大巷通过能力,然后取其小者为矿井运输能力:

$$A' = 60 \times 16 \times 330 \frac{k_X G}{10^4 k_1 (1+R) \cdot T'} (\text{万 t/a})$$

式中:

A'——井底车场和大巷通过能力,万 t/a;

G——胶轮车载重量,t/次;

k_X——运输线路系数,单线时为 0.5,完全形成环线时为 1;

R——运输矸石占原煤比重,%;

k_1——不均匀系数,取 1.2;

T'——大巷中相邻两车间隔时间,min,取 0.5。

i) 当采用无轨胶轮车作为辅助运输时,其能力核定按下式计算:

$$A = 330 \times 3k_X \frac{5 \times 3\,600 - t_R - D \times t_Q}{10^4 \left(\frac{R}{P_G} \cdot t_G + \frac{M}{P_C} \cdot t_C\right)} (\text{万 t/a})$$

式中:

A——辅助运输核定能力,万 t/a;

M——吨煤用材料比重,%;

P_C——每次运材料重量,t/次;

t_C——运材料车间隔时间,s;

D——每班运其他材料次数,次/班,按 5 次~10 次计(指运炸药、设备、长材料等);

t_Q——运其他材料车间隔时间,s;

t_R——每班人员进出井车辆间和与其他车辆间隔时间总和,s;

R——矸石占原煤产量的比重,%;

P_G——每次运矸石重量，t/次；

t_G——运矸石车间隔时间，s；

k_X——运输线路系数，单线时为 0.5，完全形成环线时为 1，平硐以下形成环线时为 0.8。

公式基础：

1）进出井运人车辆间和与其他车辆间隔时间按 60 s 计算；

2）每车乘人数量，加长车不超过 18 人，双排座车不超过 16 人；

3）运送其他人员车辆间隔时间为 30 s；

4）材料车相互间隔时间按 30 s 计算。

j） 所有使用内燃无轨胶轮车运输的矿井必须按车辆尾气排放量和巷道中废气浓度核算合理的车辆使用数，以确定矿井的最大运输能力。

k） 暗斜井运输能力按第十二条、第十四条、第十六条有关公式计算。

C.7 采掘工作面生产能力核定

C.7.1 核定采掘工作面能力必备条件：

a） 同一采区内同一煤层不得布置 3 个及以上回采工作面和 5 个及以上掘进工作面同时作业；

b） 严格按定编定员标准组织生产；

c） 条件允许的煤矿应采用长壁式开采；使用连续采煤机的可以采用房柱式或短壁式采煤法；开采三角煤、残留煤柱或进行复采时，必须有按规定批准的作业规程和安全技术措施；

d） 有煤或瓦斯突出的矿井、高瓦斯矿井、低瓦斯矿井高瓦斯区开采的工作面，不得采用前进式采煤方法。采煤工作面必须保持至少两个畅通的安全出口，一个通到回风巷，另一个通到进风巷。开采三角煤、残留煤柱不能保持两个安全出口时，必须有按规定批准的作业规程和安全技术措施；

e） 采区生产必须形成完整的通风、排水、供电、运输等系统，严禁非正规下山开采；

f） 必须保证回采工作面的正常接续，均衡稳定生产，"三个煤量"符合国家有关规定。大中型矿井开拓煤量可采期应达到 3 年～5 年以上，准备煤量可采期应达到 1 年以上，回采煤量可采期应达到 4 个月～6 个月以上。小型矿井开拓煤量可采期应达到 2 年～3 年以上，准备煤量可采期应达到 8 个月～10 个月以上，回采煤量可采期应达到 3 个月～5 个月以上。

C.7.2 采掘工作面生产能力核定的主要内容和标准：

a） 核查矿井各可采煤层厚度、间距、倾角、生产能力、期末可采储量和煤层结构，以及矿井开拓方式、采煤方法，核查现生产水平、采区和采煤队个数、准备采区及掘进队个数等情况；

b） 核查分析现生产采区和准备采区地质构造、煤层赋存情况、煤层顶底板情况、采区巷道布置、采区设计生产能力、采煤工作面和掘进工作面数量和位置等情况；

c） 采煤工作面能力根据前 3 年回采工作面的实际情况，按不同煤层厚度（厚、中、薄煤层）、不同采煤工艺（综采、综放、高档普采、普采、炮采、水采），按下式计算回采工作面前 3 年的平均生产能力：

$$A_C = 10^{-4} L \cdot T \cdot P \cdot N (\text{万 t/a})$$

式中：

A_C——采煤工作面平均生产能力，万 t/a；

L——采煤工作面平均长度，m；

T——采煤工作面平均年推进度，m；

P——平均煤层生产能力，t/m²；

N——采煤工作面平均个数，个。

d） 掘进工作面年掘进煤量根据前 3 年掘进工作面的实际资料，计算掘进煤占回采煤量的比例和年掘进煤量：

$$C = \frac{G_J}{G_C}$$

式中：

C——掘进煤占回采煤量的比例；

G_J——前 3 年掘进煤量总和，万 t；

G_C——前 3 年回采煤量总和，万 t。

掘进煤量为：

$$A_J = A_C \cdot C(万\ t/a)$$

e） 根据前 3 年的采煤工作面平均生产能力和掘进煤量计算前 3 年矿井年平均采掘生产能力 A：

$$A = A_C + A_J = (1 + C)A_C(万\ t/a)$$

前 3 年矿井年平均采掘生产能力可作为矿井采掘工作面核定生产能力。

C.7.3 特殊情况下采掘工作面生产能力的核定：

由于地质构造、煤层赋存条件发生变化，或技术改造移交时间短，或采煤工艺变化（如由分层开采变为一次采全高），或采煤机械化程度变化（如由炮采变为机采），或市场销售制约等因素，前 3 年采掘工作面生产情况不能准确反映目前实际时，可根据采煤工作面循环作业图表、近期矿井生产和今后 3 年采掘接替安排等情况，分别计算采煤工作面生产能力和掘进煤量，确定采掘工作面生产能力。采用此方法，必须提供相关证明材料。

a） 采煤工作面能力计算公式为：

$$A_C = 10^{-4} l \cdot h \cdot r \cdot b \cdot n \cdot N \cdot c \cdot a(万\ t/a)$$

式中：

A_C——采煤工作面年生产能力，万 t/a；

l——采煤工作面平均长度，m；

h——采煤工作面煤层平均采高，m；放顶煤开采时为采放总厚度；

r——原煤视密度，t/m³；

b——采煤工作面平均日推进度，m/d；须提供证明依据；

n——年工作日数，d，取 330 d；

N——正规循环作业系数，%；应根据采煤设备技术性能、生产组织和职工素质等因素确定，一般取 0.8；

c——采煤工作面回采率，%；按矿井设计规范选取；

a——采煤工作面平均个数，个。

b） 掘进煤量按照掘进巷道分类长度、断面计算。

$$A_J = 10^{-4} r \sum_{i=1}^{n} S_i L_i(万\ t/a)$$

式中：

A_J——掘进煤量，万 t/a；

r——原煤视密度，t/m³；

S_i——i 巷道纯煤面积，m²；

L_i——i 巷道年总进尺，m。

c） 矿井采掘工作面生产能力为：

$$A = A_C + A_J(万\ t/a)$$

C.7.4 核定采掘工作面能力时，应根据矿井开拓和准备情况，按照采区设计和工作面布置，采用表格形式按采掘队和年份排出采煤工作面后 3 年的接续表，并按不同图例（或不同颜色）绘制出后 3 年采掘工程计划(规划)图。如不能满足工作面正常接续要求,应适当降低采掘工作面核定能力。

C.8 通风系统生产能力核定

C.8.1 核定通风系统能力必备条件:

a) 必须有完整独立的通风、防尘、防灭火及安全监控系统,通风系统合理,通风设施齐全可靠;

b) 必须采用机械通风,运转风机和备用风机必须具备同等能力,矿井通风机经具备资质的检测检验机构测试合格;

c) 安全检测仪器、仪表齐全可靠;

d) 局部通风机的安装和使用符合规定;

e) 采掘工作面的串联通风符合规定;

f) 矿井瓦斯管理必须符合有关规程规定。

C.8.2 通风系统能力核定的主要内容:

a) 核查采煤工作面、掘进工作面及井下独立用风地点的基本状况;

b) 核查矿井通风机的运转状况;

c) 实行瓦斯抽排的矿井,必须核查矿井瓦斯抽排系统的稳定运行情况;

d) 矿井有两个以上通风系统时,应按照每一个通风系统分别进行通风能力核定,矿井的通风系统能力为每一通风系统能力之和。矿井必须按照每一通风系统能力合理组织生产。

C.8.3 矿井需风量核定办法:

a) 生产矿井需要风量按各采煤、掘进工作面、硐室及其他巷道等用风地点分别进行计算,包括按规定配备的备用工作面需要风量,现有通风系统必须保证各用风地点稳定可靠供风。

$$Q_{矿} \geqslant (\Sigma Q_{采} + \Sigma Q_{掘} + \Sigma Q_{硐} + \Sigma Q_{备} + \Sigma Q_{胶轮车} + \Sigma Q_{其他}) \cdot K (m^3/min)$$

式中:

$\Sigma Q_{采}$——采煤工作面实际需要风量的总和,m^3/min;

$\Sigma Q_{掘}$——掘进工作面实际需要风量的总和,m^3/min;

$\Sigma Q_{硐}$——硐室实际需要风量的总和,m^3/min;

$\Sigma Q_{备}$——备用工作面实际需要风量的总和,m^3/min;

$\Sigma Q_{胶轮车}$——井下采用胶轮车运输的矿井,尾气排放稀释需要的风量,m^3/min;

$\Sigma Q_{其他}$——矿井除了采、掘、硐室地点以外的其他巷道需风量的总和,m^3/min;

K——矿井通风需风系数(抽出式取1.15~1.20,压入式取1.25~1.30)。

b) 采煤工作面需要风量

每个回采工作面实际需要风量,应按瓦斯、二氧化碳涌出量和爆破后的有害气体产生量以及工作面气温、风速和人数等规定分别进行计算,然后取其中最大值。

1) 低瓦斯矿井的采煤工作面按气象条件或瓦斯涌出量(用瓦斯涌出量计算,采用高瓦斯计算公式)确定需要风量,其计算公式为:

$$Q_{采} = Q_{基本} \cdot K_{采高} \cdot K_{采面长} \cdot K_{温} (m^3/min)$$

式中:

$Q_{采}$——采煤工作面需要风量,m^3/min;

$Q_{基本}$——不同采煤方式工作面所需的基本风量,m^3/min;

$Q_{基本}$=60×工作面控顶距×工作面实际采高×70%×适宜风速(不小于1.0 m/s);

$K_{采高}$——回采工作面采高调整系数(见表C.4);

$K_{采面长}$——回采工作面长度调整系数(见表C.5);

$K_{温}$——回采工作面温度与对应风速调整系数(见表C.6)。

表 C.4 $K_{采高}$——回采工作面采高调整系数

采高 m	<2.0	2.0～2.5	2.5～5.0 及放顶煤面
系数 $K_{采高}$	1.0	1.1	1.5

表 C.5 $K_{采面长}$——回采工作面长度调整系数

回采工作面长度 m	80～150	150～200	>200
系数 $K_{采面长}$	1.0	1.0～1.3	1.3～1.5

表 C.6 $K_{温}$——回采工作面温度与对应风速调整系数

回采工作面空气温度 ℃	采煤工作面风速 m/s	系数 $K_{温}$
<20	1.0	1.00
20～23	1.0～1.5	1.00～1.10
23～26	1.5～1.8	1.10～1.25
26～28	1.8～2.5	1.25～1.40
28～30	2.5～3.0	1.40～1.60

2）高瓦斯矿井按照瓦斯（或二氧化碳）涌出量计算。

根据《煤矿安全规程》规定，按回采工作面回风流中瓦斯（或二氧化碳）的浓度不超过 1% 的要求计算：

$$Q_{采} = 100 \cdot q_{采} \cdot K_{CH_4}\ (m^3/min)$$

式中：

$Q_{采}$——回采工作面实际需要风量，m^3/min；

$q_{采}$——回采工作面回风巷风流中瓦斯（或二氧化碳）的平均绝对涌出量，m^3/min；

K_{CH_4}——采面瓦斯涌出不均衡通风系数（正常生产时连续观测 1 个月，日最大绝对瓦斯涌出量和月平均日瓦斯绝对涌出量的比值）。

3）工作面布置有专用排瓦斯巷的回采工作面风量计算：

$$Q_{采} = Q_{采回} + Q_{采尾}\ (m^3/min)$$

其中：$Q_{采回} = 100 \cdot q_{采} \cdot K_{CH_4}\ (m^3/min)$

$$Q_{采尾} = \frac{q_{CH_4尾}}{2.5\%} \cdot K_{CH_4}\ (m^3/min)$$

式中：

$q_{CH_4尾}$——采煤工作面尾巷的风排瓦斯量，m^3/min。

4）按工作面温度选择适宜的风速进行计算（见表 C.6）：

$$Q_{采} = 60V_{采} \cdot S_{采}\ (m^3/min)$$

式中：

$V_{采}$——采煤工作面风速，m/s；

$S_{采}$——采煤工作面的平均断面积，m^2。

5）按回采工作面同时作业人数和炸药量计算需要风量：

每人供风≮4 m^3/min：

$$Q_{采} > 4N \quad (m^3/min)$$

每千克炸药供风≮25 m^3/min（硝酸铵炸药）：

$$Q_{采} > 25\ A \quad (m^3/min)$$

式中：

N——工作面最多人数，人；

A——一次爆破炸药最大用量，kg。

6）按风速进行验算：

$$60 \times 0.25\ S < Q_{采} < 60 \times 4S \quad (m^3/min)$$

式中：

S——工作面平均断面积，m^2。

7）备用工作面亦应满足瓦斯、二氧化碳、气温等规定计算的风量，且最少不得低于采煤工作面实际需要风量的50%。

$$Q_{备} \geqslant \frac{1}{2} Q_{采}$$

c） 掘进工作面需要风量

每个掘进工作面实际需要风量，应按瓦斯、二氧化碳涌出量和爆破后的有害气体产生量以及工作面气温、风速、人数以及局部通风机的实际吸风量等规定分别进行计算，然后取其中最大值。

1）按照瓦斯（或二氧化碳）涌出量计算：

$$Q_{掘} = 100 q_{掘} \cdot K_{掘通} \quad (m^3/min)$$

式中：

$Q_{掘}$——单个掘进工作面需要风量，m^3/min；

$q_{掘}$——掘进工作面回风流中瓦斯（或二氧化碳）的绝对涌出量，m^3/min；

$K_{掘通}$——瓦斯涌出不均衡通风系数（正常生产条件下，连续观测1个月，日最大绝对瓦斯涌出量与月平均日瓦斯绝对涌出量的比值）。

按二氧化碳的涌出量计算需要风量，可参照瓦斯涌出量计算方法进行。

2）按局部通风机实际吸风量计算需要风量：

岩巷掘进： $Q_{掘} = Q_{扇} \cdot I_i + 60 \times 0.15S (m^3/min)$

煤巷掘进： $Q_{掘} = Q_{扇} \cdot I_i + 60 \times 0.25S (m^3/min)$

式中：

$Q_{扇}$——局部通风机实际吸风量，m^3/min。安设局部通风机的巷道中的风量，除了满足局部通风机的吸风量外，还应保证局部通风机吸入口至掘进工作面回风流之间的风速岩巷不小于0.15 m/s、煤巷和半煤巷不小于0.25 m/s，以防止局部通风机吸入循环风和这段距离内风流停滞，造成瓦斯积聚；

I_i——掘进工作面同时通风的局部通风机台数。

3）按掘进工作面同时作业人数和炸药量计算需要风量：

每人供风$\not<$4 m^3/min：

$$Q_{掘} > 4N \quad (m^3/min)$$

每千克炸药供风$\not<$25 m^3/min（硝酸铵炸药）：

$$Q_{掘} > 24\ A \quad (m^3/min)$$

式中：

N——掘进工作面最多人数，人；

A——一次爆破炸药最大用量，kg。

4）按风速进行验算：

岩巷掘进最低风量 $Q_{岩掘} > 60 \times 0.15 S_{掘} (m^3/min)$

煤巷掘进最低风量 $Q_{煤掘} > 60 \times 0.25 S_{掘} (m^3/min)$

岩煤巷道最高风量 $Q_{掘} < 60 \times 4.0 S_{掘}$ (m³/min)

式中：

$S_{掘}$——掘进工作面的断面积，m²。

d) 井下硐室需要风量，应按矿井各个独立通风硐室实际需要风量的总和来计算：

$$\Sigma Q_{硐} = Q_{硐1} + Q_{硐2} + Q_{硐3} + \cdots + Q_{硐n}$$

式中：

$\Sigma Q_{硐}$——所有独立通风硐室风量总和，m³/min；

$Q_{硐1}$、$Q_{硐2}$、$Q_{硐3}$、…、$Q_{硐n}$——不同独立供风硐室风量，m³/min。

矿井井下不同硐室配风原则：

井下爆炸材料库配风必须保证每小时 4 次换气量

$$Q_{库} = 4V/60 = 0.07V \quad (\mathrm{m^3/min})$$

式中：

$Q_{库}$——井下爆炸材料库需要风量，m³/min；

V——井下爆炸材料库的体积，m³。

井下充电室应按其回风流中氢气浓度小于 0.5%计算风量。

机电硐室需要风量应根据不同硐室内设备的降温要求进行配风。

选取硐室风量，须保证机电硐室温度不超过 30℃，其他硐室温度不超过 26℃。

e) 其他井巷实际需要风量，应按矿井各个其他巷道用风量的总和计算：

$$\Sigma Q_{其他} = Q_{其1} + Q_{其2} + Q_{其3} + \cdots + Q_{其n} \quad (\mathrm{m^3/min})$$

式中：

$Q_{其1}$、$Q_{其2}$、$Q_{其3}$、…、$Q_{其n}$——各其他井巷风量，m³/min。

按瓦斯涌出量计算：

$$Q_{其i} = 100 q_{CH_4} \cdot K_{其通} \quad (\mathrm{m^3/min})$$

式中：

$Q_{其i}$——第 i 个其他井巷实际用风量，m³/min；

q_{CH_4}——第 i 个其他井巷最大瓦斯绝对涌出量，m³/min；

$K_{其通}$——瓦斯涌出不均衡系数，取 1.2～1.3；

100——其他井巷中风流瓦斯浓度不超过 1%所换算的常数。

按其风速验算：

$$Q_{其i} > 60 \times 0.15 S_{其i} \quad (\mathrm{m^3/min})$$

架线电机车巷中的风速验算：

$$Q_{其他架线机车} > 60 \times 1.0 S_{其i} \quad (\mathrm{m^3/min})$$

式中：

$S_{其i}$——第 i 个其他井巷断面，m²。

C.8.4 矿井通风能力核定采用总体核算法或由里向外核算法计算。

a) 方法一：总体核算法(产量在 30 万 t/a 以下矿井可使用)。

1) 公式一(较适用于低瓦斯矿井)：

$$A = 330 \times 10^{-4} \frac{Q_{进}}{q \cdot K} \quad (万\ \mathrm{t/a})$$

式中：

$Q_{进}$——矿井总进风量，m³/min；矿井实际进风量必须满足矿井的总需要风量，按核定时矿井总进风量计算；

q——平均日产吨煤需要的风量，m³/t，

$$q = \frac{Q'}{A'} \quad (\mathrm{m^3/t})$$

Q'——矿井上年度实际需要风量 m^3/min,矿井实际需要风量为矿井采煤工作面、掘进工作面、硐室和其他用风巷道需要风量之和;

A'——矿井上年度平均日产煤量,t;

K——矿井通风能力系数。取 1.30~1.50,取值范围不得低于此取值范围,并结合当地煤炭企业实际情况恰当选取,确保瓦斯不超限。当矿井等积孔<1 m^2 时,取 1.50;1 m^2<等积孔<2 m^2 时,取1.40;等积孔>2 m^2 时,取 1.30。

参数选取和计算时,首先应对上年度矿井供风量的安全、合理、经济性进行认真分析与评价,对上年度生产安排的合理性进行必要的分析与评价,对串联和瓦斯超限等因素掩盖的吨煤供风量不足要加以修正,并应考虑近 3 年矿井生产情况和通风系统的变化,取其合理值;

2) 公式二(较适用于高瓦斯、突出矿井和有冲击地压的矿井):

$$A=\frac{330Q_{进}}{0.0926\times10^4 q_{相}\ \Sigma k} \quad (万\ t/a)$$

式中:

$Q_{进}$——矿井总进风量,m^3/min;

0.0926——总回风巷按瓦斯浓度不超 0.75%核算为单位分钟的常数;

$q_{相}$——矿井瓦斯相对涌出量,m^3/t;在通风能力核定时,当矿井有瓦斯抽放时,$q_{相}$ 应扣除矿井永久抽放系统所抽的瓦斯量。$q_{相}$ 取值不小于 10,小于 10 时按 10 计算。扣减瓦斯抽放量时应符合以下要求:

——与正常生产的采掘工作面风排瓦斯量无关的抽放量不得扣减(如封闭已开采完的采区进行瓦斯抽放作为瓦斯利用补充源等)。

——未计入矿井瓦斯等级鉴定计算范围的瓦斯抽放量不得扣除。

——扣除部分的瓦斯抽放量取当年平均值。

——如本年已完成矿井瓦斯等级鉴定的,取本年矿井瓦斯等级鉴定结果;本年未完成矿井瓦斯等级鉴定的,取上年矿井瓦斯等级鉴定结果。

Σk——综合系数(见表 C.7):

$$\Sigma k = k_{产}\cdot k_{瓦}\cdot k_{备}\cdot k_{漏}$$

表 C.7　Σk 取值表

k 值	概念	取值范围	备注
$k_{产}$	矿井产量不均衡系数	$\frac{产量最高月平均日产量}{年平均日产量}$	
$k_{瓦}$	矿井瓦斯涌出不均衡系数	高瓦斯矿井不小于 1.2,突出矿井、冲击地压矿井不小于 1.3	
$k_{备}$	备用工作面用风系数	$k_{备}=1.0+n_{备}\times0.05$	$n_{备}$—备用回采工作面个数
$k_{漏}$	矿井内部漏风系数	$\frac{矿井总进风量年平均值}{矿井有效风量年平均值}$	

b) 方法二:由里向外核算法(产量在 30 万 t/a 以上矿井可使用)。

根据第二十九条计算的矿井总需风量与矿井各用风地点的需风量(包括按规定配备的备用工作面)计算出采掘工作面个数(按合理采掘比 m_1、m_2),取当年度每个采掘工作面的产量,计算矿井通风能力。

$$A=\sum_{i=1}^{m_1}A_{采i}+\sum_{j=1}^{m_2}A_{掘j} \quad (万\ t/a)$$

式中：

$A_{采i}$——第 i 个回采工作面正常生产条件下的年产量，万 t/a；

$A_{掘j}$——第 j 个掘进工作面正常掘进条件下的年进尺换算成煤的产量，万 t/a；

m_1——回采工作面的数量，个；

m_2——掘进工作面的数量，个。

m_1、m_2 应符合合理采掘比。

C.8.5 矿井通风能力验证。矿井通风能力要从矿井主要通风机性能、通风网络、用风地点的有效风量和矿井稀释瓦斯的能力进行验证。

C.9 地面生产系统生产能力核定

C.9.1 核定地面生产系统能力必备条件：地面生产系统完善，运转正常。

C.9.2 地面生产系统能力核定的主要内容和标准：

a) 地面生产系统能力主要是地面筛分、地面输送机、外运装车(含铁路运输及汽车运输)、储(贮)煤场等各生产环节的能力。

b) 地面生产系统能力应根据实际生产设施核定，并依系统中各环节设备的最小能力为地面生产系统核定能力。

c) 地面生产系统中的储煤能力应达到 3 天～7 天的矿井产量。储煤能力包括储煤场和贮煤装车仓总能力。

d) 地面生产系统煤仓(场)至装车外运各环节的处理能力富余系数为 1.2。

e) 汽车外运能力按下式计算。

$$A = 330 \times 10^{-4} A_1 \cdot k_1 \cdot T \quad (万\ t/a)$$

式中：

A——年装车外运量，万 t/a；

k_1——运输不均匀系数，煤矿自有汽车队取 0.9，外委汽车队取 0.8；

T——每日装车作业时间，h/d；

A_1——小时装车能力，按下式计算。

$$A_1 = 60 \frac{G \cdot n}{t_1 + t_2} \quad (t/h)$$

式中：

G——每辆汽车平均载重，t；

n——可同时作业装车车位数；

t_1——每辆车调车作业时间，min；

t_2——每辆车平均装车时间，min。

f) 铁路外运能力计算公式。

$$A = 330 \frac{N \cdot G}{10^4 k_1} \quad (万\ t/a)$$

式中：

A——铁路年外运能力，万 t/a；

N——每天列车数，列/d；

G——平均每列车净载量，t/列；

k_1——运输不均匀系数，取 1.1～1.2。

C.10 露天煤矿生产能力核定

C.10.1 核定露天煤矿生产能力必备条件：

a） 各生产环节运转正常；

b） 采剥关系正常，两个煤量及工作面（线）长度符合要求；

c） 采场、排土场边坡保持稳定；

d） 安全保护及监测系统完善，运行正常；

e） 洒水除尘设备完好，矿坑内粉尘含量符合国家规定标准。

C.10.2 露天煤矿生产能力应首先核定剥采能力，根据剥采能力计算原煤生产能力。

有多种生产工艺的分工艺核定生产能力，然后汇总露天煤矿生产能力。

C.10.3 核定剥采能力取环节能力的最小值，即：

$$P_t = \min\{P_d + V_u, P_l, P_h, P_s\}$$

式中：

P_t——剥采能力，万 m^3/a；

P_d——穿爆环节能力，万 m^3/a；

V_u——不需要爆破的松散物料年计划挖掘量，万 m^3/a；

P_l——采装环节能力，万 m^3/a；

P_h——运输环节能力，万 m^3/a；

P_s——排土环节能力，万 m^3/a。

C.10.4 露天煤矿的环节能力计算主要以环节中各设备（系统）的年正常作业小时和小时效率来计算。年正常作业小时和小时效率一般取上年度设备（系统）的年实际作业小时和实际小时效率统计值。如核定当年的设备（系统）计划作业时间与上年度实际统计值有较大差异时，应说明原因。

对于更新、新增设备，采用设计参数进行计算。

计算环节能力时，除了自有设备外，还应包括外包队伍的设备和能力。

C.10.5 穿孔爆破环节能力按下式计算：

$$P_d = \sum_{i=1}^{n} P_{da_i}$$

式中：

i——$1,\cdots,n$；

n——设备台数，台；

P_{dai}——单台穿孔设备年能力，万 m^3/a。按下式计算：

$$P_{dai} = 10^{-4} H_y \cdot M_h \cdot C_b \cdot R_d$$

式中：

H_y——年正常作业小时数，h；

M_h——小时效率，m/h；

C_b——爆破出岩率，m^3/m；

R_d——钻孔利用率，%。

C.10.6 采装环节能力按下式计算：

$$P_l = \sum_{i=1}^{n} P_{la_i}$$

式中：

i——$1,\cdots,n$；

n——设备台数，台；

P_{la_i}——单台采装设备年能力，万 m^3/a。按下式计算：

$$P_{la_i} = 10^{-4} V_h \cdot H_y$$

式中：

V_h——设备正常作业平均小时能力，m^3/h；

H_y——年正常作业小时数，h。

C.10.7 运输环节能力按下式计算：

$$P_h = \sum_{i=1}^{n} P_{ha_i}$$

式中：

i——$1,\cdots,n$；

n——设备台数，台；

P_{hai}——单台(套)运输设备年能力，万 m^3/a。按下式计算。

$$P_{ha} = 10^{-4} V_h \cdot H_y$$

式中：

V_h——设备正常作业平均小时能力，m^3/h；

H_y——年正常作业小时数，h。

在半连续或连续工艺中，还应核定破碎站的能力，计算方法相同。

C.10.8 排土环节能力按下式计算：

$$p_S = \sum_{i=1}^{n} P_{sa_i}$$

式中：

i——$1,\cdots,n$；

n——设备台数，台；

P_{sa_i}——单台(套)排土设备年能力，即年可服务的排弃量，不是实际推送量，万 m^3/a。按下式计算。

$$P_{sa} = 10^{-4} V_h \cdot H_y$$

式中：

V_h——设备正常作业平均小时能力，m^3/h；

H_y——年正常作业小时，h。

C.10.9 露天煤矿原煤生产能力按下式计算：

$$P_C = \frac{P_t}{\left(\frac{1}{\rho} + R\right) r}$$

式中：

P_C——核定的年原煤生产能力，万 t/a；

P_t——剥采能力，万 m^3/a；

R——核定当年、前一年、后一年 3 年均衡剥采比，m^3/t；

ρ——原煤视密度，t/m^3；

r——毛煤系数，$r>1$。

C.11 选煤厂生产能力核定

C.11.1 选煤厂核定生产能力档次划分标准与煤矿核定生产能力档次划分标准相同。

凡核定生产能力不在标准档次的，按就近下靠的原则确定能力档次。

C.11.2 选煤厂核定生产能力必备条件：

a) 应有健全的生产、技术、安全管理机构及满足生产需要的专业技术人员；

b) 选煤厂机电设备完好，生产系统、设施运转正常，各种保护装置齐全，符合《选煤厂安全规程》；

c) 必须实现煤泥水闭路循环；

d） 坚持正常的检修制度，达到规定的检修时间。

C.11.3 选煤厂核定生产能力的主要内容：

a） 选煤厂生产能力主要核定以下系统环节能力，取其最小环节能力为选煤厂的核定生产能力：

1） 原煤、产品煤运输（主要输送设备）系统能力；

2） 除杂、筛分、破碎系统能力；

3） 选煤环节（跳汰、重介、浮选、其他选煤方法）能力；

4） 排矸环节（动筛跳汰、重介斜轮、选择性破碎机、风力干选等）能力；

5） 原煤、产品煤储存（储煤场、贮煤仓）与装车外运系统能力；

6） 煤泥处理回收系统能力。

b） 选煤厂各环节设备处理能力的不均衡系数按以下规定选取：

1） 矿井型选煤厂原煤受煤至原煤仓（场）设备处理能力应与矿井最大提升（煤）能力一致；

2） 群矿选煤厂由车辆运输来煤时，受煤坑至原煤仓（场）设备处理能力的不均衡系数取1.30～1.50；

3） 在原煤仓后设备处理能力的不均衡系数，在额定小时能力的基础上，煤流系统取1.15，煤泥水系统取1.25。

c） 核定选煤厂系统环节能力时，若设备实测能力大于设备额定能力，以设备额定能力为准；若设备实测能力小于设备额定能力，以设备实测能力为准。

d） 选煤厂系统环节能力以实际生产设施进行核定。

C.12 附则

C.12.1 本标准由国务院煤炭行业管理部门负责解释。

C.12.2 本标准自发布之日起施行。此前有关规定与本标准不一致的，以本标准为准。

ICS 13.100
D 09
备案号：18890—2006

AQ

中华人民共和国安全生产行业标准

AQ 6202—2006
代替 MT 281—1994

煤矿甲烷检测用载体催化元件

Coal mina carrier catalytic element for methane detection

2006-11-02 发布　　　　2006-12-01 实施

国家安全生产监督管理总局　发布

前　言

甲烷检测用载体催化元件是检测煤矿井下甲烷气体浓度的敏感元件。MT 281—1994《煤矿甲烷检测用载体催化元件》对规范此类元件的生产、检验起了积极的作用，但随着相关技术的进步与发展，标准中的部分条款已经不能满足要求，部分技术指标和试验方法也需要修正和补充。

本标准代替 MT 281—1994《煤矿甲烷检测用载体催化元件》。

本标准附录 A 为资料性附录。

本标准由国家安全生产监督管理总局提出。

本标准由全国安全生产标准化技术委员会煤矿安全分技术委员会归口。

本标准起草单位：煤炭科学研究总院重庆分院、煤炭科学研究总院抚顺分院、中国船舶重工集团718 研究所。

本标准主要起草人：朱正和、黄强、王涛、樊荣、于庆、缪亚新、曹贵良、廖德林。

煤矿甲烷检测用载体催化元件

1 范围

本标准规定了载体催化元件的术语、分类、技术要求、试验方法、检验规则、标志、包装、运输和贮存等。

本标准适用于煤矿甲烷检测用载体催化元件。

2 规范性引用文件

下列文件中的条款通过本标准的引用而成为本标准的条款。凡是注日期的引用文件，其随后所有的修改单(不包括勘误的内容)或修订版均不适用于本标准，然而，鼓励根据本标准达成协议的各方研究是否可使用这些文件的最新版本。凡是不注日期的引用文件，其最新版本适用于本标准。

GB 191—2000 包装储运图示标志

GB/T 2423.1—2001 电工电子产品环境试验 第2部分:试验方法 试验A:低温

GB/T 2423.2—2001 电工电子产品环境试验 第2部分:试验方法 试验B:高温

GB/T 2423.5—1995 电工电子产品环境试验 第2部分:试验方法 试验Ea和导则:冲击

GB/T 2423.10—1995 电工电子产品环境试验 第2部分:试验方法 试验Fc和导则:振动(正弦)

GB 3836.1—2000 爆炸性气体环境用电气设备 第1部分:通用要求

GB 3836.2—2000 爆炸性气体环境用电气设备 第2部分:隔爆型“d”

GB 9969.1—1998 工业产品使用说明书 总则

GB 10111—88 利用随机数骰子进行随机抽样的方法

3 术语和定义

本标准采用下列定义。

3.1

载体催化元件 carrier catalytic element

在铂丝上涂有载体并浸有催化剂，用来检测煤矿空气中甲烷浓度的敏感元件。

3.2

检测元件 detecting element

电阻值与空气中甲烷浓度成对应关系的载体催化元件(以下简称元件)。

3.3

补偿元件 compensating element

与检测元件配对使用，在不平衡电桥(以下简称电桥)中对环境温度、湿度等起补偿作用的元件。

3.4

零点 zero point

在新鲜空气中，元件工作在规定工作电压或规定工作电流时电桥的输出值。

3.5

零点漂移 zero drift

元件在新鲜空气或甲烷空气混合物中工作时，其零点的变化。

3.6

灵敏度 sensitivity

元件工作在规定工作电压或规定工作电流时和某一浓度甲烷气体起反应时，电桥的输出值与甲烷气体浓度之比。

3.7

灵敏度漂移 sensitivity drift

元件在新鲜空气或甲烷空气混合物中工作时，其灵敏度的变化。

3.8

寿命 life-span

元件在某一浓度甲烷气体中工作时，其灵敏度下降到初始值某一百分率时的时间。

3.9

起动冲值 starting impulse

在空气中电桥电源接通瞬间，其输出的最大值。

3.10

响应时间(T_{90}) T_{90} response time

甲烷浓度发生阶跃变化时，电桥输出达到稳定值90%的时间。

3.11

抗高浓度甲烷冲击性 high concentration methane resistance

元件在高浓度甲烷空气混合物中短时间工作时的承受能力。

3.12

气室 gas chamber

具有防爆和换气结构，适合于元件安装和工作的金属容器。

4 分类

4.1 型式

元件按工作方式分为：

a) 连续式元件：能长期连续正常工作的元件。

b) 间断式元件：以10 h为周期能连续正常工作的元件。

4.2 规格

测量范围为(0～4)%CH_4。

5 技术要求

5.1 一般要求

5.1.1 元件应符合本标准的要求，并按经国家授权的检验机构审批的图样和技术文件进行制造。

5.1.2 元件的防爆型式采用隔爆型，防爆标志为ExdI。

5.2 工作电源

元件应能在稳压源或恒流源的电桥中工作。

5.3 灵敏度

应不小于12 mV/1%CH_4。

5.4 起动冲值

在空气中间断式元件，应不大于0.8%CH_4。

5.5 响应时间

间断式元件，应不大于6 s；连续式元件，应不大于15 s。

5.6 **元件输出值的稳定性**

通 3.50%CH_4 标准气样 3 min 后，记录电桥输出值，继续通气，电桥输出值在 1 min 内波动不超过±2%。

5.7 **基本误差**

基本误差应符合表 1 规定。

表 1 基本误差

测量范围 %CH_4		0~1	>1~2	>2~4
允许误差	绝对误差 %CH_4	±0.06	—	—
	相对误差 %	—	±6	±7

5.8 **灵敏度漂移和零点漂移**

5.8.1 连续式元件，连续工作 15 d，应符合本标准 5.7 的规定。

5.8.2 间断式元件，间断工作 15×10 h，应符合本标准 5.7 的规定。

5.9 **温度影响**

在(0~40)℃温度范围内，元件基本误差应符合本标准 5.7 的规定。

5.10 **抗高浓度甲烷冲击性**

元件经抗高浓度甲烷冲击性试验后，灵敏度的变化量应不超过±20%。

5.11 **机械环境影响**

元件经冲击和振动试验后，基本误差均应符合本标准 5.7 的规定。

5.12 **寿命**

元件经强化寿命试验后，其灵敏度变化量应不大于 50%。

5.13 **防爆要求**

元件防爆性能应符合 GB 3836.1—2000 中第 13 章和附录 F 以及 GB 3836.2—2000 中第 15.1、第 15.2、附录 B11.2 的要求。

6 试验方法

6.1 **试验条件**

6.1.1 **试验装置**

试验装置线路图如图 1 所示。

6.1.2 **试验用气样和主要仪器**

6.1.2.1 **试验用气样**

试验用甲烷标准气样应采用经国家计量部门考核认证的单位提供的气样，其不确定度应不大于 3%。各项试验所用气样应符合表 2 要求。

表 2 试验气样

试验项目	所需气样及取值范围
基本误差试验气样 %CH_4	0.50、1.50、2.50、3.50
响应时间、灵敏度试验气样 %CH_4	2.00
注：标准气样值与标准气样标称值的允许偏差不超过±10%。	

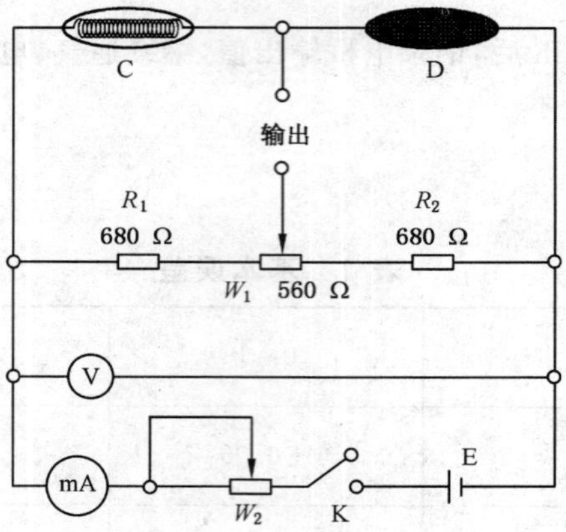

R_1、R_2——电桥电阻；

C——补偿元件；

D——检测元件；

V——电压表；

K——开关；

mA——电流表；

W_1——调零电位器；

W_2——调压电位器；

E——电源。

图 1 试验装置线路图

6.1.2.2 试验用主要仪器

6.1.2.2.1 气体流量计

测量范围：(30～300)mL/min；准确度：2.5 级。

6.1.2.2.2 秒表

分度值为 0.01 s。

6.1.2.2.3 直流毫安表

(0～300)mA，0.2 级。

6.1.2.2.4 直流稳压电源

输出电压：(0～30)V，输出电流：5 A。

6.1.2.2.5 数字电压表

精度应不低于 0.2 级，分辨率应不低于 0.01 mV。

6.1.3 试验环境

a) 温度：(15～35)℃；

b) 气压：(80～116)kPa；

c) 相对湿度：(45～75)%。

6.1.4 试验气体流量的规定

各种试验时的气体流量由企业标准规定，并且所有通气试验的流量应保持一致且应不大于 300 mL/min。

6.2 试验准备

将元件安装在生产厂家提供的专用气室中，并连接在试验装置上。接通电源，预热 10 min，然后通入新鲜空气，调好元件规定工作电压或规定工作电流和电桥零点(以下简称调好试验装置)。

6.3 灵敏度试验

调好试验装置，将 2.00%CH_4 标准气样通入气室中，3 min 时记录电桥输出值(读取到小数点后二位，修约到小数点后一位，读取数据下同)，并按式(1)计算元件的灵敏度。

$$M=\frac{S}{C} \quad \cdots\cdots(1)$$

式中：

M——元件灵敏度，mV/1%CH_4；

S——电桥输出值，mV；

C——甲烷标准气样的浓度，%CH_4。

6.4 起动冲值试验

调好试验装置，切断电源1min，再接通电源，记录电桥输出的最大值。

6.5 响应时间试验

调好试验装置，通入2.00%CH_4标准气样3 min，记录电桥输出值，再通入新鲜空气3 min。重复进行4次，取其后3次电桥输出值的算术平均值作为稳定输出值。然后将在新鲜空气中稳定3 min的元件迅速放入2.00%CH_4标准气样中，记录电桥输出值达到原稳定值90%的时间。重复4次，取其后3次的算术平均值。

6.6 元件输出值稳定性试验

调好试验装置，通入3.50%CH_4标准气样3 min，记录此时电桥输出值。继续通气，再观察1 min，记录1 min内电桥输出值的最大值和最小值的差值。重复测定3次，取其3次中的最大差值。

6.7 基本误差试验

调好试验装置，将0.50%CH_4、1.50%CH_4、2.50%CH_4和3.50%CH_4标准气样由低浓度到高浓度通入气室中，通气时间均为3 min，分别记录电桥输出值。然后将标准气样再由高浓度到低浓度通入气室中，并分别记录电桥输出值，取每个浓度两次电桥输出值的算术平均值作为试验结果。每次更换气样前，应用新鲜空气清洗气室。

6.8 零点漂移和灵敏度漂移试验

6.8.1 连续式元件

调好试验装置，通入0.5%CH_4气体(出厂检验气样浓度为0.3%CH_4～0.8%CH_4)，3 h后通入新鲜空气，记录电桥的零点，通入1.50%CH_4标准气样，记录电桥的输出值。继续通入0.5%CH_4气体，12 h后依次通入新鲜空气和1.50%CH_4标准气样，记录电桥的零点和电桥输出值；然后在空气中工作，12 h后依次通入新鲜空气和通入1.50%CH_4标准气样，记录电桥的零点和电桥输出值，通气时间均为3 min。元件每天在甲烷和空气中交替工作各12 h，连续运行15 d。

零点漂移量按式(2)计算。

$$\delta=\frac{\frac{1}{N}\sum_{i=1}^{N}D_i-D}{M} \quad \cdots\cdots(2)$$

式中：

δ——零点漂移量，%CH_4；

D——连续式元件试验开始3 h后的零点，mV；

间断式元件试验开始1 h后的零点，mV；

D_i——第i次测量时的零点，mV；

N——测量次数；

M——连续式元件试验开始3 h后的灵敏度，mV/1%CH_4；

间断式元件试验开始1 h后的灵敏度，mV/1%CH_4。

灵敏度漂移量按式(3)计算。

$$\theta=\frac{\frac{1}{N}\sum_{i=1}^{N}H_i-H}{H}\times 100 \qquad \cdots\cdots(3)$$

式中：

θ——灵敏度漂移量，%；

H——连续式元件试验开始 3 h 后，通 1.50%CH_4 标准气样时电桥的输出值，mV；

间断式元件试验开始 1 h 后，通 1.50%CH_4 标准气样时电桥的输出值，mV；

H_i——第 i 次测量时，通 1.50%CH_4 标准气样时电桥的输出值，mV；

N——测量次数。

6.8.2 间断式元件

调好试验装置，通入 0.5%CH_4 气体（出厂检验气样浓度为 0.3%CH_4～0.8%CH_4），1 h 后通入新鲜空气，记录零点，通入 1.50%CH_4 标准气样，记录电桥的输出值。继续通入 0.5%CH_4 气体，5 h 后依次通入新鲜空气和 1.50%CH_4 标准气样，记录电桥的零点和电桥输出值；然后在空气中工作，5 h 后依次通入新鲜空气和 1.50%CH_4 标准气样，记录电桥的零点和电桥输出值，通气时间均为 3 min。每天记录两次数据后停电，但不允许调整电桥零点。元件每天在甲烷和空气中交替工作各 5 h，连续运行15 d。计算公式同式(2)、式(3)。

6.9 温度试验

6.9.1 低温工作试验

试验在恒温箱中进行。首先在温度(20±2)℃条件下调好试验装置，记录零点和通入 1.50%CH_4 标准气样时电桥的输出值。按 GB/T 2423.1—2001 中试验 Ab 规定的方法进行，在温度为(0±3)℃建立试验条件，稳定 1 h。以后每隔 1 h 通入新鲜空气，记录零点，通入 1.50%CH_4 标准气样，记录电桥的输出值，共 3 次。取其算术平均值与(20±2)℃条件下电桥的输出值进行比较。气样的温度应与试验条件温度一致。

6.9.2 高温工作试验

试验在恒温箱中进行。首先在温度(20±2)℃条件下调好试验装置，记录零点和通入 1.50%CH_4 标准气样时电桥的输出值。按 GB/T 2423.2—2001 中试验 Bb 规定的方法进行，在温度为(40±3)℃建立试验条件，稳定 1 h。以后每隔 1 h 通入新鲜空气，记录零点，通入 1.50%CH_4 标准气样，记录电桥的输出值，共 3 次。取其算术平均值与(20±2)℃条件下电桥的输出值进行比较。气样的温度应与试验条件温度一致。

6.10 抗高浓度甲烷冲击性试验

调好试验装置，向气室连续通入 1.50%CH_4 标准气样，1 min 后记录电桥的输出值。然后向气室连续通入(40±1)%CH_4 气体 10 s，接着向气室连续通入新鲜空气 20 min，再向气室连续通入 1.50%CH_4 标准气样，1 min 后记录电桥的输出值，计算其灵敏度的变化量。

6.11 机械环境试验

6.11.1 冲击试验

按 GB/T 2423.5—1995 中试验 Ea 规定的方法进行。严酷等级：峰值加速度 300 m/s^2；持续时间 18 ms；冲击次数：每个轴线，每个方向冲击 3 次，共 18 次。试验中不通电。

6.11.2 振动试验

按 GB/T 2423.10—1995 中试验 Fc 规定的方法进行。严酷等级：频率范围(10～150)Hz；振幅值 1.5 mm；扫频循环次数 15 次。试验中不通电。

6.12 寿命试验

调好试验装置，向气室通入新鲜空气 10 min，记录电桥的零点。接着通入 1.50%CH_4 标准气样 10 min，记录电桥的输出值。然后通入 10%CH_4 气体，对连续式元件和间断式元件分别连续进行 10 h

和 5 h 试验后，用新鲜空气清洗气室 10 min，记录电桥零点，再通入 1.50%CH_4 标准气样 10 min，记录电桥的输出值。

6.13 外壳耐压试验

按 GB 3836.2—2000 中第 15.1 规定方法进行。

6.14 内部点燃的不传爆试验

按 GB 3836.2—2000 中第 15.2 规定方法进行。

6.15 热试验

按 GB 3836.2—2000 附录 B 11.2 规定的方法进行。

7 检验规则

7.1 检验分出厂检验和型式检验，检验项目见表 3。

表 3 出厂检验和型式检验

序号	检验项目	试验要求条款	试验项目条款	出厂检验	型式检验
1	灵敏度	5.3	6.3	○	○
2	起动冲值	5.4	6.4	○	○
3	响应时间	5.5	6.5	—	○
4	元件输出值稳定性试验	5.6	6.6	○	○
5	基本误差	5.7	6.7	○	○
6	零点漂移和灵敏度漂移	5.8	6.8	○	○
7	温度影响	5.9	6.9	—	○
8	抗高浓度甲烷冲击性	5.10	6.10	—	○
9	机械环境影响	5.11	6.11	—	○
10	寿命试验	5.12	6.12	—	○
11	外壳耐压试验	5.13	6.13	—	○
12	内部点燃的不传爆试验	5.13	6.14	—	○
13	热试验	5.13	6.15	—	○
注："○"为检验项目；"—"为不检验项目。					

7.2 出厂检验

7.2.1 元件应经制造厂质量检验部门检验合格并发给合格证后方可出厂。

7.2.2 每对元件均应进行出厂检验，检验项目见表 3。

7.3 型式检验

7.3.1 有下列情况之一时，应进行型式检验：

a) 新产品或老产品转厂生产的试制定型鉴定；

b) 正式生产后，如结构、材料、工艺有较大改变可能影响产品性能时；

c) 正常生产时每年进行 1 次；

d) 产品停产 1 年后恢复生产时；

e) 出厂检验结果与上次型式检验有较大差异时；

f) 国家有关机构提出进行型式检验的要求时。

7.3.2 型式检验项目见表 3。

7.3.3 抽样方法

从出厂检验的合格品中按 GB 10111—88 规定的方法进行，抽样基数为 200 对，从中随机抽取 20 对用于型式检验。

7.3.4 判定规则

7.3.4.1 对抽取的 20 对进行灵敏度、起动冲值、响应时间、元件输出值稳定性试验和基本误差试验。如每对元件有一项不合格，则判定该对元件不合格；如 20 对元件有 5 对元件不合格，则判定该批元件不合格。但基本误差试验有 3 对元件不合格，即判定该批元件不合格。

7.3.4.2 从合格的元件任意抽取 3 对元件为 1 组，共抽取 5 组进行下列检验：

第一组进行零点漂移和灵敏度漂移试验；

第二组进行温度影响和机械环境影响试验；

第三组进行抗高浓度甲烷冲击性试验；

第四组进行寿命试验；

第五组进行外壳耐压试验、内部点燃的不传爆试验和热试验。

在试验结果中，第一组试验、第五组试验如有 1 对元件不合格，则判定该批元件不合格。其余 3 组中，如有 2 对元件不合格，则判定该批元件不合格，如有 1 对元件不合格，允许从备用元件中抽取 1 对元件重作该项测试，如果仍不合格，则判定该批元件不合格。

8 标志、包装、使用说明书、运输和贮存

8.1 标志

8.1.1 产品标志

a) 每对元件应标有型号或规定工作参数；

b) 防爆标志；

c) 防爆合格证号；

d) 安全标志；

e) 安全标志编号；

f) 制造厂名称；

g) 出厂编号，制造日期。

8.1.2 包装标志

a) 产品名称和型号；

b) 产品主要参数；

c) 产品数量；

d) 制造厂名称；

e) 制造日期；

f) 有效期限。

8.2 包装

元件应包装在耐振和防潮的包装盒内。包装盒内应带有产品合格证和产品使用说明书。

8.3 使用说明书

按 GB 9969.1—1998 的规定编写。

8.4 运输

产品在运输途中应注意防潮、剧烈的振动和高空跌落。

8.5 贮存

元件应放在干燥、通风良好和不含有害气体的室内。

附 录 A
（资料性附录）
电桥输出 mV 值的换算

A.1.1 需要将 mV 值换算成%CH_4 时，应按下式换算：

$$S' = \frac{S}{M}$$

式中：

S——电桥的输出值，mV；

M——灵敏度，mV/1%CH_4；

S'——换算后的电桥的输出值，%CH_4。

ICS 13.100
D 09
备案号：18891—2006

AQ

中华人民共和国安全生产行业标准

AQ 6203—2006
代替 MT 444—1995

煤矿用低浓度载体催化式甲烷传感器

Coal mine low-concentration carrier catalytic methane transducer

2006-11-02 发布　　2006-12-01 实施

国家安全生产监督管理总局　发布

前　言

低浓度载体催化式甲烷传感器是我国煤矿安全监控系统普遍采用的用于检测煤矿井下甲烷气体的仪器。MT 444—1995《煤矿用低浓度载体催化式甲烷传感器技术条件》对规范此类仪器的设计、生产、检验起到了重要作用。但随着相关技术的进步与发展，标准中的部分条款已经不能满足要求，部分技术指标和试验方法也需要修正和补充。

本标准替代 MT 444—1995《煤矿用低浓度载体催化式甲烷传感器技术条件》。

本标准由国家安全生产监督管理总局提出。

本标准由全国安全生产标准化技术委员会煤矿安全分技术委员会归口。

本标准起草单位：煤炭科学研究总院重庆分院、国家安全生产重庆矿用设备检测检验中心、煤炭科学研究总院抚顺分院。

本标准主要起草人：黄强、于庆、樊荣、王涛、金小汉、陈福民、缪亚新、刘强。

煤矿用低浓度载体催化式甲烷传感器

1 范围

本标准规定了煤矿用低浓度载体催化式甲烷传感器的技术要求、试验方法、检验规则、标志、包装、使用说明、运输和贮存等。

本标准适用于载体催化式低浓度甲烷传感器(以下简称传感器)。

2 规范性引用文件

下列文件中的条款通过本标准的引用而成为本标准的条款。凡是注日期的引用文件,其随后所有的修改单(不包括勘误的内容)或修订版均不适用于本标准,然而,鼓励根据本标准达成协议的各方研究是否可使用这些文件的最新版本。凡是不注日期的引用文件,其最新版本适用于本标准。

GB 191—2000　包装储运图示标志

GB/T 2423.1—2001　电工电子产品环境试验　第2部分:试验方法　试验A:低温

GB/T 2423.2—2001　电工电子产品环境试验　第2部分:试验方法　试验B:高温

GB/T 2423.4—93　电工电子产品基本环境试验规程　试验Db:交变湿热试验方法

GB/T 2423.5—1995　电工电子产品环境试验　第2部分:试验方法　试验Ea和导则:冲击

GB/T 2423.8—1995　电工电子产品环境试验　第2部分:试验方法　试验Ed:自由跌落

GB/T 2423.10—1995　电工电子产品环境试验　第2部分:试验方法　试验Fc和导则:振动(正弦)

GB 3836.1—2000　爆炸性气体环境用电气设备　第1部分:通用要求

GB 3836.2—2000　爆炸性气体环境用电气设备　第2部分:隔爆型“d”

GB 3836.4—2000　爆炸性气体环境用电气设备　第4部分:本质安全型“i”

GB 4208—93　外壳防护等级(IP代码)

GB 9969.1—1998　工业产品使用说明书　总则

GB 10111—88　利用随机数骰子进行随机抽样的方法

AQ 6202—2006　煤矿甲烷检测用载体催化元件

MT 210—90　煤矿通信、检测、控制用电工电子产品基本试验方法

MT/T 772—1998　煤矿监控系统主要性能测试方法

3 术语和定义

3.1

显示值　displayed value

传感器显示的测量数值。

3.2

零点　zero point

传感器在清洁空气中正常工作时的显示值。

3.3

标定点　calibration point

传感器为满足测量准确度所选择的校准气样值。

3.4

报警点 alarm point

传感器依据使用要求所预先设置的报警启动值。

3.5

基本误差 basic error

在正常试验条件下确定的传感器测量误差值。

3.6

稳定性 stability

在规定的工作条件和时间内，传感器的零点、标定点和报警点保持在允许变化范围内的性能。

3.7

响应时间(T_{90}) T_{90} response time

甲烷浓度发生阶跃变化时，传感器输出达到稳定值90%的时间。

4 技术要求

4.1 一般要求

4.1.1 传感器应符合本标准的要求，并按经规定的程序和国家授权的检验部门审批的图样和技术文件制造。

4.1.2 传感器及与其关联的设备应经通过国家授权的防爆检验机构联检。与传感器配套的关联设备应具有有效期内的矿用产品安全标志证书。

4.1.3 传感器防爆型式为矿用本质安全兼隔爆型，防爆标志为“ExibdI”。

4.2 正常工作环境条件

温度：(0～40)℃；

相对湿度：≤98%；

大气压力：(80～116) kPa；

风速：不大于 8 m/s。

4.3 贮存温度：(－40～60)℃。

4.4 输出信号制式

宜选用如下信号制式：

a) 电流型：DC (1～5)mA，(4～20)mA；

b) 频率型：(5～15)Hz，(200～1000)Hz，脉冲宽度大于 0.3 ms；

c) 数字信号型：传输速率为 1200 bps，2400 bps，4800 bps，9600 bps，电平不小于 3 V。

4.5 外观及结构要求

4.5.1 传感器的显示窗应透光良好，数码、符号均应清晰完好。

4.5.2 传感器表面、镀层或涂层不应有气泡、裂痕、明显剥落和斑点。

4.5.3 传感器应结构合理、坚固耐用；应有适于井下安装的悬挂或支撑结构。

4.5.4 传感器外壳、接插件和零件应采取防腐措施，涂、镀层应均匀、牢固、颜色一致；印制电路板应至少涂覆两次三防(防腐、防霉、防潮)漆。

4.6 传感器采用扩散取样方式，取样头上应有防粉尘和防风速影响的保护罩。

4.7 传感器应以百分体积浓度表示测量值，采用数字显示，其分辨率应不低于 0.01%CH_4，并应能表示显示值的正或负。

4.8 在甲烷浓度超过测量范围上限时，传感器应具有保护载体催化元件的功能，并应使传感器的显示值和输出信号值均维持在超限状态。

4.9 传感器宜具有遥控调校功能。

4.10 显示值的稳定性和基本误差

4.10.1 显示值稳定性

在(0.00～4.00)%CH_4 范围内，当甲烷浓度保持恒定时，传感器的显示值或输出信号值(换算为甲烷浓度值)的变化量应不超过 0.04%CH_4。

4.10.2 传感器的基本误差应符合表 1 的规定。

表 1 传感器的基本误差

测量范围 %CH_4	基本误差
0.00～1.00	±0.10%CH_4
1.00～3.00	真值的±10%
3.00～4.00	±0.30%CH_4

4.11 传感器一般应能在输入电压 9 V～24 V 范围内正常工作，其基本误差应不超过 4.10.2 的规定。

4.12 传感器使用电缆的单芯截面积为 1.5 mm^2 时，传感器与关联设备的传输距离应不小于 2 km，关联设备的显示值或输出信号值(换算为甲烷浓度值)应不超过 4.10.2 的规定。

4.13 工作稳定性

传感器连续工作 15 d 的基本误差应不超过 4.10.2 的规定。

4.14 响应时间(T_{90})

传感器的响应时间应不大于 20 s。

4.15 报警功能

4.15.1 具有报警功能的传感器应能在测量范围内任意设置报警点，报警显示值与设定值的差值应不超过±0.05%CH_4。

4.15.2 报警声级强度在距其 1 m 远处的声响信号的声压级应不小于 80 dB(A)；光信号应能在 20 m 远处清晰可见。

4.16 传感器本安端与外壳之间，常态下其绝缘电阻应不小于 50 MΩ；交变湿热试验后，应不小于 1.5 MΩ。

4.17 传感器本安端与外壳之间应能承受 500 V、50 Hz、历时 1 min 的绝缘介电强度试验而无击穿和闪络现象，且漏电流不大于 5 mA。

4.18 传感器在 8 m/s 风速条件下试验时，其指示值的漂移量应不超过±0.01%CH_4。

4.19 传感器在工作温度试验后，应符合 4.10.2 的规定。

4.20 传感器经贮存温度试验后，应符合 4.10.2 的规定。

4.21 传感器经交变湿热试验后，应符合 4.10.2 的规定。

4.22 传感器经振动试验后，接插件和零部件应无松动和脱落；并符合 4.10.2 的规定。

4.23 传感器经冲击试验后，应无损坏痕迹，接插件和零部件无松动脱落；并符合 4.10.2 的规定。

4.24 传感器经跌落试验后，接插件、零部件应无松动脱落；并符合 4.10.2 的规定。

4.25 防爆要求

4.25.1 传感器应采用矿用本质安全兼隔爆型的防爆结构且满足 GB 3836.1—2000、GB 3836.2—2000、GB 3836.4—2000 的规定。

4.25.2 传感器中任何与本质安全性能有关的元件，应符合 GB 3836.4—2000 中 7 的规定，在正常工作和故障状态下，不得在超过元件安装条件和温度范围规定的最大电流、电压和功率额定值的三分之二的情况下工作。

4.25.3 传感器外壳防护性能应符合 GB 4208—93 中防护等级 IP54 的规定。

4.25.4 传感器采用塑料外壳时，外壳表面绝缘电阻应不超过 1 GΩ。

4.25.5　传感器采用塑料外壳时，外壳阻燃性能应符合 GB 3836.1—2000 中 7.4 的规定。

4.25.6　传感器应能通过 GB 3836.4—2000 第 10.1～10.4 规定的火花点燃试验。传感器与关联设备通过不低于 2 km 电缆(单芯截面积为 1.5 mm^2)连接后，应能通过 GB 3836.4—2000 第 10.1～10.4 规定的火花点燃试验。

4.25.7　传感器在正常和故障状态下其最高表面温度应≤150℃。

4.25.8　传感器外壳结构、电气间隙、爬电距离符合 GB 3836.4—2000 中 6 的规定。

4.25.9　传感器所采用的载体催化元件应符合“AQ 6202—2006 煤矿甲烷检测用载体催化元件”的要求，并具有有效期内的矿用产品安全标志证书。

5　试验方法

5.1　环境条件

除环境试验或有关标准中另有规定外试验应在下列环境条件中进行：

a)　温度：(15～35)℃；

b)　相对湿度：45%～75%；

c)　大气压力：(80～116)kPa。

5.2　试验用气样和试验用主要仪器

5.2.1　试验用气样

空气中甲烷标准气样(以下简称标准气样)应采用经国家计量部门考核认证的单位提供的气样，其不确定度不大于 3%。各项试验所用气样应符合表 2 要求。

表 2　试验所用气样及取值范围

试验项目	所需气样及取值范围 $\%CH_4$
基本误差试验	0.50、1.50、2.00、3.50
响应时间试验	2.00
报警误差试验	1.20
注：标准气样值与标准气样标称值的允许偏离应不超过±10%。	

5.2.2　试验用主要仪器

5.2.2.1　气体流量计

测量范围：(30～300) mL/min；准确度：2.5 级。

5.2.2.2　秒表

分度值为 0.01 s。

5.2.2.3　频率计

(0～1 000) kHz；稳定度：≤1×10^{-6}。

5.2.2.4　直流稳压电源

输出电压：(0～30)V；输出电流：2 A(且符合 MT 408 的规定)。

5.2.2.5　电压表及电流表

采用四位半的数字万用表，其准确度应不小于 0.5 级。

5.3　外观及结构检查

用目测方法观察传感器外观及结构应符合本标准 4.5 的要求。

5.4　显示值稳定性和基本误差

5.4.1　在以下所有需对传感器调校的试验中，应使用与传感器配套的遥控器来完成，遥控器使用方法按产品说明书规定使用。

在以下需通气的试验中，除报警误差试验外，其余试验的通气流量应保持为产品企业标准规定的传感器校准时的流量(以下简称规定流量)。

5.4.2　传感器接上稳压电源，将稳压电源的输出分别调至产品企业标准规定的最高与最低工作电压，按5.4.3、5.4.4规定的方法对传感器进行显示值稳定性和基本误差测定。

5.4.3　待传感器零点在清洁空气中稳定后，按规定流量，通入2.0%CH_4的标准气样，3 min后将传感器显示值调至与标准气样值一致，继续通气，再观察1 min，记录1 min内传感器显示值的最大值与最小值的差值，重复测定3次，取最大值。

5.4.4　按规定流量，用清洁空气和2.0%CH_4的标准气样校准3次传感器(以下简称校准传感器)，在以后的测定中不得再次校准。待传感器零点在清洁空气中稳定后，按规定流量分别向传感器依次通入(0.5、1.5、3.5)%CH_4 3种标准气样各3 min，记录传感器的显示值或输出信号值(换算为甲烷浓度值)。重复测定4次，取其后3次的算术平均值与标准气样的差值，即为基本误差。

5.5　传输距离

将传感器与关联设备通过不低于2 km的模拟电缆(或单芯截面积为1.5 mm^2的电缆，但应在该传感器的关联设备明细中，注明该种电缆的生产厂家及型号)连接，由关联设备提供传感器所需电源。通气测试方法按5.4.4要求进行，记录关联设备的显示值或输出信号值(换算为甲烷浓度值)。重复测定4次，取其后3次的算术平均值与标准气样的差值。模拟电缆按MT/T 772—1998附录A仿真，电缆模拟参数按$R=12.8\ \Omega/km$单芯、$L=0.8\ mH/km$单芯、$C=0.06\ \mu F/km$计算。

5.6　工作稳定性测定

把校准好的传感器放入图1所示的装置中，连续通入0.5%CH_4的甲烷气体(在型式试验时，采用标准气样；在出厂检验时，气样值范围控制在0.3%CH_4～0.8%CH_4)运行12 h后，按规定流量依次通入清洁空气和1.5%CH_4的标准气样各3 min，记录显示值或输出信号值。再在空气中连续运行12 h后，按校准时的流量通入1.5%CH_4的标准气样3 min，记录显示值或输出信号值。连续试验15 d，试验期间不得调整传感器。

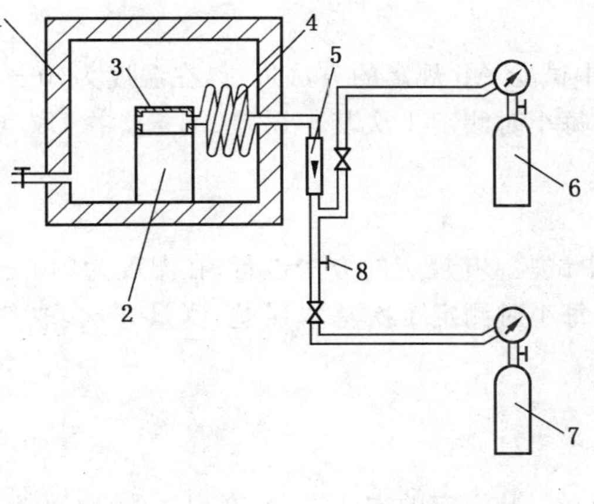

1——试验箱；

2——传感器；

3——注气装置；

4——预热装置；

5——流量计；

6——清洁空气瓶；

7——试验气样瓶；

8——调节阀

图1　稳定性测定示意图

5.7 响应时间测定

将制造厂提供的扩散取样注气装置与传感器进气部位相接，按规定流量通入清洁空气，待传感器零点稳定后，以相同的流量通入2.0%CH_4的标准气样3 min，记录显示值。然后通入清洁空气，待传感器零点稳定后，把以相同的流量通入2.0%CH_4标准气样的注气装置迅速换到取样头上，并开始记录传感器的显示值达到原显示测量值90%所需要的时间，测量3次，取其算术平均值。

5.8 报警功能试验

5.8.1 报警值与设定值差值的测定

将传感器警报点设置在1.0%CH_4上，待传感器零点稳定后，缓慢通入表2所规定甲烷浓度值的气样，记录出现声、光信号瞬间传感器的显示值并计算设定警报点甲烷浓度值与显示值的差值。

5.8.2 报警声级强度测量

报警声响强度用声级计测量，环境噪音应小于50 dB(A)。将声级计置于传感器的报警声响器轴心正前方1 m处，测量3次，取其平均值。

5.8.3 报警光信号

试验在黑暗环境中距传感器20 m处观察。

5.9 绝缘电阻检测

按MT 210—90中7规定的方法进行。

5.10 介电强度试验

按GB 3836.4—2000中10.6规定的方法进行。

5.11 风速影响试验

将传感器放入通风试验装置中，在风流为零时调整好传感器的基准点，记录显示值，启动风机，调整风速为$8^{+0.5}_{0}$ m/s，人为使传感器绕悬挂轴线方向转动，寻找其受风速影响的位置。固定此位置，每30 s记录1次指示值，共记录3次，取其算术平均值和基准点的差值作为漂移量。

5.12 工作温度试验

试验中向传感器通入标准气样的温度应与试验要求温度一致。

5.12.1 低温工作试验

按GB/T 2423.1—2001中试验Ab规定的方法进行，在温度为(0±3)℃条件下，将传感器通电，稳定2 h后，测定基本误差，以后每小时测定1次基本误差，测量3次，取其算术平均值作为测定值，并检查其外观。

5.12.2 高温工作试验

按GB/T 2423.2—2001中试验Bb规定的方法进行，在温度为(40±2)℃条件下，将传感器通电，稳定2 h后，测定基本误差，以后每小时测定1次基本误差，测量3次，取其算术平均值作为测定值，并检查其外观。

5.13 贮存温度试验

5.13.1 低温贮存试验

按GB 2423.1—2001中试验Ab规定的方法进行，在温度为(−40±2)℃条件下，持续时间为16 h。传感器非包装，不通电，不进行中间检测。试验后，在试验箱中恢复到4.2规定的条件下保持2 h，再测定基本误差，并检查其外观。

5.13.2 高温贮存试验

按GB/T 2423.2—2001中试验Bb规定的方法进行，在温度为(60±2)℃条件下，持续时间为16 h，传感器非包装，不通电，不进行中间检测，试验后，在试验箱中恢复到4.2规定的条件下保持2 h，再测定基本误差，并检查其外观。

5.14 交变湿热试验

按GB/T 2423.4—93中的试验Db规定的方法进行，在温度为(40±2)℃，相对湿度为93%±3%

条件下，持续时间为 12 d，传感器非包装，不通电，不进行中间检测，试验后，在 4.2 规定的条件下保持 2 h，进行绝缘电阻与工频耐压试验，再测定基本误差，并检查其外观。

5.15　振动试验

按 GB/T 2423.10—1995 中的试验 Fc 规定的方法进行，严酷等级：扫频频率范围(10～150)Hz，加速度幅值为 50 m/s^2，扫频循环次数 5 次，传感器不包装，固定使用的传感器不通电，不进行中间检测，机载移动使用的传感器通电，进行中间检测，试验后，进行外观检查和测定基本误差。

5.16　冲击试验

按 GB/T 2423.5—1995 中试验 Ea 规定的方法进行，严酷等级：峰值加速度为 500 m/s^2，脉冲持续时间为(11±1) ms，3 个轴线每个方向连续冲击 3 次(共 18 次)，传感器不包装，固定使用的传感器不通电，不进行中间检测；机载移动使用的传感器通电，进行中间检测，试验后，进行外观检查和测定基本误差。

5.17　跌落试验

按 GB/T 2423.8—1995 中试验 Ed 规定的方法进行，严酷等级：跌落高度为 0.5 m，以正常使用方向自由落向平滑、坚硬的混凝土面上共两次，传感器不包装，不进行中间检测；试验后，进行外观检查，再测定基本误差。

5.18　5.13～5.17 每项试验后，检测性能前，允许重新校准传感器。

5.19　防爆试验

5.19.1　传感器的防爆性能试验方法按 GB 3836.1—2000、GB 3836.2—2000 和 GB 3836.4—2000 的规定进行，由国家授权的防爆检验机构进行。

5.19.2　与本质安全性能有关的元件检查按 GB 3836.4—2000 中 7 规定的方法进行。

5.19.3　外壳防护性能试验按 GB 4208—93 中规定的方法进行。

5.19.4　塑料外壳表面绝缘电阻试验按 GB 3836.1—2000 中 23.4.7.8 规定的方法进行。

5.19.5　塑料外壳的阻燃性能试验按 GB 3836.1—2000 中附录 E 规定的方法进行。

5.19.6　传感器火花点燃试验按 GB 3836.4—2000 中 10.1～10.4 规定的方法进行；传感器与关联设备通过不低于 2 km 的模拟电缆(或单芯截面积为 1.5 mm^2 的电缆；但应在该传感器的关联设备明细中，注明该种电缆的生产厂家及型号)连接，联机火花点燃试验按 GB 3836.4—2000 中 10.1～10.4 规定的方法进行。模拟电缆按 MT/T 772—1998 附录 A 仿真，电缆模拟参数按 $R=12.8\ \Omega/km$ 单芯、$L=0.8\ mH/km$ 单芯、$C=0.06\ \mu F/km$ 计算。

5.19.7　最高表面温度按 GB 3836.4—2000 中 10.5 规定的方法进行。

5.19.8　电气间隙和爬电距离的测量用游标卡尺进行测量。

6　检验规则

检验分出厂检验和型式检验，检验项目见表 3。

表 3　检验项目

序　号	检 验 项 目	试验要求条款	试验项目条款	出厂检验	型式检验
1	外观及结构检查	4.5	5.3	○	○
2	遥控调校功能测试	4.9	5.4.1	○	○
3	显示值稳定性测定	4.10.1	5.4.3	○	○
4	基本误差测定	4.10.2	5.4.4	○	○
5	工作电压范围测试	4.11	5.4.2	○	○
6	传输距离试验	4.12	5.5	○	○

表 3（续）

序　号	检 验 项 目	试验要求条款	试验项目条款	出厂检验	型式检验
7	工作稳定性测定	4.13	5.6	○	○
8	响应时间测定	4.14	5.7	○	○
9	报警功能试验	4.15	5.8	○	○
10	绝缘电阻检测	4.16	5.9	※	○
11	介电强度试验	4.17	5.10	*	○
12	风速影响试验	4.18	5.11	—	○
13	工作温度试验	4.19	5.12	—	○
14	贮存温度试验	4.20	5.13	—	○
15	交变湿热试验	4.21	5.14	—	○
16	振动试验	4.22	5.15	—	○
17	冲击试验	4.23	5.16	—	○
18	跌落试验	4.24	5.17	—	○
19	元件本质安全性能检查	4.25.2	5.19.2	—	○
20	外壳防护性能	4.25.3	5.19.3	—	○
21	表面绝缘电阻测试	4.25.4	5.19.4	—	○
22	外壳阻燃性能测试	4.25.5	5.19.5	—	○
23	火花点燃试验	4.25.6	5.19.6	—	○
24	最高表面温度测试	4.25.7	5.19.7	—	○
25	电气间隙与爬电距离测试	4.25.8	5.19.8	—	○

注：表中“○”为检验项目，“—”为不检验项目，“※”绝缘电阻检测出厂检验只作常态，“*”为抽检项目。

6.1　出厂检验

应由制造厂质量检验部门逐台进行，检验合格并发给合格证后方可出厂。

6.2　型式检验

6.2.1　有下列情况之一时，应进行型式检验：

a)　新产品试制定型鉴定或老产品转厂生产时；

b)　正式生产后如结构、材料、工艺有较大改变，可能影响产品性能时；

c)　正常生产的传感器每 3 年 1 次；

d)　停产 2 年以上再次恢复生产时；

e)　出厂检验结果与上次型式检验有较大差异时；

f)　国家有关机构提出要求时。

6.2.2　型式检验应由国家授权的检测检验机构负责进行。

6.2.3　抽样

从出厂检验合格的传感器中按 GB 10111—88 规定的方法进行，抽样基数不少于 10 台。抽样数量不少于 3 台。

6.2.4　判定规则

受检传感器为 3 台。在检验中，如 4.9、4.10.1、4.10.2、4.11、4.12、4.13、4.14、4.15、4.25.3、4.25.6、4.25.7 中有一台项不合格，或其他项目中有 2 台项不合格，则判该批产品为不合格。如不包括

4.9、4.10.1、4.10.2、4.11、4.12、4.13、4.14、4.15、4.25.3、4.25.6、4.25.7 的其他项目中有一台项不合格则对全项目加倍复检，如仍有不合格，则判该批传感器为不合格。

7 标志、包装、使用说明书、运输和贮存

7.1 标志

7.1.1 传感器的外壳明显处应设有“Ex”、“MA”标志和计量器具标志。

7.1.2 传感器的铭牌上应有下列内容：

a) 产品型号和名称；

b) 右上角有“Ex”标志；

c) 防爆标志；

d) 防爆合格证编号；

e) 煤矿安全标志编号；

f) 制造计量器具许可证编号；

g) 关联设备型号；

h) 主要技术参数；

i) 防护等级；

j) 制造厂名称；

k) 出厂编号和日期。

7.1.3 包装标志：

a) 发货标志应符合有关运输规定；

b) 作业标志应符合 GB 191—2000 的规定。

7.2 包装

7.2.1 包装应采用复合防护包装类型，具有防雨、防潮、防尘、防振能力。

7.2.2 包装箱内应有下列文件：

a) 产品合格证；

b) 产品使用说明书；

c) 装箱单。

7.3 使用说明书

按 GB 9969.1—1998 的规定编写。

7.4 运输

包装好的产品应适合公路、铁路、水路、航空运输。

7.5 储存

应存放在通风良好无腐蚀性气体的库房内。

ICS 13.100
D 09
备案号：18892—2006

AQ

中华人民共和国安全生产行业标准

AQ 6204—2006
代替 MT/T 721—1997

瓦斯抽放用热导式高浓度甲烷传感器

Thermal-conduction high concentration methane transducer for gas drainage

2006-11-02 发布　　2006-12-01 实施

国家安全生产监督管理总局　发布

前　　言

热导式高浓度甲烷传感器是我国煤矿用于瓦斯抽放管道中瓦斯浓度监测的仪器。MT/T 721—1997《瓦斯抽放用热导式高浓度甲烷传感器》对规范此类仪器的设计、生产、检验起到了积极的作用。但随着相关技术的进步与发展，标准中的部分条款已经不能满足要求，部分技术指标和试验方法也需要修正和补充。

本标准替代 MT/T 721—1997《瓦斯抽放用热导式高浓度甲烷传感器》

本标准由国家安全生产监督管理总局提出。

本标准由全国安全生产标准化技术委员会煤矿安全分技术委员会归口。

本标准起草单位：煤炭科学研究总院重庆分院、国家安全生产重庆矿用设备检测检验中心、煤炭科学研究总院抚顺分院。

本标准主要起草人：樊荣、于庆、黄强、王涛、杜文军、付淑玲、周妮、刘强。

瓦斯抽放用热导式高浓度甲烷传感器

1 范围

本标准规定了瓦斯抽放用热导式高浓度甲烷传感器的技术要求、试验方法、检验规则、标志、包装、使用说明书、运输和贮存等。

本标准适用于采用热导原理监测瓦斯抽放浓度的甲烷传感器(以下简称传感器)。

2 规范性引用文件

下列文件中的条款通过本标准的引用而成为本标准的条款。凡是注日期的引用文件,其随后所有的修改单(不包括勘误的内容)或修订版均不适用于本标准,然而,鼓励根据本标准达成协议的各方研究是否可使用这些文件的最新版本。凡是不注日期的引用文件,其最新版本适用于本标准。

GB 191—2000 包装储运图示标志

GB/T 2423.1—2001 电工电子产品环境试验 第2部分:试验方法 试验A:低温

GB/T 2423.2—2001 电工电子产品环境试验 第2部分:试验方法 试验B:高温

GB/T 2423.4—93 电工电子产品基本环境试验规程 试验Db:交变湿热试验方法

GB/T 2423.5—1995 电工电子产品环境试验 第2部分:试验方法 试验Ea和导则:冲击

GB/T 2423.8—1995 电工电子产品环境试验 第2部分:试验方法 试验Ed:自由跌落

GB/T 2423.10—1995 电工电子产品环境试验 第2部分:试验方法 试验Fc和导则:振动(正弦)

GB 3836.1—2000 爆炸性气体环境用电气设备 第1部分:通用要求

GB 3836.4—2000 爆炸性气体环境用电气设备 第4部分:本质安全型“i”

GB 4208—93 外壳防护等级(IP代码)

GB 9969.1—1998 工业产品使用说明书 总则

GB 10111—88 利用随机数骰子进行随机抽样的方法

MT 210—90 煤矿通信、检测、控制用电工电子产品基本试验方法

MT/T 772—1998 煤矿监控系统主要性能测试方法

3 术语和定义

3.1

显示值 displayed value

传感器显示的测量数值。

3.2

零点 zero point

传感器在清洁空气中正常工作时的显示值。

3.3

标定点 calibration point

传感器为满足测量准确度所选择的校准气样值。

3.4

报警点 alarm point

传感器依据使用要求所预先设置的报警启动值。

3.5

基本误差 basic error

在正常试验条件下确定的传感器测量误差值。

3.6

稳定性 stability

在规定的工作条件和时间内，传感器的零点、标定点和报警点保持在允许变化范围内的性能。

3.7

响应时间(T_{90}) T_{90} response time

甲烷浓度发生阶跃变化时，传感器输出达到稳定值的90%的时间。

4 技术要求

4.1 一般要求

4.1.1 传感器应符合本标准的要求，并按经规定程序和国家授权的检验机构审批的图样和技术文件制造。

4.1.2 传感器与关联设备配套应经国家有关部门授权的防爆检验机构联检合格。与传感器配套的关联设备应具有有效期内的煤矿矿用产品安全标志证书。

4.1.3 传感器防爆型式采用矿用本质安全型，防爆标志为“ExibI”。

4.2 工作条件

a) 温度：−5℃～40℃；

b) 相对湿度：≤98%；

c) 相对压力：−100 kPa～100 kPa；

d) 流速：0 m/s～20 m/s。

4.3 贮存温度为−40℃～60℃。

4.4 输出信号制式

宜选用如下信号制式：

a) 电流型：DC 1 mA～5 mA，4 mA～20 mA；

b) 频率型：(5～15)Hz，(200～1 000)Hz(脉冲宽度大于0.3 ms)；

c) 数字信号型：传输速率为1 200 bps，2 400 bps，4 800 bps，9 600 bps，电平不小于3 V。

4.5 传感器外观及结构要求

4.5.1 传感器的显示窗应透光良好，数码、符号均应清晰完好。

4.5.2 传感器表面、镀层或涂层不应有气泡、裂痕、明显剥落和斑点。

4.5.3 传感器应结构合理、坚固耐用；应有适合于在抽放管道上安装的结构。

4.5.4 传感器外壳、接插件和零件应采取防腐措施，涂、镀层应均匀、牢固、颜色一致；印制电路板应至少涂覆两次三防(防腐、防霉、防潮)漆。

4.6 传感器取样头上应有防粉尘和凝水影响的防护装置。

4.7 传感器应以百分体积浓度表示测量值，采用数字显示，其分辨率应不低于0.1%CH_4，并应能表示显示值的正或负。

4.8 传感器应具有采用遥控器调校的功能。

4.9 传感器的测量量程宜分为：4%CH_4～40%CH_4、4%CH_4～100%CH_4。

4.10 基本误差

4.10.1 传感器显示值稳定性

在4%CH_4～100%CH_4范围内，甲烷浓度恒定时，传感器显示值或输出信号值(换算为甲烷浓度值)变化量不超过0.4%CH_4。

4.10.2 传感器的基本误差应符合下列规定：

传感器量程为 4%CH_4～40%CH_4 时的基本误差应符合表 1 的规定。

表 1 量程为 4%CH_4～40%CH_4 时的基本误差

测量范围，%CH_4	基本误差，%CH_4
4.00～40.0	真值的±10%

传感器量程为 4%CH_4～100%CH_4 时的基本误差应符合表 2 的规定。

表 2 量程为 4%CH_4～100%CH_4 时的基本误差

测量范围，%CH_4	基本误差，%CH_4
4.00～40.00	真值的±10%
＞40.00	测量上限的±10%

4.11 传感器一般应能在输入电压 9 V～24 V 范围内正常工作，其基本误差应不超过 4.10.2 的规定。

4.12 传感器使用电缆的单芯截面积为 1.5 mm^2 时，传感器与关联设备的传输距离应不小于 2 km，关联设备的显示值或输出信号值（换算为甲烷浓度值）应不超过 4.10.2 的规定。

4.13 工作稳定性

传感器连续工作 21 d 的基本误差应不超过 4.10.2 的规定。

4.14 响应时间（T_{90}）

传感器的响应时间应不大于 30 s。

4.15 报警功能

4.15.1 具有报警功能的传感器应能在测量范围内任意设置报警点，报警显示值与设定值的差值应不超过±0.5%CH_4。

4.15.2 报警声级强度在距其 1 m 远处的声响信号的声压级应不小于 80 dB(A)；光信号应能在 20 m 远处清晰可见。

4.16 传感器本安端与外壳之间，常态下其绝缘电阻应不小于 50 MΩ；交变湿热试验后，应不小于 1.5 MΩ。

4.17 传感器本安端与外壳之间应能承受 500 V、50 Hz、历时 1 min 的绝缘介电强度试验而无击穿和闪络现象且漏电流不大于 5 mA。

4.18 传感器在 20 m/s 流速条件下时，其指示值的漂移量应不超过±0.1%CH_4。

4.19 传感器在工作温度试验时，应符合 4.10.2 的规定。

4.20 传感器经贮存温度试验后，应符合 4.10.2 的规定。

4.21 传感器经交变湿热试验后，应符合 4.10.2 的规定。

4.22 传感器经振动试验后，接插件和零部件应无松动和脱落；并符合 4.10.2 的规定。

4.23 传感器经冲击试验后，应无损坏痕迹，接插件和零部件无松动脱落；并符合 4.10.2 的规定。

4.24 传感器经跌落试验后，接插件、零部件应无松动脱落；并符合 4.10.2 的规定。

4.25 防爆要求

4.25.1 传感器应采用矿用本质安全型的防爆结构且满足 GB 3836.1—2000、GB 3836.4—2000 的规定。

4.25.2 传感器中任何与本质安全性能有关的元件，应符合 GB 3836.4—2000 中 7 的规定，在正常工作和故障状态下，不得在超过元件安装条件和温度范围规定的最大电流、电压和功率额定值的三分之二的情况下工作。

4.25.3 传感器外壳防护性能应符合 GB 4208—93 中防护等级 IP54 的规定。

4.25.4 传感器采用塑料外壳时，外壳表面绝缘电阻应不超过 1 GΩ。

4.25.5 传感器采用塑料外壳时，外壳阻燃性能应符合 GB 3836.1—2000 中 7.4 的规定。

4.25.6 传感器应能通过 GB 3836.4—2000 第 10.1～10.4 规定的火花点燃试验。传感器与关联设备通过不低于 2 km 电缆(单芯截面积为 1.5 mm^2)连接后，应能通过 GB 3836.4—2000 第 10.1～10.4 规定的火花点燃试验。

4.25.7 传感器在正常和故障状态下其最高表面温度应≤150℃。

4.25.8 传感器外壳结构、电气间隙、爬电距离符合 GB 3836.4—2000 中 6 的规定。

5 试验方法

5.1 环境条件

除环境试验或有关标准中另有规定外试验应在下列环境条件中进行：

a) 温度：15℃～35℃；

b) 相对湿度：45%～75%；

c) 大气压力：80 kPa～116 kPa。

5.2 试验用气样和试验用主要仪器

5.2.1 试验用气样

空气中甲烷标准气样(以下简称标准气样)应采用经国家计量部门考核认证的单位提供的气样，其不确定度不大于 3%。各项试验所用气样应符合表 3 要求。

表 3 试验气样

试验项目	所需气样及取值范围 %CH_4
基本误差试验	20.0、25.0、30.0、75.0
响应时间试验	20.00
报警误差试验	35.00
注：标准气样值与标准气样标称值的允许偏离应不超过±10%	

5.2.2 试验用主要仪器

5.2.2.1 气体流量计

测量范围：(30～300) mL/min；准确度：2.5 级。

5.2.2.2 秒表

分度值为 0.01 s。

5.2.2.3 电压表及电流表

采用四位半的数字万用表，其准确度应不小于 0.5 级。

5.2.2.4 频率计

(0～1000) kHz；稳定度：≤1×10^{-6}。

5.2.2.5 直流稳压电源

输出电压：(0～30) V；输出电流：2 A。

5.3 外观及结构检查

用目测方法观察传感器外观应符合本标准 4.5 的要求。

5.4 显示值稳定性试验和基本误差试验

5.4.1 在以下所有需对传感器调校的试验中，应使用与传感器配套的遥控器来完成，遥控器使用方法按产品说明书规定。

在以下需通气的试验中，通气流量应保持为产品企业标准规定的传感器校准时的流量(以下简称规定流量)。

5.4.2 传感器接上稳压电源,将稳压电源的输出分别调至传感器规定的最高与最低工作电压,按5.4.3、5.4.4规定的方法对传感器进行显示值稳定性及基本误差测定。

5.4.3 待传感器零点在清洁空气中稳定后,按规定流量,通入20.0%CH_4的标准气样,3 min后将传感器显示值调至与标准气样值一致,再观察1 min,记录1 min内传感器显示值的最大值与最小值的差值,重复测定3次,取最大值。

5.4.4 按规定流量,用清洁空气和20%CH_4的标准气样校准3次传感器(以下简称校准传感器),在以后的测定中不得再次校准。待传感器零点在清洁空气中稳定后,按规定流量分别向传感器依次通入表2中的标准气样各3 min,记录传感器的显示值或输出信号值(换算为甲烷浓度值)。重复测定4次,取其后3次的算术平均值与标准气样的差值,即为基本误差。

5.5 传输距离试验

传感器与关联设备通过不低于2 km的模拟电缆(或单芯截面积为1.5 mm^2的电缆;但应在该传感器的关联设备明细中,注明该种电缆的生产厂家及型号)连接,由关联设备提供传感器所需电源。通气测试方法按5.4.4条要求进行,记录关联设备的显示值或输出信号值(换算为甲烷浓度值)。重复测定4次,取其后3次的算术平均值与标准气样的差值。

5.6 工作稳定性试验

将调整好的传感器在空气中连续运行21 d,每隔12 h按规定流量依次通入清洁空气和20.0%CH_4标准气样各3 min。记录显示值或输出信号值。试验期间不得调整传感器。

5.7 响应时间测定

将制造厂提供的扩散取样注气装置与传感器进气部位相接,按规定流量通入清洁空气,待传感器零点稳定后,以相同的流量通入20.0%CH_4标准气样3 min,记录显示值。然后通入清洁空气,待传感器零点稳定后,把以相同的流量通入20.0%CH_4标准气样的注气装置迅速换到取样头上,并开始记录传感器的指示值达到原显示测量值90%所需要的时间。测量3次,取其算术平均值。

5.8 报警功能试验

5.8.1 报警值与设定值差值的测定

将传感器警报点设置在30%CH_4,待传感器零点稳定后,按规定流量通入35%CH_4的标准气样,将显示值调至与标准气样值一致后停止通气,将注气装置从传感器取样装置上取下,观察传感器显示值的变化,记录出现声、光信号瞬间传感器的显示值并计算设定警报点甲烷浓度值与显示值的差值。

5.8.2 报警声级强度测量

报警声响强度用声级计测量,环境噪音应小于50 dB(A)。将声级计置于传感器的报警声响器轴心正前方1 m处,测量3次,取其平均值。

5.8.3 报警光信号

试验在黑暗环境中距传感器20 m处观察。

5.9 绝缘电阻试验

按MT 210—90中第7章规定的方法进行。

5.10 介电强度试验

按GB 3836.4—2000中10.6规定的方法进行。

5.11 气体流速影响试验

如传感器对安装位置有规定时,按规定的位置固定在试验风洞中,在风流为零时调整好传感器的基准点。然后将风速调整为$20^{+0.5}_{0}$ m/s,每30 s记录1次指示值,共记录3次,读取其输出信号值的最大值和基准点的差值作为漂移量。

如传感器对安装位置无规定时,以任意位置悬挂在试验风洞中,在风流为零时调整好传感器的基准点。然后将风速调整为$20^{+0.5}_{0}$ m/s。人为使传感器绕悬挂轴线方向转动,寻找其受风速影响的位置。

固定在此位置。每 30 s 记录 1 次指示值，共记录 3 次，读取其输出信号值的最大值和基准点的差值作为漂移量。

5.12　工作温度试验

试验中向传感器通入标准气样的温度应与试验要求温度一致。

5.12.1　低温工作试验

按 GB/T 2423.1—2001 中试验 Ab 规定的方法进行，在温度为(0±3)℃条件下，将传感器通电，稳定 2 h 后，测定基本误差，以后每小时测定 1 次基本误差，测量 3 次，取其算术平均值作为测定值。

5.12.2　高温工作试验

按 GB/T 2423.2—2001 中试验 Bb 规定的方法进行，在温度为(40±2)℃条件下，将传感器通电，稳定 2 h 后，测定基本误差，以后每小时测定 1 次基本误差，测量 3 次，取其算术平均值作为测定值。

5.13　贮存温度试验

5.13.1　低温贮存试验

按 GB 2423.1—2001 中试验 Ab 规定的方法进行，在温度为(−40±2)℃条件下，持续时间为16 h。传感器非包装，不通电，不进行中间检测。试验后，在试验箱中恢复到 4.2 规定的条件下保持 2 h，再测定基本误差。

5.13.2　高温贮存试验

按 GB/T 2423.2—2001 中试验 Bb 规定的方法进行，在温度为(60±2)℃条件下，持续时间为16 h，传感器非包装，不通电，不进行中间检测，试验后，在试验箱中恢复到 4.2 规定的条件下保持 2 h，再测定基本误差。

5.14　交变湿热试验

按 GB 2423.4—93 中的试验 Db 规定的方法进行，在温度为(40±2)℃，相对湿度为(93±3)％条件下，持续时间为 12 d，传感器非包装，不通电，不进行中间检测，试验后，在 4.2 规定的条件下保持 2 h，进行绝缘电阻与工频耐压试验，再测定基本误差，并检查其外观。

5.15　振动试验

按 GB/T 2423.10—1995 中的试验 Fc 规定的方法进行，严酷等级：扫频频率范围 10 Hz～150 Hz，加速度幅值为 50 m/s^2，扫频循环次数为 5 次，传感器不包装，固定使用的传感器不通电，不进行中间检测，机载移动使用的传感器通电，进行中间检测，试验后，进行外观检查和测定基本误差。

5.16　冲击试验

按 GB/T 2423.5—1995 中试验 Ea 规定的方法进行，严酷等级：峰值加速度为 500 m/s^2，脉冲持续时间为(11±1) ms，3 个轴线每个方向连续冲击 3 次(共 18 次)，传感器不包装，固定使用的传感器不通电，不进行中间检测；机载移动使用的传感器通电，进行中间检测，试验后，进行外观检查和测定基本误差。

5.17　跌落试验

按 GB/T 2423.8—1995 中试验 Ed 规定的方法进行，严酷等级：跌落高度为 0.5 m，以正常使用方向自由落向平滑、坚硬的混凝土面上共两次，传感器不包装，不进行中间检测；试验后，进行外观检查，再测定基本误差。

5.18　5.13～5.17 每项试验后，检测性能前，允许重新校准传感器。

5.19　防爆试验

5.19.1　传感器的防爆性能试验按 GB 3836.1—2000、GB 3836.4—2000 规定的方法进行，由国家授权的防爆检验机构进行。

5.19.2　与本质安全性能有关的元件检查按 GB 3836.4—2000 中 7 规定的方法进行。

5.19.3　外壳防护性能试验按 GB 4208—93 中规定的方法进行。

5.19.4　塑料外壳表面绝缘电阻试验按 GB 3836.1—2000 中 23.4.7.8 规定的方法进行。

5.19.5 塑料外壳的阻燃性能试验按 GB 3836.1—2000 中附录 E 规定的方法进行。

5.19.6 传感器火花点燃试验按 GB 3836.4—2000 中 10.1～10.4 规定的方法进行；传感器与关联设备通过不低于 2 km 的模拟电缆（或单芯截面积为 1.5 mm^2 的电缆；但应在该传感器的关联设备明细中，注明该种电缆的生产厂家及型号）连接，联机火花点燃试验按 GB 3836.4—2000 中 10.1～10.4 规定的方法进行。模拟电缆按 MT/T 772—1998 附录 A 仿真，电缆模拟参数按 R=12.8 Ω/km 单芯、L=0.8 mH/km单芯、C=0.06 μF/km 计算。

5.19.7 最高表面温度按 GB 3836.4—2000 中 10.5 规定的方法进行。

5.19.8 电气间隙和爬电距离的测量用游标卡尺进行测量。

6 检验规则

检验分出厂检验和型式检验，检验项目见表 4。

6.1 出厂检验

应由制造厂质量检验部门逐台进行，检验合格并发给合格证后方可出厂。

6.2 型式检验

6.2.1 有下列情况之一时，应进行型式检验：

a） 新产品试制定型鉴定或老产品转厂生产时；

b） 正式生产后如结构、材料、工艺有较大改变，可能影响产品性能时；

c） 正常生产的传感器每 3 年 1 次；

表 4 检验项目表

序 号	检 验 项 目	试 验 要 求	试验项目条款	出厂检验	型式检验
1	外观及结构检查	4.5	5.3	○	○
2	遥控调校功能测试	4.8	5.4.1	○	○
3	显示值稳定性试验	4.10.1	5.4.3	○	○
4	基本误差试验	4.10.2	5.4.4	○	○
5	工作电压范围试验	4.11	5.4.2	○	○
6	传输距离试验	4.12	5.5	○	○
7	工作稳定性试验	4.13	5.6	○	○
8	响应时间试验	4.14	5.7	○	○
9	报警功能试验	4.15	5.8	○	○
10	绝缘电阻试验	4.16	5.9	※	○
11	介电强度试验	4.17	5.10	*	○
12	流速影响试验	4.18	5.11	—	○
13	工作温度试验	4.19	5.12	—	○
14	贮存温度试验	4.20	5.13	—	○
15	交变湿热试验	4.21	5.14	—	○
16	振动试验	4.22	5.15	—	○
17	冲击试验	4.23	5.16	—	○

表 4(续)

序 号	检 验 项 目	试 验 要 求	试验项目条款	出厂检验	型式检验
18	跌落试验	4.24	5.17	—	○
19	元件本质安全性能检查	4.25.2	5.19.2	—	○
20	外壳防护性能	4.25.3	5.19.3	—	○
21	表面绝缘电阻试验	4.25.4	5.19.4	—	○
22	外壳阻燃性能试验	4.25.5	5.19.5	—	○
23	火花点燃试验	4.25.6	5.19.6	—	○
24	最高表面温度试验	4.25.7	5.19.7	—	○
25	电气间隙与爬电距离测试	4.25.8	5.19.8	—	○
注：表中“○”为检验项目，“—”为不检验项目，“※”绝缘电阻检测出厂检验只作常态，“＊”为抽检项目。					

d) 停产2年以上再次恢复生产时；

e) 出厂检验结果与上次型式检验有较大差异时；

f) 国家有关机构提出要求时。

6.2.2 型式检验应由国家授权的质量监督检验机构负责进行。

6.2.3 抽样

从出厂检验合格的传感器中按 GB 10111 规定的方法进行，抽样基数不少于10台。抽样数量不少于3台。

6.2.4 判定规则

受检传感器为3台。在检验中，如4.8、4.10.1、4.10.2、4.11、4.12、4.13、4.14、4.15、4.25.3、4.25.6、4.25.7中有一台项不合格，或其他项目中有2台项不合格，则判该批产品为不合格。如不包括4.8、4.10.1、4.10.2、4.11、4.12、4.13、4.14、4.15、4.25.3、4.25.6、4.25.7的其他项目中有一台项不合格则对全项目加倍复检，如仍有不合格，则判该批传感器为不合格。

7 标志、包装、使用说明书、运输和贮存

7.1 标志

7.1.1 传感器的外壳明显处应设有“Ex”、“MA”标志和计量器具标志“CMC”。

7.1.2 传感器的铭牌上应有下列内容：

a) 产品型号和名称；

b) 右上角有“Ex”标志；

c) 防爆标志；

d) 防爆合格证编号；

e) 煤矿安全标志编号；

f) 制造计量器具许可证编号；

g) 关联设备型号；

h) 主要技术参数；

i) 防护等级；

j) 制造厂名称；

k) 出厂编号和日期。

7.1.3 包装标志：

a） 发货标志应符合有关运输规定；

b） 作业标志应符合 GB 191 的规定。

7.2 包装

7.2.1 包装应采用复合防护包装类型，具有防雨、防潮、防尘、防振能力。

7.2.2 包装箱内应有下列文件：

a） 产品合格证；

b） 产品使用说明书；

c） 装箱单。

7.3 使用说明书

按 GB 9969.1—1998 的规定编写。

7.4 运输

包装好的产品应适合公路、铁路、水路、航空运输。

7.5 贮存

应存放在通风良好无腐蚀性气体的库房内。

ICS 13.100
D 09
备案号：18893—2006

AQ

中华人民共和国安全生产行业标准

AQ 6205—2006
代替 MT 446—1995

煤矿用电化学式一氧化碳传感器

Coal mine electrochemical carbon monoxide transducer

2006-11-02 发布　　2006-12-01 实施

国家安全生产监督管理总局　发布

前　言

电化学式一氧化碳传感器是我国煤矿安全监控系统普遍采用的用于监测一氧化碳的仪器。MT 446—1995《煤矿用电化学式一氧化碳传感器技术条件》对规范此类传感器的设计、生产、检验起到了重要作用。但随着相关技术的进步与发展，标准中的部分条款已不能满足要求，部分技术指标和试验方法也需要修正和补充。

本标准代替 MT 446—1995《煤矿用电化学式一氧化碳传感器技术条件》。

本标准由国家安全生产监督管理总局提出。

本标准由全国安全生产标准化技术委员会煤矿安全分技术委员会归口。

本标准起草单位：煤炭科学研究总院重庆分院、国家安全生产重庆矿用设备检测检验中心、煤炭科学研究总院抚顺分院。

本标准主要起草人：樊荣、于庆、杜文军、黄强、王涛、陈福民、李振新。

煤矿用电化学式一氧化碳传感器

1 范围

本标准规定了煤矿用电化学式一氧化碳传感器的技术要求、试验方法、检验规则、标志、包装、说明书、运输和贮存等。

本标准适用于煤矿井下环境监测中使用的电化学式一氧化碳传感器(以下简称传感器)。

2 规范性引用文件

下列文件中的条款通过本标准引用而成为本标准的条款。凡是注日期的引用文件,其随后所有的修改单(不包括勘误的内容)或修改版均不适用于本标准,然而,鼓励根据本标准达成协议的各方研究是否可使用这些文件的最新版本。凡是不注日期的引用文件,其最新版本适用于本标准。

GB 191—2000 包装储运图示标志

GB/T 2423.1—2001 电工电子产品环境试验 第2部分:试验方法 试验A:低温

GB/T 2423.2—2001 电工电子产品环境试验 第2部分:试验方法 试验B:高温

GB/T 2423.4—93 电工电子产品基本环境试验规程 试验Db:交变湿热试验方法

GB/T 2423.5—1995 电工电子产品环境试验 第2部分:试验方法 试验Ea和导则:冲击

GB/T 2423.8—1995 电工电子产品环境试验 第2部分:试验方法 试验Ed:自由跌落

GB/T 2423.10—1995 电工电子产品环境试验 第2部分:试验方法 试验Fc和导则:振动(正弦)

GB 3836.1—2000 爆炸性气体环境用电气设备 第1部分:通用要求

GB 3836.4—2000 爆炸性气体环境用电气设备 第4部分:本质安全型“i”

GB 4208—93 外壳防护等级(IP代码)

GB 9969.1—1998 工业产品使用说明书 总则

GB 10111—88 利用随机数骰子进行随机抽样的方法

MT 210—90 煤矿通信、检测、控制用电工电子产品基本试验方法

MT/T 772—1998 煤矿监控系统主要性能测试方法

3 术语和定义

3.1

显示值 displayed value

传感器显示的测量数值。

3.2

零点 zero point

传感器在清洁空气中正常工作时的显示值。

3.3

标定点 calibration point

传感器为满足测量准确度所选择的校准气样值。

3.4

报警点 alarm point

传感器依据使用要求所预先设置的报警启动值。

3.5

基本误差　basic error

在正常试验条件下确定的传感器测量误差值。

3.6

稳定性　stability

在规定的工作条件和时间内，传感器的零点、标定点和报警点保持在允许变化范围内的性能。

3.7

响应时间（T_{90}）　T_{90} response time

一氧化碳浓度发生阶跃变化时，传感器输出达到稳定值的90%的时间。

4　技术要求

4.1　一般要求

4.1.1　传感器应符合本标准的要求，并按经规定的程序和国家授权的检验机构审批的图样和技术文件制造。

4.1.2　传感器与关联设备配套，应经国家有关部门授权的防爆检验机构联检合格。与传感器配套的关联设备应具有有效期内的矿用产品安全标志证书。

4.1.3　传感器防爆型式采用矿用本质安全型，防爆标志为“ExibI”。

4.2　工作条件

温度：(0～40)℃；

相对湿度：≤98%；

大气压力：(80～116) kPa；

风速：不大于 8 m/s。

4.3　贮存温度为(－40～60)℃。

4.4　输出信号制式

宜选用如下信号制式：

a)　电流型：DC(1～5) mA，(4～20) mA；

b)　频率型：(5～15) Hz，(200～1 000) Hz（脉冲宽度大于 0.3 ms）；

c)　数字信号型：传输速率为 1 200 bps，2 400 bps，4 800 bps，9 600 bps，电平不小于 3 V。

4.5　传感器外观及结构要求

4.5.1　传感器的显示窗应透光良好，数码、符号均应清晰完好。

4.5.2　传感器表面、镀层或涂层不应有气泡、裂痕、明显剥落和斑点。

4.5.3　传感器应结构合理、坚固耐用；应有适于井下安装的悬挂或支撑结构。

4.5.4　传感器外壳、接插件和零件应采取防腐措施，涂、镀层应均匀、牢固，颜色一致；印制电路板应至少涂覆两次三防（防腐、防霉、防潮）漆。

4.6　传感器取样头上应有防粉尘和防风速影响的保护罩。

4.7　传感器应以 10^{-6} 单位表示测量值，采用数字显示，分辨率应不低于 1×10^{-6}。

4.8　传感器应具有避免因断电而影响电化学原理敏感元件工作稳定的措施。

4.9　传感器宜具有遥控调校功能。

4.10　传感器的量程范围宜采用：$(0\sim100)\times10^{-6}$、$(0\sim500)\times10^{-6}$、(0～500 以上)$\times10^{-6}$。

4.11　基本误差

4.11.1　显示值稳定性

量程为 $(0\sim100)\times10^{-6}$ 的传感器，一氧化碳浓度恒定时，传感器显示值或输出信号值（换算为一氧化碳浓度值）变化量不超过 2×10^{-6}。

量程为(0～500)×10^{-6}及以上的传感器，一氧化碳浓度恒定时，传感器显示值或输出信号值(换算为一氧化碳浓度值)变化量不超过4×10^{-6}。

4.11.2　传感器的基本误差应符合下列规定。

量程为(0～100)×10^{-6}的传感器测量误差应符合表1的规定。

表1　量程为(0～100)×10^{-6}的基本误差

单位为1×10^{-6}

测量范围	基本误差	
	绝对误差	相对误差
0～20	±2	
>20～100	±4	

量程为(0～500)×10^{-6}的传感器测量误差应符合表2的规定。

表2　量程为(0～500)×10^{-6}的基本误差

单位为1×10^{-6}

测量范围	基本误差	
	绝对误差	相对误差
0～100	±4	
>100～500		测量值的±5%

量程上限>500×10^{-6}的传感器测量误差应符合表3的规定。

表3　量程上限>500×10^{-6}的基本误差

单位为1×10^{-6}

测量范围	基本误差	
	绝对误差	相对误差
0～100	±4	
>100～500		测量值的±5%
>500		测量值的±6%

4.12　传感器一般应能在输入电压9 V～24 V范围内正常工作，其基本误差应不超过4.11.2的规定。

4.13　传感器使用电缆的单芯截面积为1.5 mm^2时，传感器与关联设备的传输距离应不小于2 km，关联设备的显示值或输出信号值(换算为一氧化碳浓度值)应不超过4.11.2的规定。

4.14　工作稳定性

传感器连续工作15 d的基本误差应不超过4.11.2的规定。

4.15　响应时间(T_{90})

传感器的响应时间应不大于35 s。

4.16　报警功能

4.16.1　具有报警功能的传感器应能在测量范围内任意设置报警点，报警显示值与设定值的差值应不超过±2×10^{-6}。

4.16.2　报警声级强度在距其1 m远处的声响信号的声压级应不小于80 dB(A)；光信号应能在20 m远处清晰可见。

4.17　传感器本安端子与外壳之间，常态下其绝缘电阻应不小于50 MΩ；交变湿热试验后，应不小于1.5 MΩ。

4.18　传感器本安端子与外壳之间应能承受500 V、50 Hz、历时1 min的绝缘介电强度试验而无击穿和闪络现象且漏电流不大于5 mA。

4.19　传感器在 8 m/s 风速条件下试验时，其指示值的漂移量应不超过$\pm 2\times 10^{-6}$。
4.20　传感器在工作温度试验时，应符合 4.11.2 的规定。
4.21　传感器经贮存温度试验后，应符合 4.11.2 的规定。
4.22　传感器经交变湿热试验后，应符合 4.11.2 的规定。
4.23　传感器经振动试验后，接插件和零部件应无松动和脱落；并符合 4.11.2 的规定。
4.24　传感器经冲击试验后，应无损坏痕迹，接插件和零部件无松动脱落；并符合 4.11.2 的规定。
4.25　传感器经跌落试验后，接插件、零部件应无松动脱落；并符合 4.11.2 的规定。
4.26　防爆要求
4.26.1　传感器应采用矿用本质安全型的防爆结构且满足 GB 3836.1—2000、GB 3836.4—2000 的规定。
4.26.2　传感器中任何与本质安全性能有关的元件，应符合 GB 3836.4—2000 中 7 的规定，在正常工作和故障状态下，不得在超过元件安装条件和温度范围规定的最大电流、电压和功率额定值的三分之二的情况下工作。
4.26.3　传感器外壳防护性能应符合 GB 4208—93 中防护等级 IP54 的规定。
4.26.4　传感器采用塑料外壳时，外壳表面绝缘电阻应不超过 1 GΩ。
4.26.5　传感器采用塑料外壳时，外壳阻燃性能应符合 GB 3836.1—2000 中 7.4 的规定。
4.26.6　传感器应能通过 GB 3836.4—2000 第 10.1～10.4 规定的火花点燃试验。传感器与关联设备通过不低于 2 km 电缆（单芯截面积为 1.5 mm^2）连接后，应能通过 GB 3836.4—2000 第 10.1～10.4 规定的火花点燃试验。
4.26.7　传感器在正常和故障状态下其最高表面温度应≤150 ℃。
4.26.8　传感器外壳结构、电气间隙、爬电距离符合 GB 3836.4—2000 中 6 的规定。

5　试验方法

5.1　环境条件

除环境试验或有关标准中另有规定外试验应在下列环境条件中进行：

a)　温度：(15～35) ℃；

b)　相对湿度：45%～75%；

c)　大气压力：(80～116) kPa。

5.2　试验用气样和试验用主要仪器

5.2.1　试验用气样

空气中一氧化碳标准气样（以下简称标准气样）应采用经国家计量部门考核认证的单位提供的气样，其不确定度不大于 3%。各项试验所用气样应符合表 4 要求。

表 4　试验气样表

试验项目	气样/(1×10^{-6})
基本误差试验	20、量程的 35%、量程的 50%、量程的 75%
响应时间试验	量程的 50%
报警误差试验	27
注：标准气样值与标准气样标称值的偏离不超过±10%。	

5.2.2　试验用主要仪器

5.2.2.1　气体流量计

测量范围：(30～300) mL/min；准确度：2.5 级。

5.2.2.2　秒表

分度值为 0.01 s。

5.2.2.3　电压表及电流表

采用四位半的数字万用表，其准确度应不小于 0.5 级。

5.2.2.4　频率计

(0～1000) kHz；稳定度：$\leqslant 1\times10^{-6}$。

5.2.2.5　直流稳压电源

输出电压：(0～30) V；输出电流：2 A。

5.3　外观及结构检查

用目测方法检查传感器外观及结构。

5.4　断电保护措施测试

在清洁空气中调整好传感器的零点，然后断开传感器的工作电源，60 min 后重新送电，观察传感器的零点，在 1 min 内显示值应在 4×10^{-6} 以内。

5.5　显示值稳定性和基本误差

5.5.1　在以下所有需对传感器调校的试验中，应使用与传感器配套的遥控器来完成，遥控器使用方法按产品说明书规定。

在以下需通气的试验中，除报警误差试验外，其余的试验通气流量应保持为产品企业标准规定的传感器校准时流量(以下简称规定流量)。

5.5.2　传感器接上稳压电源，将稳压电源的输出分别调至产品企业标准规定的最高与最低工作电压，按 5.5.3、5.5.4 规定的方法对传感器进行显示值稳定性及基本误差测定。

5.5.3　待传感器零点在清洁空气中稳定后，按规定流量，通入量程 50% 的标准气样，3 min 后将传感器显示值调至与标准气样值一致，继续通气，再观察 1 min，记录 1 min 内传感器显示值的最大值与最小值的差值，重复测定 3 次，取最大值。

5.5.4　按规定流量，用清洁空气和量程 50% 的标准气样校准 3 次传感器(以下简称校准传感器)，在以后的测定中不得再次校准。待传感器零点在清洁空气中稳定后，按规定流量分别向传感器依次通入表 3 中标准气样各 3 min，记录传感器的显示值或输出信号值(换算为一氧化碳浓度值)。重复测定 4 次，取其后 3 次的算术平均值与标准气样的差值，即为基本误差。

5.6　传输距离

将传感器与关联设备通过不低于 2 km 的模拟电缆(或单芯截面积为 1.5 mm^2 的电缆；但应在该传感器的关联设备明细中，注明该种电缆的生产厂家及型号)连接，由关联设备提供传感器所需电源。通气测试方法按 5.5.4 的规定，记录关联设备的显示值或输出信号值(换算为一氧化碳浓度值)。重复测定 4 次，取其后 3 次的算术平均值与标准气样的差值。模拟电缆按 MT/T 772—1998 附录 A 仿真，电缆模拟参数按 $R=12.8\ \Omega/\text{km}$ 单芯、$L=0.8\ \text{mH/km}$ 单芯、$C=0.06\ \mu\text{F/km}$ 计算。

5.7　工作稳定性测定

将调整好的传感器在空气中连续运行 15 d，每隔 12 h 记录零点并按规定流量通入量程 50% 左右的标准气样 3 min，记录显示值和输出信号值。试验期间不得调整传感器。

5.8　响应时间测定

将制造厂提供的扩散取样注气装置与传感器进气部位相接，按规定流量通入清洁空气，待传感器零点稳定后，以相同的流量通入量程 50% 的标准气样 3 min，记录显示值。然后通入清洁空气，待传感器零点稳定后，把以相同的流量通入量程 50% 的标准气样的注气装置迅速换到取样头上，并开始记录传感器的指示值达到原显示测量值 90% 所需要的时间，测量 3 次，取其算术平均值。

5.9　报警功能试验

5.9.1　报警值与设定值差值的测定

将传感器警报点设置在 24×10^{-6}，待传感器零点稳定后，缓慢通入表 4 所规定一氧化碳浓度值的气样，记录出现声、光信号瞬间传感器的显示值并计算设定报警点一氧化碳浓度值与显示值的差值。

5.9.2 报警声级强度测量

报警声响强度用声级计测量，环境噪音应小于 50 dB(A)。将声级计置于传感器的报警声响器轴心正前方 1 m 处，测量 3 次，取其平均值。

5.9.3 报警光信号

试验在黑暗环境中距传感器 20 m 处观察。

5.10 绝缘电阻检测

按 MT 210—90 中 7 规定的方法进行。

5.11 介电强度试验

按 GB 3836.4—2000 中 10.6 规定的方法进行。

5.12 风速影响试验

将传感器放入通风试验装置中，在风流为零时调整好传感器的基准点，记录显示值，启动风机，调整风速为 $8^{+0.5}_{0}$ m/s，人为使传感器绕悬挂轴线方向转动，寻找其受风速影响的位置。固定此位置，每 30 s 记录 1 次指示值，共记录 3 次，取其算术平均值和基准点的差值作为漂移量。

5.13 工作温度试验

试验中向传感器通入标准气样的温度应与试验要求温度一致。

5.13.1 低温工作试验

按 GB/T 2423.1—2001 中试验 Ab 规定的方法进行，在温度为(0±3)℃条件下，将传感器通电，稳定 2 h 后，测定基本误差，以后每小时测定 1 次基本误差，测量 3 次，取其算术平均值作为测定值。

5.13.2 高温工作试验

按 GB/T 2423.2—2001 中试验 Bb 规定的方法进行，在温度为(40±2)℃条件下，将传感器通电，稳定 2 h 后，测定基本误差，以后每小时测定 1 次基本误差，测量 3 次，取其算术平均值作为测定值。

5.14 贮存温度试验

5.14.1 低温贮存试验

按 GB 2423.1—2001 中试验 Ab 规定的方法进行，在温度为(0±2)℃条件下，持续时间为 16 h。传感器非包装，不通电，不进行中间检测。试验后，在试验箱中恢复到 4.2 规定的条件下保持 2 h，再测定基本误差。

5.14.2 高温贮存试验

按 GB/T 2423.2—2001 中试验 Bb 规定的方法进行，在温度为(60±2)℃条件下，持续时间为 16 h，传感器非包装，不通电，不进行中间检测，试验后，在试验箱中恢复到 4.2 规定的条件下保持 2 h，再测定基本误差。

5.15 交变湿热试验

按 GB/T 2423.4—93 中的试验 Db 规定的方法进行，在温度为(40±2)℃，相对湿度为(93±3)%条件下，持续时间为 12 d，传感器非包装，不通电，不进行中间检测，试验后，在 4.2 规定的条件下保持 2 h，进行绝缘电阻与工频耐压试验，再测定基本误差，并检查其外观。

5.16 振动试验

按 GB/T 2423.10—1995 中的试验 Fc 规定的方法进行，严酷等级：扫频频率范围(10～150) Hz，加速度幅值为 50 m/s^2，扫频循环次数为 5 次，传感器不包装，固定使用的传感器不通电，不进行中间检测，机载移动使用的传感器通电，进行中间检测，试验后，进行外观检查和测定基本误差。

5.17 冲击试验

按 GB/T 2423.5—1995 中试验 Ea 规定的方法进行，严酷等级：峰值加速度为 500 m/s^2，脉冲持续时间为(11±1) ms，3 个轴线每个方向连续冲击 3 次(共 18 次)，传感器不包装，固定使用的传感器不通电，不进行中间检测；机载移动使用的传感器通电，进行中间检测，试验后，进行外观检查和测定基本误差。

5.18 跌落试验

按 GB/T 2423.8—1995 中试验 Ed 规定的方法进行，严酷等级：跌落高度为 0.5 m，以正常使用方向自由落向平滑、坚硬的混凝土面上共两次，传感器不包装，不进行中间检测；试验后，进行外观检查，再测定基本误差。

5.19 防爆试验

5.19.1 传感器的防爆性能试验方法按 GB 3836.1—2000、GB 3836.4—2000 中规定的方法进行，由国家授权的防爆检验机构进行。

5.19.2 与本质安全性能有关的元件检查按 GB 3836.4—2000 中 7 规定的方法进行。

5.19.3 外壳防护性能试验按 GB 4208—93 中规定的方法进行。

5.19.4 塑料外壳表面绝缘电阻试验按 GB 3836.1—2000 中 23.4.7.8 规定的方法进行。

5.19.5 塑料外壳的阻燃性能试验按 GB 3836.1—2000 附录 E 规定的方法进行。

5.19.6 传感器火花点燃试验按 GB 3836.4—2000 中 10.1～10.4 规定的方法进行；传感器与关联设备通过不低于 2 km 的模拟电缆（或单芯截面积为 1.5 mm^2 的电缆；但应在该传感器的关联设备明细中，注明该种电缆的生产厂家及型号）连接，联机火花点燃试验按 GB 3836.4—2000 中第 10.1～10.4 规定的方法进行。模拟电缆按 MT/T 772—1998 附录 A 仿真，电缆模拟参数按 R=12.8 Ω/km 单芯、L=0.8 mH/km 单芯、C=0.06 μF/km 计算。

5.19.7 最高表面温度按 GB 3836.4—2000 中 10.5 条规定的方法进行。

5.19.8 电气间隙和爬电距离的测量用游标卡尺进行测量。

6 检验规则

检验分出厂检验和型式检验，检验项目见表 5。

表 5 型式检验项目

序　号	检 验 项 目	试验要求条款	试验项目条款	出厂检验	型式检验
1	外观及结构检查	4.5	5.3	○	○
2	断电保护措施测试	4.8	5.4	○	○
3	遥控调校功能测试	4.9	5.5.1	○	○
4	显示值稳定性测定	4.11.1	5.5.3	○	○
5	基本误差测定	4.11.2	5.5.4	○	○
6	工作电压范围测试	4.12	5.5.2	○	○
7	传输距离试验	4.13	5.6	○	○
8	工作稳定性测定	4.14	5.7	○	○
9	响应时间测定	4.15	5.8	○	○
10	报警功能试验	4.16	5.9	○	○
11	绝缘电阻检测	4.17	5.10	※	○
12	介电强度试验	4.18	5.11	*	○
13	风速影响试验	4.19	5.12	—	○

表 5(续)

序 号	检验项目	试验要求条款	试验项目条款	出厂检验	型式检验
14	工作温度试验	4.20	5.13	—	○
15	贮存温度试验	4.21	5.14	—	○
16	交变湿热试验	4.22	5.15	—	○
17	振动试验	4.23	5.16	—	○
18	冲击试验	4.24	5.17	—	○
19	跌落试验	4.25	5.18	—	○
20	元件本质安全性能检查	4.26.2	5.19.2	—	○
21	外壳防护性能	4.26.3	5.19.3	—	○
22	表面绝缘电阻测试	4.26.4	5.19.4	—	○
23	外壳阻燃性能试验	4.26.5	5.19.5	—	○
24	火花点燃试验	4.26.6	5.19.6	—	○
25	最高表面温度测试	4.26.7	5.19.7	—	○
26	电气间隙与爬电距离测试	4.26.8	5.19.8	—	○
注：表中“○”为检验项目，“—”为不检验项目，“※”绝缘电阻检测出厂检验只作常态，“＊”为抽检项目。					

6.1 出厂检验

应由制造厂质量检验部门逐台进行，检验合格并发给合格证后方可出厂。

6.2 型式检验

6.2.1 有下列情况之一时，应进行型式检验：

a) 新产品试制定型鉴定或老产品转厂生产时；

b) 正式生产后如结构、材料、工艺有较大改变，可能影响产品性能时；

c) 正常生产的传感器每3年1次；

d) 停产2年以上再次恢复生产时；

e) 出厂检验结果与上次型式检验有较大差异时；

f) 国家有关机构提出要求时。

6.2.2 型式检验应由国家授权的检测检验机构负责进行。

6.2.3 抽样

从出厂检验合格的传感器中按GB/T 10111规定的方法进行，抽样基数不少于10台。抽样数量不少于3台。

6.2.4 判定规则

受检传感器为3台。在检验中，如4.8、4.9、4.11.1、4.11.2、4.12、4.13、4.14、4.15、4.16、4.26.3、4.26.6、4.26.7中有一台项不合格，或其他项目中有2台项不合格，则判该批产品为不合格。如不包括4.8、4.9、4.11.1、4.11.2、4.12、4.13、4.14、4.15、4.16、4.26.3、4.26.6、4.26.7的其他项目中有一台项不合格则对全项目加倍复检，如仍有不合格，则判该批传感器为不合格。

7 标志、包装、运输、使用说明书和贮存

7.1 标志

7.1.1 传感器的外壳明显处应设有“Ex”、“MA”标志和计量器具标志“CMC”。

7.1.2 传感器的铭牌上应有下列内容：

a) 产品型号和名称；

b) 右上角有“Ex”标志；

c) 防爆标志；

d) 防爆合格证编号；

e) 煤矿安全标志编号；

f) 制造计量器具许可证编号；

g) 关联设备型号；

h) 主要技术参数；

i) 防护等级；

j) 制造厂名称；

k) 出厂编号和日期。

7.1.3 包装标志：

a) 发货标志应符合有关运输规定；

b) 作业标志应符合 GB 191 的规定。

7.2 包装

7.2.1 包装应采用复合防护包装类型，具有防雨、防潮、防尘、防振能力。

7.2.2 包装箱内应有下列文件：

a) 产品合格证；

b) 产品使用说明书；

c) 装箱单。

7.3 使用说明书

按 GB 9969.1—1998 的规定编写。

7.4 运输

包装好的产品应适合公路、铁路、水路、航空运输。

7.5 贮存

应存放在通风良好无腐蚀性气体的库房内。

ICS 13.100
D 09
备案号：18894—2006

AQ

中华人民共和国安全生产行业标准

AQ 6206—2006

煤矿用高低浓度甲烷传感器

Coal mine high-low concentration methane transducer

2006-11-02 发布 2006-12-01 实施

国家安全生产监督管理总局 发布

前　言

煤矿用载体催化与热导组合式高低浓度甲烷传感器是我国煤矿安全监控系统采用的用于高瓦斯和煤与瓦斯突出矿井井下甲烷气体监测的仪器。为满足安全生产的需要，根据国家有关法律法规和标准的要求，制定本标准。

本标准由国家安全生产监督管理总局提出。

本标准由全国安全生产标准化技术委员会煤矿安全分技术委员会归口。

本标准起草单位：煤炭科学研究总院重庆分院、国家安全生产重庆矿用设备检测检验中心。

本标准主要起草人：黄强、樊荣、王涛、于庆、杜文军、陈福民、石发强。

煤矿用高低浓度甲烷传感器

1 范围

本标准规定了煤矿用载体催化与热导组合式高低浓度甲烷传感器的技术要求、试验方法、检验规则、标志、包装、使用说明、运输和贮存。

本标准适用于煤矿井下环境监测中使用的量程为(0～40)%CH_4 和(0～100)%CH_4 载体催化与热导组合式高低浓度甲烷传感器(以下简称传感器)。

2 规范性引用文件

下列文件中的条款通过本标准引用而成为本标准的条款。凡是注日期的引用文件,其随后所有的修改单(不包括勘误的内容)或修改版均不适用于本标准,然而,鼓励根据本标准达成协议的各方研究是否可使用这些文件的最新版本。凡是不注日期的引用文件,其最新版本适用于本标准。

GB 191—2000 包装储运图示标志

GB/T 2423.1—2001 电工电子产品环境试验 第2部分:试验方法 试验A:低温

GB/T 2423.2—2001 电工电子产品环境试验 第2部分:试验方法 试验B:高温

GB/T 2423.4—93 电工电子产品基本环境试验规程 试验Db:交变湿热试验方法

GB/T 2423.5—1995 电工电子产品环境试验 第2部分:试验方法 试验Ea和导则:冲击

GB/T 2423.8—1995 电工电子产品环境试验 第2部分:试验方法 试验Ed:自由跌落

GB/T 2423.10—1995 电工电子产品环境试验 第2部分:试验方法 试验Fc和导则:振动(正弦)

GB 3836.1—2000 爆炸性气体环境用电气设备 第1部分:通用要求

GB 3836.2—2000 爆炸性气体环境用电气设备 第2部分:隔爆型“d”

GB 3836.4—2000 爆炸性气体环境用电气设备 第4部分:本质安全型“i”

GB 4208—93 外壳防护等级(IP代码)

GB 9969.1—1998 工业产品使用说明书 总则

GB 10111—88 利用随机数骰子进行随机抽样的方法

AQ 6202—2006 煤矿甲烷检测用载体催化元件

MT 210—90 煤矿通信、检测、控制用电工电子产品基本试验方法

MT/T 772—1998 煤矿监控系统主要性能测试方法

3 术语和定义

3.1

显示值 displayed value

传感器显示的测量数值。

3.2

零点 zero point

传感器在清洁空气中正常工作时的显示值。

3.3

标定点 calibration point

传感器为满足测量准确度所选择的校准气样值。

3.4

报警点　alarm point

传感器依据使用要求所预先设置的报警启动值。

3.5

基本误差　basic error

在正常试验条件下确定的传感器测量误差值。

3.6

稳定性　stability

在规定的工作条件和时间内，传感器的零点、标定点和报警点保持在允许变化范围内的性能。

3.7

响应时间(T_{90})　T_{90} response time

甲烷浓度发生阶跃变化时，传感器输出达到稳定值的90%的时间。

4 技术要求

4.1 一般要求

4.1.1 传感器应符合本标准的要求，并按照规定的程序和国家授权的检验机构审批的图样和技术文件制造。

4.1.2 传感器与关联设备配套，须经国家有关部门授权的防爆检验机构联检合格。与传感器配套的关联设备应具有有效期内的矿用产品安全标志证书。

4.1.3 传感器防爆型式采用矿用本质安全兼隔爆型，防爆标志为“ExibdI”。

4.2 工作条件

温度：(0～40)℃；

相对湿度：≤98%；

大气压力：(80～116)kPa；

风速：不大于 8 m/s。

4.3 贮存温度：(－40～60)℃。

4.4 输出信号制式

宜选用如下信号制式：

a) 电流型：DC (1～5)mA，(4～20)mA；

b) 频率型：(200～1 000)Hz(脉冲宽度大于 0.3 ms)，(200～2 000)Hz；

c) 数字信号型：传输速率为 1 200 bps，2 400 bps，4 800 bps，9 600 bps，电平不小于 3 V。

4.5 传感器外观及结构要求

4.5.1 传感器的显示窗应透光良好，数码、符号均应清晰完好。

4.5.2 传感器表面、镀层或涂层不应有气泡、裂痕、明显剥落和斑点。

4.5.3 传感器应结构合理、坚固耐用；应有适于井下安装的悬挂或支撑结构。

4.5.4 传感器外壳、接插件和零件应采取防腐措施，涂、镀层应均匀、牢固、颜色一致；印制电路板应至少涂覆两次三防(防腐、防霉、防潮)漆。

4.6 传感器采用扩散取样方式，取样头上应有防粉尘和防风速影响的保护罩。

4.7 传感器应以百分体积浓度表示测量值，采用数字显示，低浓度段分辨率应不低于 0.01%CH_4，高浓度段分辨率应不低于 0.1%CH_4，并应能表示显示值的正或负。

4.8 传感器中载体催化元件与热导元件工作转换点设置范围为(2.00～4.00)%CH_4，由低浓度转换为高浓度和由高浓度转换为低浓度可设置不同的转换点。传感器应具有保护载体催化元件的功能。

4.9 传感器宜具有遥控调校功能。

4.10 基本误差

4.10.1 显示值稳定性

在(0.00～4.00)%CH_4 范围内，甲烷浓度恒定时，传感器显示值或输出信号值(换算为甲烷浓度值)变化量不超过 0.04%CH_4。

在(4.00～100)%CH_4 范围内，甲烷浓度恒定时，传感器显示值或输出信号值(换算为甲烷浓度值)变化量不超过 0.4%CH_4。

4.10.2 传感器的基本误差应符合下列规定。

传感器在载体催化元件检测时的基本误差应符合表 1 的规定。

表 1 基本误差(载体催化元件检测时)

测量范围 %CH_4	基本误差
0.00～1.00	±0.10%CH_4
1.00～3.00	真值的±10%
3.00～4.00	±0.30%CH_4

传感器在热导元件检测且测量量程为(4.00～40.0)%CH_4 时的基本误差应符合表 2 的规定。

表 2 基本误差(量程 4.00%CH_4～40%CH_4)

测量范围 %CH_4	基本误差
4.00～40.0	真值的±10%

传感器在热导元件检测且测量量程为(4.00～100.0)%CH_4 时的基本误差应符合表 3 的规定。

表 3 基本误差(量程 4.00%CH_4～100%CH_4)

测量范围 %CH_4	基本误差
4.00～40.00	真值的±10%
>40.00	测量上限的±10%

4.10.3 传感器在转换点转换时的附加误差不超过 1.00%CH_4。

4.11 传感器一般应能在输入电压 9 V～24 V 范围内正常工作，其基本误差应不超过 4.10.2 的规定。

4.12 传感器使用电缆的单芯截面积为 1.5 mm^2 时，传感器与关联设备的传输距离应不小于 2 km，关联设备的显示值或输出信号值(换算为甲烷浓度值)应符合 4.10.2 的规定。

4.13 工作稳定性

传感器连续工作 15 d 的基本误差应不超过 4.10.2 的规定。

4.14 响应时间(T_{90})

传感器的响应时间应不大于 20 s。

4.15 报警功能

4.15.1 具有报警功能的传感器应能在(0～4)%CH_4 范围内任意设置报警点，报警显示值与设定值的差值应不超过±0.05% CH_4。

4.15.2 报警声级强度在距其 1 m 远处的声响信号的声压级应不小于 80 dB(A)；光信号应能在 20 m 远处清晰可见。

4.16 传感器本安端与外壳之间，常态下其绝缘电阻应不小于 50 MΩ；交变湿热试验后，应不小于1.5 MΩ。

4.17 传感器本安端与外壳之间应能承受 500 V、50 Hz、历时 1 min 的绝缘介电强度试验而无击穿和闪络现象，且漏电流不大于 5 mA。

4.18 传感器在8 m/s风速条件下试验时，在显示载体催化元件指示值时，其指示值的漂移量应不超过±0.01%CH_4；在显示热导元件指示值时，其指示值的漂移量应不超过±0.1%CH_4。

4.19 传感器在工作温度试验时，应符合4.10.2的规定。

4.20 传感器经贮存温度试验后，应符合4.10.2的规定。

4.21 传感器经交变湿热试验后，应符合4.10.2的规定。

4.22 传感器经振动试验后，接插件和零部件应无松动和脱落；并符合4.10.2的规定。

4.23 传感器经冲击试验后，应无损坏痕迹，接插件和零部件无松动脱落；并符合4.10.2的规定。

4.24 传感器经跌落试验后，接插件、零部件应无松动脱落；并符合4.10.2的规定。

4.25 防爆要求

4.25.1 传感器应采用矿用本质安全兼隔爆型的防爆结构且满足GB 3836.1—2000、GB 3836.2—2000、GB 3836.4—2000的规定。

4.25.2 传感器中任何与本质安全性能有关的元件，应符合GB 3836.4—2000中7的规定，在正常工作和故障状态下，不得在超过元件安装条件和温度范围规定的最大电流、电压和功率额定值的三分之二的情况下工作。

4.25.3 传感器外壳防护性能应符合GB 4208—93中防护等级IP54的规定。

4.25.4 传感器采用塑料外壳时，外壳表面绝缘电阻应不超过1 GΩ。

4.25.5 传感器采用塑料外壳时，外壳阻燃性能应符合GB 3836.1—2000中7.4的规定。

4.25.6 传感器应能通过GB 3836.4—2000第10.1～10.4规定的火花点燃试验。传感器与关联设备通过不低于2 km电缆（单芯截面积为1.5 mm^2）连接后，应能通过GB 3836.4—2000第10.1～10.4规定的火花点燃试验。

4.25.7 传感器在正常和故障状态下其最高表面温度应≤150℃。

4.25.8 传感器外壳结构、电气间隙、爬电距离符合GB 3836.4—2000中6的规定。

4.25.9 传感器所采用的载体催化元件应符合"AQ 6202—2006煤矿甲烷检测用载体催化元件"的要求，并具有有效期内的矿用产品安全标志证书。

5 试验方法

5.1 试验条件

5.1.1 环境条件

除环境试验或有关标准中另有规定外试验应在下列环境条件中进行：

a) 温度：(15～35)℃；

b) 相对湿度：45%～75%；

c) 大气压力：(80～116)kPa。

5.1.2 试验用气样

空气中甲烷标准气样（以下简称标准气样）应采用经国家计量部门考核认证的单位提供的气样，其不确定度不大于3%。使用气样应符合表4的要求。

表4 试验气样表

试验项目	所需气样及取值范围 %CH_4
基本误差试验	0.50,1.50,2.00,3.50,20.0,35.0,75.0
响应时间试验	2.00,20.00
报警误差试验	1.20
注：标准气样值与标准气样标称值的允许偏离应不超过±10%。	

5.1.3 试验用主要仪器

5.1.3.1 气体流量计

测量范围:(30～300)mL/min;准确度:2.5 级。

5.1.3.2 秒表

分度值为 0.01 s。

5.1.3.3 频率计

(0～2 000) kHz;稳定度:$\leqslant 1\times 10^{-6}$。

5.1.3.4 直流稳压电源

输出电压:(0～30) V;输出电流:2 A。

5.1.3.5 电压表及电流表

采用四位半的数字万用表,其准确度应不小于 0.5 级。

5.2 外观及结构检查

用目测方法观察传感器外观及结构应符合本标准 4.5 的要求。

5.3 显示值稳定性和基本误差

在以下所有需对传感器调校的试验中,应使用与传感器配套的遥控器来完成,遥控器使用方法按产品说明书规定使用。

在以下需通气的试验中,除报警误差试验、转换点附加误差试验外,其余试验的通气流量应保持为产品企业标准规定的传感器校准时流量(以下简称规定流量)。

传感器接上稳压电源,将稳压电源的输出分别调至产品企业标准规定的最高与最低工作电压,按 5.3.1、5.3.2 规定的方法对传感器进行显示值稳定性及基本误差测定。

5.3.1 显示值稳定性

5.3.1.1 低浓度部分

待传感器零点在清洁空气中稳定后,按规定流量通入 2.0%CH_4 的标准气样 3 min,将传感器的显示值调整到和标准气样值一致,继续通气,再观察 1 min,记录 1 min 内传感器显示值的最大值和最小值的差值,重复测定 3 次,取其最大值。

5.3.1.2 高浓度部分

待传感器零点在清洁空气中稳定后,按规定流量通入 20%CH_4 的标准气样 3 min,将传感器的显示值调整到和标准气样值一致,继续通气,再观察 1 min,记录 1 min 内传感器显示值的最大值和最小值的差值,重复测定 3 次,取其最大值。

5.3.2 基本误差

5.3.2.1 低浓度部分

按规定流量,用清洁空气和 2.0%CH_4 的标准气样校准 3 次传感器(以下简称校准仪器),在后面的测定中不得再次校准。

待传感器零点在清洁空气中稳定后,按规定流量向传感器依次通入 0.5%CH_4、1.5%CH_4、3.5%CH_4种标准气样各 3 min,记录传感器的显示值或输出信号值(换算为甲烷浓度值)。重复测定 4 次,取其后 3 次的算术平均值与标准气样的差值,即为低浓度部分基本误差。

5.3.2.1 高浓度部分

按规定流量,用清洁空气和 20.0%CH_4 的标准气样校准 3 次传感器(以下简称校准仪器),在后面的测定中不得再次校准。

按规定流量向传感器依次通入 35.0%CH_4、75.0%CH_4 的 2 种标准气样各 3 min,记录传感器的显示值或输出信号值(换算为甲烷浓度值)。重复测定 4 次,取其后 3 次的算术平均值与标准气样的差值,即为高浓度部分基本误差。

5.4　**转换点附加误差**

待传感器零点在清洁空气中稳定后，用 20.0%CH_4 的标准甲烷气体缓慢通入传感器，记录传感器由低浓度状态转换到高浓度状态的瞬间显示值或输出信号值(换算成甲烷浓度)，然后通入 1.5%CH_4 的标准甲烷气体，再记录传感器从高浓度状态转换到低浓度状态的瞬间显示值或输出信号值(换算成甲烷浓度)，计算与产品企业标准规定的转换点的差值，重复测定 4 次，取其后 3 次的算术平均值。

5.5　**传输距离**

将传感器与关联设备通过不低于 2 km 的模拟电缆(或单芯截面积为 1.5 mm^2 的电缆；但应在该传感器的关联设备明细中，注明该种电缆的生产厂家及型号)连接，由关联设备提供传感器所需电源。通气测试方法按 5.3.2 规定进行，记录关联设备的显示值或输出信号值(换算为甲烷浓度值)，基本误差计算方法按 5.3.2 中的规定。模拟电缆按 MT/T 772—1998 附录 A 仿真，电缆模拟参数按 R=12.8 Ω/km 单芯、L=0.8 mH/km单芯、C=0.06 μF/km 计算。

5.6　**工作稳定性测定**

把调整好的传感器放入图 1 所示的装置中，连续通入 0.5%CH_4 的甲烷气体(在型式试验时，采用标准气样；在出厂检验时，气样值范围控制在 0.3%CH_4～0.8%CH_4)运行 12 h 后，按规定流量依次通入清洁空气和 1.5%CH_4 和 20%CH_4 的标准气样各 3 min，记录显示值或输出信号值。再在空气中连续运行 12 h 后，按规定流量通入 1.5%CH_4 和 20%CH_4 的标准气样 3 min，记录显示值或输出信号值。试验时间 15 d，试验期间不得调整传感器。

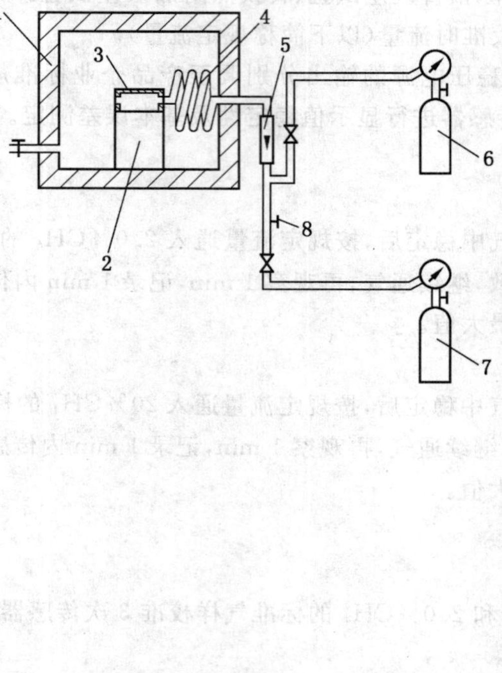

1——试验箱；
2——传感器；
3——注气装置；
4——预热装置；
5——流量计；
6——清洁空气瓶；
7——试验气样瓶；
8——调节阀

图 1　稳定性测定示意图

5.7　**响应时间测定**

5.7.1　**低浓度的响应时间试验**

将制造厂提供的扩散取样注气装置与传感器进气部位相接，按规定流量通入清洁空气，待传感器零点稳定后，以相同的流量通入 2.0%CH_4 的标准气样 3 min，记录显示值。然后通入清洁空气，待传感器零点稳定后，把以相同的流量通入 2.0%CH_4 的标准气样的注气装置迅速换到取样头上，并开始记录传感器的指示值达到原显示测量值 90%所需要的时间，测量 3 次，取其算术平均值。

5.7.2　**高浓度的响应时间试验**

将制造厂提供的扩散取样注气装置与传感器进气部位相接，按规定流量通入清洁空气，待传感器零点稳定后，以相同的流量通入 20.0%CH_4 的标准气样 3 min，记录显示值。然后通入清洁空气，待传感器零点稳定后，把以相同的流量通入 20.0%CH_4 的标准气样的注气装置迅速换到取样头上，并开始记录传感器的指示值达到原显示测量值 90%所需要的时间，测量 3 次，取其算术平均值。

5.8 报警功能试验

5.8.1 报警值与设定值差值的测定

将传感器警报点设置在 1.0%CH_4 上，待传感器零点稳定后，缓慢通入表 4 所规定甲烷浓度值的气样，记录出现声、光信号瞬间传感器的显示值并计算设定警报点甲烷浓度值与显示值的差值。

5.8.2 报警声级强度测量

报警声响强度用声级计测量，环境噪音应小于 50 dB(A)。将声级计置于传感器的报警声响器轴心正前方 1 m 处，测量 3 次，取其平均值。

5.8.3 报警光信号

试验在黑暗环境中距传感器 20 m 处观察。

5.9 绝缘电阻检测

按 MT 210—90 中 7 规定的方法进行。

5.10 介电强度试验

按 GB 3836.4—2000 中 10.6 规定的方法进行。

5.11 风速影响试验

传感器切换为显示载体催化元件指示值，将传感器放入通风试验装置中，在风流为零时调整好传感器的基准点，记录显示值，启动风机，调整风速为 $8^{+0.5}_{0}$ m/s，人为使传感器绕悬挂轴线方向转动，寻找其受风速影响的位置。固定此位置，每 30 s 记录 1 次指示值，共记录 3 次，取其算术平均值和基准点的差值作为漂移量。

传感器切换为显示热导元件指示值，将传感器放入通风试验装置中，在风流为零时调整好传感器的基准点，记录显示值，启动风机，调整风速为 $8^{+0.5}_{0}$ m/s，人为使传感器绕悬挂轴线方向转动，寻找其受风速影响的位置。固定此位置，每 30 s 记录 1 次指示值，共记录 3 次，取其算术平均值和基准点的差值作为漂移量。

5.12 工作温度试验

试验中向传感器通入标准气样的温度应与试验要求温度一致。

5.12.1 低温工作试验

按 GB/T 2423.1—2001 中试验 Ab 规定的方法进行，在温度为(0±3)℃条件下，将传感器通电，稳定 2 h 后，测定基本误差，以后每小时测定 1 次基本误差，测量 3 次，取其算术平均值作为测定值，并检查其外观。

5.12.2 高温工作试验

按 GB/T 2423.2—2001 中试验 Bb 规定的方法进行，在温度为(40±2)℃条件下，将传感器通电，稳定 2 h 后，测定基本误差，以后每小时测定 1 次基本误差，测量 3 次，取其算术平均值作为测定值，并检查其外观。

5.13 贮存温度试验

5.13.1 低温贮存试验

按 GB 2423.1—2001 中试验 Ab 规定的方法进行，在温度为(−40±2)℃条件下，持续时间为16 h。传感器非包装，不通电，不进行中间检测。试验后，在试验箱中恢复到 4.2 规定的条件下保持 2 h，再测定基本误差，并检查其外观。

5.13.2 高温贮存试验

按 GB/T 2423.2—2001 中试验 Bb 规定的方法进行，在温度为(60±2)℃条件下，持续时间为16 h，传感器非包装，不通电，不进行中间检测，试验后，在试验箱中恢复到 4.2 规定的条件下保持 2 h，再测定基本误差，并检查其外观。

5.14 交变湿热试验

按 GB/T 2423.4—93 中的试验 Db 规定的方法进行，在温度为(40±2)℃，相对湿度为(93±3)%条件下，持续时间为 12 d，传感器非包装，不通电，不进行中间检测，试验后，在 4.2 规定的条件下保持 2 h，进行绝缘电阻与工频耐压试验，再测定基本误差，并检查其外观。

5.15 振动试验

按 GB/T 2423.10—1995 中的试验 Fc 规定的方法进行，严酷等级：扫频频率范围(10～150) Hz，加速度幅值为 50 m/s^2，扫频循环次数为 5 次，传感器不包装，固定使用的传感器不通电，不进行中间检测，机载移动使用的传感器通电，进行中间检测，试验后，进行外观检查和测定基本误差。

5.16 冲击试验

按 GB/T 2423.5—1995 中试验 Ea 规定的方法进行，严酷等级：峰值加速度为 500 m/s^2，脉冲持续时间为(11±1) ms，3 个轴线每个方向连续冲击 3 次(共 18 次)，传感器不包装，固定使用的传感器不通电，不进行中间检测；机载移动使用的传感器通电，进行中间检测，试验后，进行外观检查和测定基本误差。

5.17 跌落试验

按 GB/T 2423.8—1995 中试验 Ed 规定的方法进行，严酷等级：跌落高度为 0.5 m，以正常使用方向自由落向平滑、坚硬的混凝土面上共两次，传感器不包装，不进行中间检测；试验后，进行外观检查，再测定基本误差。

5.18 5.13～5.17 每项试验后，检测性能前，允许重新校准传感器。

5.19 防爆试验

5.19.1 传感器的防爆性能试验方法按 GB 3836.1—2000、GB 3836.2—2000 和 GB 3836.4—2000 规定的方法进行，由国家授权的防爆检验机构进行。

5.19.2 与本质安全性能有关的元件检查按 GB 3836.4—2000 中 7 规定的方法进行。

5.19.3 外壳防护性能试验按 GB 4208—93 中规定的方法进行。

5.19.4 塑料外壳表面绝缘电阻试验按 GB 3836.1—2000 中 23.4.7.8 规定的方法进行。

5.19.5 塑料外壳的阻燃性能试验按 GB 3836.1—2000 附录 E 规定的方法进行。

5.19.6 传感器火花点燃试验按 GB 3836.4—2000 中 10.1～10.4 规定的方法进行；传感器与关联设备通过不低于 2 km 的模拟电缆(或单芯截面积为 1.5 mm^2 的电缆；但应在该传感器的关联设备明细中，注明该种电缆的生产厂家及型号)参数连接，联机火花点燃试验按 GB 3836.4—2000 中 10.1～10.4规定的方法进行。模拟电缆按 MT/T 772—1998 附录 A 仿真，电缆模拟参数按 R=12.8 Ω/km 单芯、L=0.8 mH/km 单芯、C=0.06 μF/km 计算。

5.19.7 最高表面温度按 GB 3836.4—2000 中 10.5 规定的方法进行。

5.19.8 电气间隙和爬电距离的测量用游标卡尺进行测量。

6 检验规则

6.1 检验分类

检验分为出厂检验和型式检验，检验项目见表 5。

表 5 检验项目

序号	检验项目	试验要求条款	试验项目条款	出厂检验	型式检验
1	外观及结构检查	4.5	5.2	○	○
2	遥控调校功能测试	4.9	5.3	○	○
3	显示值稳定性测定	4.10.1	5.3.1	○	○

表 5（续）

序　号	检 验 项 目	试验要求条款	试验项目条款	出厂检验	型式检验
4	基本误差测定	4.10.2	5.3.2	○	○
5	转换点附加误差试验	4.10.3	5.4	○	○
6	工作电压范围测试	4.11	5.3	○	○
7	传输距离试验	4.12	5.5	○	○
8	工作稳定性测定	4.13	5.6	○	○
9	响应时间测定	4.14	5.7	○	○
10	报警功能试验	4.15	5.8	○	○
11	绝缘电阻试验	4.16	5.9	※	○
12	介电强度试验	4.17	5.10	*	○
13	风速影响试验	4.18	5.11	—	○
14	工作温度试验	4.19	5.12	—	○
15	贮存温度试验	4.20	5.13	—	○
16	交变湿热试验	4.21	5.14	—	○
17	振动试验	4.22	5.15	—	○
18	冲击试验	4.23	5.16	—	○
19	跌落试验	4.24	5.17	—	○
20	元件本安性能检查	4.25.2	5.19.2	—	○
21	外壳防护性能	4.25.3	5.19.3	—	○
22	表面绝缘电阻测试	4.25.4	5.19.4	—	○
23	外壳阻燃性能测试	4.25.5	5.19.5	—	○
24	火花点燃试验	4.25.6	5.19.6	—	○
25	最高表面温度测试	4.25.7	5.19.7	—	○
26	电气间隙与爬电距离测试	4.25.8	5.19.8	—	○
注：表中“○”为检验项目，“—”为不检验项目，“※”绝缘电阻检测出厂检验只作常态，“*”为抽检项目。					

6.2　出厂检验

应由制造厂质量检验部门逐台进行，检验合格并发给合格证后方可出厂。

6.3　型式检验

6.3.1　有下列情况之一时，应进行型式检验：

a)　新产品试制定型鉴定或老产品转厂生产时；

b)　正式生产后如结构、材料、工艺有较大改变，可能影响产品性能时；

c)　正常生产的传感器每 3 年 1 次；

d)　停产 2 年以上再次恢复生产时；

e)　出厂检验结果与上次型式检验有较大差异时；

f)　国家有关机构提出要求时。

6.3.2　型式检验应由国家授权的检测检验机构负责进行。

6.3.3　抽样

从出厂检验合格的传感器中按 GB 10111 规定的方法进行，抽样基数不少于 10 台。抽样数量不少于3台。

6.3.4 判定规则

受检传感器为3台。在检验中，如4.9、4.10.1、4.10.2、4.10.3、4.11、4.12、4.13、4.14、4.15、4.25.3、4.25.6、4.25.7中有一台项不合格，或其他项目中有2台项不合格，则判该批产品为不合格。如不包括4.9、4.10.1、4.10.2、4.10.3、4.11、4.12、4.13、4.14、4.15、4.25.3、4.25.6、4.25.7的其他项目中有一台项不合格则对全项目加倍复检，如仍有不合格，则判该批传感器为不合格。

7 标志、包装、使用说明书、运输和贮存

7.1 标志

7.1.1 传感器的外壳明显处应设有“Ex”、“MA”标志和计量器具标志。

7.1.2 传感器的铭牌上应有下列内容：

a) 产品型号和名称；

b) 右上角有“Ex”标志；

c) 防爆标志；

d) 防爆合格证编号；

e) 煤矿安全标志编号；

f) 制造计量器具许可证编号；

g) 关联设备型号；

h) 主要技术参数；

i) 防护等级；

j) 制造厂名称；

k) 出厂编号和日期。

7.1.3 包装标志：

a) 发货标志应符合有关运输规定；

b) 作业标志应符合GB 191的规定。

7.2 包装

7.2.1 包装应采用复合防护包装类型，具有防雨、防潮、防尘、防振能力。

7.2.2 包装箱内应有下列文件：

a) 产品合格证；

b) 产品使用说明书；

c) 装箱单。

7.3 使用说明书

按GB 9969.1—1998的规定编写。

7.4 运输

包装好的产品应适合公路、铁路、水路、航空运输。

7.5 储存

应存放在通风良好无腐蚀性气体的库房内。

ICS 13.100
D 09
备案号：18896—2006

AQ

中华人民共和国安全生产行业标准

AQ 2007.1—2006

金属非金属矿山安全标准化规范 导 则

The guide of standardized specification of work safety for metal and nonmetal mines

2006-10-01 发布　　　　2007-07-01 实施

国家安全生产监督管理总局　发 布

前　言

本标准明确了创建金属非金属矿山安全标准化系统的总体原则、创建过程和核心内容。

本标准用于指导 AQ 2007.2《金属非金属矿山安全标准化规范　地下矿山实施指南》、AQ 2007.3《金属非金属矿山安全标准化规范　露天矿山实施指南》、AQ 2007.4《金属非金属矿山安全标准化规范　尾矿库实施指南》、AQ 2007.5《金属非金属矿山安全标准化规范　小型露天采石场实施指南》的编制与实施。

本标准全部规范性技术要素均为强制性。

本标准由国家安全生产监督管理总局提出。

本标准由全国安全生产标准化技术委员会非煤矿山安全分技术委员会归口。

本标准负责起草单位：中国安全生产科学研究院。

本标准参加起草单位：武汉安全环保研究院、中南大学、中国有色工程设计研究总院、上海宝钢集团公司、中国铝业公司、中国黄金集团公司。

本标准主要起草人：张兴凯、李晓飞、张涌、史秀志、边卫华、高士田。

金属非金属矿山安全标准化规范 导 则

1 范围

本标准对金属非金属矿山安全标准化系统的创建原则、核心内容以及创建过程作出了规定。

本标准适用于金属非金属矿山企业或其独立生产系统。

本标准不适用于从事液态或气态矿藏、煤系或与煤共生矿藏、砖瓦粘土和河道砂石开采的企业。

2 规范性引用文件

下列文件中的条款通过本标准的引用而成为本标准的条款。凡是注日期的引用文件，其随后所有的修改单(不包括勘误的内容)或修订版均不适用于本标准，然而，鼓励根据本标准达成协议的各方研究是否可使用这些文件的最新版本。凡是不注日期的引用文件，其最新版本适用于本标准。

GB 6441—86　企业职工伤亡事故分类

GB 16423—2006　金属非金属矿山安全规程

GB 14161—1993　矿山安全标志

GB 50016—2006　建筑设计防火规范

AQ 2006—2005　尾矿库安全技术规程

YS 5418—95　尾矿设施施工及验收规程

安全生产许可证条例　国务院令第 397 号

非煤矿矿山企业安全生产许可证实施办法　国家安全生产监督管理局令第 9 号

非煤矿矿山建设项目安全设施设计审查与竣工验收办法　国家安全生产监督管理局令第 18 号

尾矿库安全监督管理规定　国家安全生产监督管理总局令第 6 号

小型露天采石场安全生产暂行规定　国家安全生产监督管理局令第 19 号

3 术语和定义

本标准采用下列术语和定义。

3.1

金属非金属矿山　metal and nonmetal mines

开采金属矿物、放射性矿物以及化工原料、建筑材料、冶金辅助原料、耐火材料及其他非金属矿物(煤炭除外)的矿山。

3.2

金属非金属露天矿山　metal and nonmetal opencast mines

在地表开挖区通过剥离围岩、表土或砾石，采出供建筑业、工业或加工业用的金属或非金属矿物的采矿场及其附属设施。

3.3

金属非金属地下矿山　metal and nonmetal underground mines

以平硐、斜井、斜坡道、竖井等作为出入口，深入地表以下，采出供建筑业、工业或加工业用的金属或非金属矿物的采矿场及其附属设施。

3.4

小型露天采石场　small-scale and opencast quarry

年采剥总量 500 kt 以下、最大开采高度不超过 50 m 的山坡型露天采石场。

3.5

尾矿库　tailings pond

筑坝拦截谷口或围地构成的，用以贮存金属非金属矿山进行矿石选别后排出尾矿或其他工业废渣的场所。

3.6

员工代表　employees' representative

在企业员工中产生、由员工自主选举并经主要负责人任命的代表员工职业安全健康利益的人员。

3.7

任务观察　mission observes

对执行某一任务的员工进行的正式观察，有完全和部分两种类型。

3.8

关键任务　key mission

属特定的工作任务，如果其未正确执行，可能造成重大的人员伤亡、财产损失、环境破坏或其他损失。

3.9

事件　incident

导致或可能导致事故的情况。

3.10

危险源　hazard

可能导致伤害、疾病、财产损失、工作环境破坏或其组合的根源或状态。

3.11

危险源辨识　hazard identification

识别危险源的存在并确定其性质的过程。

3.12

风险评价　risk assessment

评价风险程度并确定其是否在可承受风险范围的全过程。

3.13

相关方　interested parties

关注企业职业安全健康绩效或受其影响的个人或团体。

3.14

资源与能力　resources and ability

包括实施安全标准化所需要的人员、资金、设备、设施、材料、技术和方法，以及得到证实的知识、技能和经验。

3.15

安全绩效　safe performance

指企业根据安全生产方针和目标，在控制和消除职业安全健康风险方面取得的可测量结果。

3.16

供应商　supplier

为企业提供材料、设备或设施及其服务的外部个人或团体。

3.17

承包商　contractor

在企业的作业现场按照双方协定的要求、期限及条件向企业提供服务的个人或团体。

4 一般要求

4.1 概述

4.1.1 企业应结合自身特点，依据本规范的要求，建立与保持安全标准化系统。

4.1.2 安全标准化系统的内容包括：

——安全生产方针和目标；

——安全生产法律法规与其他要求；

——安全生产组织保障；

——危险源辨识与风险评价；

——安全教育培训；

——生产工艺系统安全管理；

——设备设施安全管理；

——作业现场安全管理；

——职业卫生管理；

——安全投入、安全科技与工伤保险；

——检查；

——应急管理；

——事故、事件调查与分析；

——绩效测量与评价。

4.2 实施原则

4.2.1 安全标准化系统的建设，应注重科学性、规范性和系统性，立足于危险源辨识和风险评价，充分体现风险管理和事故预防的思想，并与企业其他方面的管理有机结合。

4.2.2 安全标准化的创建，应确保全员参与，通过有效方式实现信息的交流和沟通，反映企业自身生产特点及安全绩效的持续改进和提高。

4.3 创建安全标准化步骤

4.3.1 安全标准化的创建过程包括：准备、策划、实施与运行、监督与评价、改进与提高。

4.3.2 准备阶段应确定企业安全标准化的目标，并对企业安全管理现状进行初始评估。

4.3.3 策划阶段应根据初始评估的结果和本导则及相关实施指南的要求，确定建立安全标准化系统的内容。

4.3.4 实施与运行阶段应根据策划结果，落实安全标准化系统的各项要求，提供有效运行的必要资源。

4.3.5 监督与评价阶段应对安全标准化的实施情况进行监督、检查和内部评价，发现问题，找出差距，提出完善措施。

4.3.6 改进与提高阶段应根据监督与评价的结果，改进安全标准化系统，不断提高安全标准化水平和安全绩效。

4.4 安全标准化评定原则

4.4.1 安全标准化评定指标包括标准化得分、百万工时伤害率和百万工时死亡率。

4.4.2 标准化得分采用百分制。

4.4.3 根据安全标准化评定指标，将企业安全标准化评定为五个等级，其中五级最高。见表1。

4.4.4 确定企业安全标准化等级时，采用三项评定指标中的最低等级。

4.5 监督管理

4.5.1 政府安全生产监督管理部门对安全标准化的实施进行监督，对不符合安全标准化要求的提出改进意见，以促进安全标准化的实施效果。

表 1　企业安全标准化评定指标表

标准化等级	标准化得分	百万工时伤害率	百万工时死亡率
五级	⩾95	⩽5	⩽0.5
四级	⩾80	⩽10	⩽1.0
三级	⩾65	⩽15	⩽1.5
二级	⩾55	⩽20	⩽2.0
一级	⩾45	⩽25	⩽2.5
注：百万工时伤害率表示企业在考评期内每百万工时因工伤事故造成的轻伤以上总人数，轻伤标准参考《企业职工伤亡事故分类》(GB 6441—86)；百万工时死亡率表示企业在考评期内每百万工时因工伤事故造成的死亡总人数。			

4.5.2　政府安全生产监督管理部门应定期组织安全标准化的评定，每三年至少应进行一次。发生死亡事故或具有重大影响的其他事故后，应重新进行安全标准化评定。

5　核心内容及其要求

5.1　安全生产方针和目标

5.1.1　应根据“安全第一、预防为主、综合治理”的方针，遵循以人为本、风险控制、持续改进的原则，制定企业安全生产方针和目标，并为实现安全生产方针和目标提供所需的资源和能力，建立有效的支持保障机制。

5.1.2　安全生产方针的内容，应包括遵守法律法规以及事故预防、持续改进安全生产绩效的承诺，体现企业生产特点和安全生产管理现状，并随企业情况变化及时更新。

5.1.3　安全生产目标的确定，应基于安全生产方针、现状评估的结果和其他内外部要求，适合企业安全生产的特点和不同职能、层次的具体情况。

5.1.4　目标应具体，可测量，并确保能够实现。

5.2　安全生产法律法规与其他要求

5.2.1　企业应建立相应机制，识别适用的安全生产法律法规与其他要求。

5.2.2　建立获取渠道，确保使用最新的安全生产法律法规与其他要求。

5.2.3　安全生产法律法规与其他要求应融入企业管理制度。

5.3　安全生产组织保障

5.3.1　企业应设置安全管理机构或配备专职安全管理人员，明确规定相关人员的安全生产职责和权限，尤其是高级管理人员的职责。

5.3.2　建立健全并执行各种安全生产管理制度。

5.4　危险源辨识与风险评价

5.4.1　危险源辨识与风险评价是安全生产管理工作的基础，是创建并保持安全标准化系统的核心和关键。

5.4.2　危险源辨识与风险评价应覆盖生产工艺、设备、设施、环境以及人的行为、管理等各方面。

5.4.3　危险源辨识与风险评价应能够获取充足的信息，为策划风险控制措施和监督管理提供依据。

5.4.4　危险源辨识与风险评价的结果应根据变化及时评审与更新。

5.5　安全教育培训

5.5.1　提供必要的教育培训，保证有关人员具备良好的安全意识和完成任务所需的知识和能力。

5.5.2　培训应充分考虑企业实际需求。

5.6　生产工艺系统安全管理

5.6.1　建立管理制度，控制生产工艺设计、布置和使用等过程，以提高生产过程的安全水平。

5.6.2　通过改进和更新生产工艺系统，降低生产系统风险。

5.7 设备设施安全管理

5.7.1 建立必要的设备、设施安全管理制度，有效控制设备和设施的设计、采购、制造、安装、使用、维护、拆除等活动。

5.7.2 应按规定执行安全设施“三同时”制度，保存有关文件和记录。

5.7.3 应根据法律法规要求进行设备、设施的检测检验，建立设备、设施管理档案，保存检测检验结果。

5.7.4 检测检验手段、方法应有效。

5.8 作业现场安全管理

5.8.1 加强企业作业现场的安全管理，对物料、设备、设施、器材、通道、作业环境等进行有效控制。

5.8.2 保证作业场所布置合理，现场标识清楚。

5.9 职业卫生管理

5.9.1 建立职业危害和职业病控制制度，有效控制生产过程、劳动过程及作业环境产生的职业危害。

5.9.2 通过技术、工艺、管理等手段，消除或降低粉尘、放射性、高低温、噪声及其他等职业危害的影响。

5.10 安全投入、安全科技与工伤保险

5.10.1 企业应做出承诺，提供并合理使用安全生产所需的资源，包括人力资源、专项技能、基础设施、技术和资金，以保障必要的安全生产条件。

5.10.2 主动研究和引进先进的技术和方法，积极采用新工艺、新材料、新设备，有效控制风险。

5.10.3 企业应根据法律法规要求为员工缴纳工伤保险费，建立并完善企业员工工伤保险管理制度。

5.11 检查

5.11.1 建立和完善安全检查制度，对目标实现、安全标准化系统运行、法律法规遵守情况等进行检查，检查结果作为改进安全绩效的依据。

5.11.2 针对检查出的问题，进行原因分析，制定有效纠正和预防措施并确保实施。

5.11.3 检查的方式、方法应切实有效，并根据实际情况确定适合的检查周期。

5.12 应急管理

5.12.1 企业应识别可能发生的事故和紧急情况，确保应急救援的针对性、有效性和科学性。

5.12.2 提供必要的应急救援物资、人力和设备等，保证所需的应急能力。

5.12.3 建立应急体系，编制应急预案，保证在事故或紧急情况出现时能够及时做出反应。

5.12.4 应定期进行应急演练，检验并确保应急体系的有效性。

5.12.5 应急体系应重点关注透水、地压灾害、尾矿库溃坝、火灾、中毒和窒息等金属非金属矿山生产的重大风险。

5.13 事故、事件调查与分析

5.13.1 建立和完善制度，明确有关职责和权限，调查、分析各种事故、事件和其他不良安全绩效表现的原因、趋势与共同特征，为改进提供依据。

5.13.2 调查、分析过程应考虑专业技术需要和纠正与预防措施。

5.14 绩效测量与评价

5.14.1 建立并完善制度，对企业的安全生产绩效进行测量，为安全标准化系统的完善提供足够信息。

5.14.2 测量方法应适应企业生产特点，测量对象包括各生产系统、安全措施、制度遵守情况、法律法规遵守情况、事故事件发生情况等。

5.14.3 应定期对安全标准化系统进行评价，评价结果作为采取进一步控制措施的重要依据。

5.14.4 安全标准化是动态完善的过程，企业应根据内外部条件的变化，定期和不定期对安全标准化系统进行评定，不断提高和完善安全标准化的水平，持续改进安全绩效。

5.14.5 企业内部评定每年至少进行一次。

ICS 13.100
D 09
备案号：18897—2006

AQ

中华人民共和国安全生产行业标准

AQ 2007.2—2006

金属非金属矿山安全标准化规范
地下矿山实施指南

The applicable guide of standardized specification of work safety for metal and nonmetal underground mines

2006-11-02 发布　　　　2007-07-01 实施

国家安全生产监督管理总局　发 布

前　言

本标准参照 AQ 2007.1《金属非金属矿山安全标准化规范　导则》制定，用于指导金属非金属地下矿山企业创建安全标准化系统，以达到对安全生产工作实施标准化管理，不断消除和控制生产过程中的风险，持续改进安全生产绩效，防止人身伤害或财产损失事故发生的目的。

本标准全部规范性技术要素均为强制性。

本标准由国家安全生产监督管理总局提出并归口。

本标准负责起草单位：中国安全生产科学研究院。

本标准参加起草单位：武汉安全环保研究院、中南大学、中国有色工程设计研究总院、上海宝钢集团公司、中国铝业公司、中国黄金集团公司。

本标准主要起草人：张兴凯、李晓飞、张涌、史秀志、边卫华、高士田。

金属非金属矿山安全标准化规范
地下矿山实施指南

1 范围

本标准规定了创建金属非金属地下矿山企业安全标准化系统的要求。

本标准适用于金属非金属地下矿山企业或其独立生产系统。

2 规范性引用文件

下列文件中的条款通过本标准的引用而成为本标准的条款。凡是注日期的引用文件,其随后所有的修改单(不包括勘误的内容)或修定版均不适用于本标准,然而,鼓励根据本标准达成协议的各方研究是否可使用这些文件的最新版本。凡是不注日期的引用文件,其最新版本适用于本标准。

GB 16423—2006 金属非金属矿山安全规程

GB 14161—1993 矿山安全标志

GB 50016—2006 建筑设计防火规范

安全生产许可证条例 国务院令第397号

非煤矿矿山企业安全生产许可证实施办法 国家安全生产监督管理局令第9号

非煤矿矿山建设项目安全设施设计审查与竣工验收办法 国家安全生产监督管理局令第18号

3 安全生产方针与目标

3.1 方针

3.1.1 方针的制定

3.1.1.1 企业应制定安全生产方针,并由主要负责人签发。

3.1.1.2 企业制定安全生产方针时,应考虑法律法规要求、企业的风险特点与核心业务。

3.1.2 方针的内容

3.1.2.1 方针应阐明企业安全生产的总目标和对改进安全绩效的承诺,并简明扼要。

3.1.2.2 方针的内容应体现以下方面:

——遵守法律法规;

——企业风险特点;

——预防伤害和疾病;

——预防财产损失;

——持续改进。

3.1.3 方针的沟通与传达

3.1.3.1 方针的制定应确保员工充分参与,并与相关方进行沟通。

3.1.3.2 企业应通过适当的方式向员工传达所制定的方针,并使所有员工熟悉和理解。

3.1.3.3 企业应向相关方和公众宣传安全生产方针。

3.1.4 方针的评审与修订

3.1.4.1 企业应定期对方针进行评审。

3.1.4.2 企业应根据内外部条件的变化,及时对方针进行修订,以确保其适宜性。

3.2 目标

3.2.1 目标的设立

3.2.1.1 企业应设立文件化的安全生产目标。

3.2.1.2 企业的安全生产目标应符合下列规定：

——与安全生产方针一致；

——体现企业的风险特点和不同职能、层次的具体情况；

——具体并可测量。

3.2.2 目标的实施

3.2.2.1 企业应制定目标实现计划并保证实施。

3.2.2.2 企业应对目标的完成情况进行监测。

3.2.2.3 企业应根据监测结果和内外部条件的变化，对目标进行修订。

4 安全生产法律法规与其他要求

4.1 法律法规意识

4.1.1 企业各级人员均应了解遵守安全生产法律法规要求的重要性，特别是遵守有关安全生产法律法规的义务。

4.1.2 企业应定期了解各级人员的法律法规意识。

4.2 需求识别与获取

4.2.1 应确定渠道，识别、获取影响企业安全生产法律法规与其他要求，包括法律、法规、规章、标准及规范性文件等。

4.2.2 企业应建立有效途径，及时获取员工或部门对安全生产法律法规与其他要求的需求。

4.3 融入

4.3.1 企业应将识别并获取的安全生产法律法规与其他要求，融入所制定的管理制度中。

4.3.2 企业应根据识别的安全生产法律法规与其他要求的需求，对所有层次人员提供培训。

4.3.3 企业应向受安全生产法律法规与其他要求影响的人员，发放安全生产法律法规与其他要求或为其建立获取途径。

4.4 评审与更新

4.4.1 企业应确保对安全生产法律法规与其他要求的变化进行识别、获取、评审与更新。

4.4.2 企业应确保使用的安全生产法律法规与其他要求的有效性。

5 安全生产组织保障

5.1 安全生产责任制

5.1.1 责任制的建立

5.1.1.1 企业应建立所有岗位的安全生产责任制，明确主要负责人、管理人员和各岗位作业人员的安全生产责任。

5.1.1.2 安全生产责任的描述应具体、简明、界定清晰并能够考核。

5.1.2 责任制的内容

5.1.2.1 企业主要负责人对本企业的安全生产工作全面负责。

5.1.2.2 企业主要负责人和管理层人员应明确对企业安全生产的领导责任，并以实际行动表明对安全生产的承诺。

5.1.3 责任制的沟通与评审

5.1.3.1 企业应对安全生产责任制进行详细说明和交流，确保各岗位人员对本岗位的安全生产责任充分理解，特别是企业主要责任人和管理层人员。

5.1.3.2 安全生产责任制应定期评审，并根据需要予以更新。

5.2 安全机构设置与人员任命

5.2.1 安全管理机构

5.2.1.1 企业应按照安全生产法律法规的要求设置安全生产管理机构或配备专职安全生产管理人员。

5.2.1.2 企业安全生产管理人员应具备相应的意识、知识和能力。

5.2.1.3 主要负责人应在最高管理层中指定标准化系统专门负责人，以确保企业安全标准化系统的建立、实施、保持及持续改进。

5.2.2 安全生产委员会

5.2.2.1 企业应根据自身的状况和需求，设立符合下列要求的安全生产委员会：

——委员会主任、副主任和委员均应书面任命，并明确其相应的职责；

——委员会成员应接受安全管理培训，并具备必要的安全知识和能力；

——委员会成员应包括员工代表。

5.2.2.2 委员会应定期召开审查安全工作进展和确定发展方案的会议，形成会议纪要并由主任签发。会议纪要应包括研究的主要内容和实施方案等。

5.2.2.3 企业应确保所有员工了解安全生产委员会组织机构、成员构成及其主要职责。

5.2.3 特殊职位人员任命

5.2.3.1 企业的安全管理人员、应急救援人员等特殊职位人员，应由主要负责人书面任命。

5.2.3.2 被任命的人员应接受相关的培训，并具备必要的知识和能力。

5.3 员工参与

5.3.1 企业应建立员工权益保障制度，确保员工关心的问题得到积极响应，特别是保证员工在安全状况异常的情况下拒绝工作而不会受到惩罚。

5.3.2 企业应确保员工或员工代表参与安全活动，并建立收集、反馈员工关注的安全事项的渠道。

5.4 文件与资料控制

5.4.1 文件控制要求

5.4.1.1 应建立文件控制的管理制度，确保企业安全规章制度产生、使用、评审、修订和控制的效力与效率。

5.4.1.2 企业应定期或不定期对安全规章制度进行评审，必要时予以修订或废除。

5.4.1.3 安全规章制度应能被所需要的人员获取。

5.4.2 安全规章制度

5.4.2.1 应根据风险和作业性质，建立健全企业安全规章制度。

5.4.2.2 企业的安全规章制度至少应包括安全检查制度、职业危害预防制度、安全教育培训制度、事故和事件管理制度、重大危险源监控制度、重大隐患整改制度、设备和设施安全管理制度、危险物品和材料管理制度、特殊作业现场管理与审批制度、特殊工种管理制度、安全生产档案管理制度和安全生产奖惩制度。

5.4.3 安全记录要求

5.4.3.1 企业应对主要的安全生产过程、事件、活动建立安全记录，并确保对安全记录的有效控制。

5.4.3.2 安全记录应符合下列规定：

——内容真实、准确、清晰；

——填写及时、签署完整；

——编号清晰、标识明确；

——易于识别与检索；

——完整反映相应过程；

——明确保存期限。

5.5 外部联系与内部沟通

5.5.1 外部联系

5.5.1.1 企业应建立外部联系渠道，明确职责，确保与外界就相关安全事项进行及时有效的联系。

5.5.1.2 企业应采用文件化的形式，及时向外界披露重大安全事项，特别是可能影响企业周围居民安全健康及相关方的事项。

5.5.2 内部沟通

5.5.2.1 企业应建立文件化的内部沟通制度，明确沟通的方式、时机、内容、职责及信息的处理。

5.5.2.2 主要负责人应定期与员工就安全问题进行沟通。

5.5.2.3 企业应召开安全事项讨论会，收集员工关心的问题，并及时处理。

5.5.2.4 企业应制定合理化建议制度，听取员工和相关方的意见及建议。合理化建议制度应有效地执行，以确保管理层是以公平的方式来评审所提出的各项建议。

5.6 系统管理评审

5.6.1 企业管理层应定期组织实施管理评审，评价本企业安全标准化系统的实施状况，识别不足和需要改进的事项。

5.6.2 管理评审应建立在真实反映企业安全管理状态的有效信息之上。管理评审过程应文件化，评审结果应与责任人、员工及相关方沟通，并确保依据评审结果制定的行动计划能够得到有效实施。

5.6.3 企业应保存管理评审的记录。

5.7 供应商与承包商管理

5.7.1 供应商的选择与管理

5.7.1.1 企业应建立供应商的管理制度，确保供应商的能力满足企业要求。

5.7.1.2 企业应确定符合要求的供应商，并保存批准过程的相关记录。

5.7.1.3 企业应对供应商的供应过程实施有效控制。

5.7.1.4 供应商在企业现场活动时，应遵守企业的安全要求。

5.7.2 承包商的选择与管理

5.7.2.1 企业应建立承包商的管理制度，确保承包商的能力满足企业的要求。

5.7.2.2 企业应确定符合要求的承包商，并保存批准过程的相关记录。

5.7.2.3 企业应识别承包商工作给企业带来的风险，并在允许承包商的员工使用企业的设备、设施前应对其进行培训。

5.7.2.4 企业应对承包商的服务过程实施检查，以识别及控制承包商造成的风险。

5.8 安全认可与奖励

5.8.1 企业应建立员工安全表现的认可与奖励制度。

5.8.2 企业应确保所有层面的员工均能参与个人的认可过程。

5.8.3 企业应通过公告牌或电子信息媒介，展示安全表现信息。

5.9 工余安全管理

5.9.1 安全宣传资料应传阅或张贴，包括家庭和社区。

5.9.2 工余的事故应报告和分析。

5.9.3 培训和宣传内容应包括如何预防工余意外。

6 风险管理

6.1 危险源辨识与风险评价要求

6.1.1 一般要求

6.1.1.1 企业应建立危险源辨识与风险评价制度，辨识各类危险源，并系统地进行风险及其影响的识别与评价，特别是重大危险源及其风险。

6.1.1.2　企业应确保不同层面员工参与危险源辨识与风险评价过程。

6.1.1.3　危险源辨识与风险评价应考虑所有的活动、设备、设施、人员和管理，包括：

——正常和异常的情况；

——现在和将来的生产活动；

——内部和外部因素的变化。

6.1.1.4　危险源辨识与风险评价结果应文件化，并定期进行危险源辨识与风险评价的回顾。

6.1.2　方法的确定

6.1.2.1　选择与企业相适应的危险源辨识与风险评价方法，并确保方法的适应性、一致性、可重复性及可评价性。

6.1.2.2　危险源辨识与风险评价方法应能提供充足的信息。

6.1.3　辨识与评价流程

危险源辨识与风险评价应包括如下过程：

——准备；

——危险源辨识；

——危险源转化为风险的条件；

——量化风险结果；

——划分风险等级。

6.1.4　风险控制措施确定原则

6.1.4.1　企业应根据危险源辨识与风险评价结果，制定相应的风险控制措施。

6.1.4.2　风险控制措施的确定，应遵循下列原则：

——消除；

——替代；

——工程控制、隔离；

——管理措施；

——个体防护。

6.1.4.3　当员工安全健康与财产保护发生矛盾时，应优先考虑确保员工安全健康的措施。

6.1.5　持续风险评价

6.1.5.1　企业应持续地进行风险评价，及时处理重大风险。

6.1.5.2　持续风险评价常用方法包括：

——使用前检查；

——计划任务观察；

——设备检查；

——工前危险预知；

——交接班检查；

——定期安全检查；

——定期检修；

——安全标准化系统评价。

6.2　风险评价

6.2.1　企业应进行初始风险评价，初始评价过程应综合考虑：

——生产工艺过程风险；

——危险物质风险；

——设备、设施风险；

——环境风险；

——职业卫生风险；

——管理风险；

——法律、法规、标准需求；

——相关方的观点。

6.2.2 初始风险评价结果应包括各种风险可能发生过程的描述和风险的级别，并按危险性排序。

6.2.3 企业应依据初始风险评价结果进行风险分级管理。

6.3 关键任务识别与分析

6.3.1 基本要求

6.3.1.1 企业应建立关键任务识别与分析制度，完成关键任务风险分析。

6.3.1.2 企业应根据关键任务风险分析结果，编写作业指导书。指导书应简明扼要，突出关键步骤及要求。

6.3.2 工作票与许可任务管理

6.3.2.1 企业应认定需要工作票或经许可方可进行作业的范围，并对工作票或许可的签发人员进行培训和能力评估。

6.3.2.2 企业应定期对工作票或许可作业的范围进行评审与更新。

6.3.3 任务观察

6.3.3.1 企业应建立任务观察制度，并对从事任务观察工作的人员进行观察方式、方法的培训。

6.3.3.2 企业应保存任务观察记录。

7 安全教育与培训

7.1 员工安全意识

7.1.1 意识的辨识与输入

7.1.1.1 企业应对员工的安全意识进行辨识，考察员工对安全健康问题的掌握与熟悉程度。

7.1.1.2 新员工在聘用后应首先接受安全意识的教育，并对其意识情况进行重点跟踪。

7.1.1.3 当工艺流程发生变化时，员工应对工作现场特定要求进行回顾。

7.1.1.4 当员工脱离工作岗位超过规定时间返岗时，应进行工作现场特定要求的回顾。

7.1.1.5 管理层特定意识应与其个人的安全管理职责相适应。

7.1.2 意识提升

7.1.2.1 企业应建立监测、跟踪意识提升及深层次意识培养的需求机制，并确保该机制的有效运行。

7.1.2.2 企业应建立全员安全意识宣传计划，并利用各种视听资料提高全员的安全意识。

7.2 培训

7.2.1 需求识别与分析

7.2.1.1 企业应识别、分析培训需求。

7.2.1.2 培训需求的识别应针对所有员工和所有作业过程，并充分考虑以下内容：

——安全生产法律法规与其他要求；

——员工和管理层的意见和建议；

——技术发展的需要；

——变化管理的要求；

——风险评价结果；

——相关方的要求。

7.2.2 培训要求

7.2.2.1 企业应针对已识别的培训需求，制定培训计划，并按计划实施培训。

7.2.2.2 企业应保存所有培训过程和结果的记录。

7.2.3 培训评审

7.2.3.1 企业应建立培训的适宜性评估机制，对培训数量与培训效果等进行评估。

7.2.3.2 评估的途径应包括以下方面：

——学员反馈；

——绩效改善调查；

——管理层反馈；

——测试结果的分析；

——现场应用能力的跟踪。

8 生产工艺系统安全管理

8.1 设计要求

8.1.1 企业应制定设计管理制度，对设计质量进行有效控制。

8.1.2 企业应保证建设工程的安全设施与主体工程同时设计、同时施工、同时投入生产和使用。

8.1.3 设计应充分考虑风险评价结果，并按照法律法规的要求进行审批。

8.1.4 企业应妥善保存设计文件和图纸，包括地质图（水文地质图和工程地质图）、矿山总平面布置图、采掘工程平面图、井上和井下对照图、通风系统图、提升运输系统图、供配电系统图、防排水系统图、避灾线路图等。

8.1.5 施工组织设计，基建期应由施工单位编制，生产期由矿山企业自行编制。

8.2 采矿工艺

8.2.1 企业应建立采矿工艺管理制度，以确保：

——采用的采矿方法及结构参数适合揭露的矿体地质条件；

——设备、设施之间相互匹配，并满足工序要求；

——各工序之间相互匹配，并满足企业生产要求；

——回采顺序和方式适应开采现状；

——开采范围在采矿许可证划定的范围内。

8.2.2 企业应按照适当的回采顺序进行回采，做到：

——按设计要求布置矿房、矿柱；

——对地压活动进行有效检测，并及时处理采空区；

——及时调整采矿方法和结构参数；

——设备、设施和工序之间相互匹配；

——在规定的范围内开采。

8.3 生产保障系统

8.3.1 企业应建立生产保障系统管理制度，制度应重点关注提升运输、供配电、通风、防排水和防灭火等系统。

8.3.2 提升运输的能力应满足生产要求，并可靠运行。

8.3.3 地面及井下供配电应符合有关规程的规定。供配电系统应可靠运行。

8.3.4 矿井通风系统能力满足安全规程的要求。通风系统应可靠运行。企业应根据生产变化及时调整通风系统，并绘制全矿通风系统图。

8.3.5 企业应按设计要求建立防排水系统，其能力应满足井下排水要求，并有预防和控制突水、透水的措施。

8.3.6 建（构）筑物和重要设备，应按 GB 50016—2006 和其他有关规定以及消防部门的要求，建立消防隔离设施，配备足够的消防设备和器材。

8.4 变化管理

8.4.1 企业生产工艺变化前，应经评审与批准。

8.4.2 在实施变化前，应进行危险源辨识与风险评价。

8.4.3 企业应确保变化管理所需的制度和资源。

8.4.4 变化的相关资料应完整移交。

9 设备设施安全管理

9.1 基本要求

9.1.1 企业应建立设备设施管理制度，以有效控制设备设施的规划、采购、安装（建设）、调试、验收、使用、维护和报废过程。

9.1.2 企业应建立设备设施管理台账及其原始技术资料、图纸和记录的档案。

9.1.3 采用新技术、新工艺、新设备和新材料时，应进行充分的安全论证。

9.2 设备设施维护

9.2.1 维护制度

9.2.1.1 企业应建立设备设施维护制度，以确保系统的效率和效力。

9.2.1.2 企业应通过工艺流程和过程控制的系统评估，识别设备设施可能的故障类型，确定设备设施的维护计划。

9.2.2 维护计划

9.2.2.1 设备设施的维护计划应重点关注：

——提升运输系统；

——通风系统；

——排水系统；

——供配电系统；

——充填系统；

——采掘系统；

——应急系统；

——仪器仪表；

——备用设备。

9.2.2.2 维护计划的完成情况应书面向主管领导汇报，并与相关人员沟通维护情况。

9.2.2.3 进行设备设施维护时，应识别异常情况。

9.2.2.4 企业应评估设备设施维护系统的效力，并定期或在发生变化时对其进行更新。

9.2.3 检测检验

9.2.3.1 企业应根据法律法规与其他要求，以及危险源辨识和风险评价的结果，列出需要检测检验的设备、设施、仪器、仪表和器材清单。

9.2.3.2 企业应按规定对设备设施进行检测检验，并保存检测检验过程和结果的记录。

10 作业现场安全管理

10.1 作业环境

10.1.1 安全出口与人行通道

10.1.1.1 每个矿井（中段和采区）应有符合 GB 16423—2006 要求的安全出口。

10.1.1.2 井巷的分道口应有路标，注明其所在地点及通往地面出口的方向。

10.1.1.3 井巷中的人行通道应符合 GB 16423—2006 的规定。

10.1.2 采场

10.1.2.1 企业应建立顶板分级管理制度。对顶板不稳固的采场，应有监控手段和处理措施。

10.1.2.2 围岩松软不稳固的回采工作面及采准、切割巷道，应采取支护措施。

10.1.2.3 采场内的所有电力线路，应按 GB 16423—2006 的要求敷设整齐，无乱搭乱接现象。

10.1.3 采空区

10.1.3.1 企业应根据采空区特点，制定相应的管理制度。

10.1.3.2 企业应按设计要求进行采空区处理。采空区的处理应有切实可靠的方案。

10.1.3.3 企业应制定井巷报废管理制度，确保井巷报废后的风险得到有效控制。

10.1.4 地表塌陷区

10.1.4.1 企业应采取有效的措施，避免无关人员进入地表塌陷区。

10.1.4.2 地表移动范围内，禁止建新的建(构)筑物。

10.1.4.3 在地表移动区外，应修筑防洪沟，防止大量地表水通过塌陷区进入井下。

10.1.4.4 企业应建立岩体移动监测站，监测塌陷区上部围岩的变形与移动。

10.1.5 井巷和硐室

10.1.5.1 井底车场、站台的设置和管道的铺设等，应符合 GB 16423—2006 的规定。

10.1.5.2 井巷和硐室的布置及其支护方法、材料和质量，应符合 GB 16423—2006 的规定。

10.1.5.3 对所有支护的井巷，均应定期进行维护。

10.1.5.4 井巷、硐室和采场的设备、工具、材料及废弃物的布置或存放应符合安全要求。

10.1.5.5 井下炸药库和充电硐室应有独立的回风道，井下机电硐室应供给新鲜风流。

10.1.5.6 井下破碎硐室、卸矿站等粉尘浓度较大的场所，应采取有效的除尘措施。

10.1.6 照明

10.1.6.1 井下所有作业地点和人行通道均应有良好的照明。

10.1.6.2 采掘工作面可采用移动式电气照明；有爆炸危险的井巷和采掘工作面，应采用携带式蓄电池矿灯；照明应按国家现行有关标准、规范执行。

10.1.6.3 从采区变电所到照明用变压器的 380 V/220 V 供电线路，应为专用线，不应与动力线共用。

10.1.7 安全标志

10.1.7.1 应按照法律法规与其他要求、企业风险特点，辨识需设置安全标志的地点和场所。

10.1.7.2 企业应根据可能发生的事故类型，设置相应的、符合 GB 14161—1993 要求的安全标志。

10.1.7.3 企业应建立安全标志管理档案。已经安放的安全标志，未经管理部门许可，不应任意拆除或移动。

10.1.7.4 作业场所有坠落危险的钻孔、井巷、溶洞、陷坑、泥浆池和水仓等，均应加盖或设栅栏，并设置明显的标志。

10.2 作业过程

10.2.1 一般要求

10.2.1.1 企业应建立交接班制度，做好交接班记录。

10.2.1.2 发现潜在的或已发生的危及作业人员安全的状况，在交接班时应交代清楚，并做好记录。

10.2.1.3 进入作业现场之前，应按规定佩带个体防护用品。

10.2.1.4 作业前应首先检查作业场所和设备、设施的安全状况，发现异常及时处理。

10.2.1.5 应按照作业指导书的要求进行作业。

10.2.1.6 所有井下作业人员，均应熟悉安全出口和紧急撤离路线。

10.2.2 凿岩

10.2.2.1 凿岩前应首先处理浮石，避免在同一工作面同时凿岩和处理浮石。

10.2.2.2 作业前应检查凿岩设备及风、水管连接情况。

10.2.2.3　炮眼布置应符合设计要求，严禁打残眼。

10.2.2.4　凿岩应采取湿式作业或其他有效防尘措施。

10.2.3　**爆破**

10.2.3.1　有严格的爆破器材管理制度。

10.2.3.2　爆破作业应按批准的爆破设计书或爆破说明书进行。

10.2.3.3　爆破作业应分工明确，作业人员应具备相应的资格、意识和能力。

10.2.3.4　爆破工作开始前，应确定危险区的边界，并设置明显的标志和岗哨，爆破前应有明确的警戒信号。

10.2.3.5　爆破后，爆破员应按规定的等待时间进入爆破地点，检查有无危石、盲炮等现象。只有确认爆破地点安全后，经当班爆破班长同意，才准许人员进入爆破地点。

10.2.3.6　每次爆破后，爆破员应认真填写爆破记录。

10.2.4　**通风**

10.2.4.1　应保证作业面的风量、风速和风质，满足 GB 16423—2006 的要求。

10.2.4.2　工作面风量不足时，应加强局部通风。

10.2.4.3　爆破作业后应加强通风，防止有毒有害物质超标。

10.2.5　**出矿**

10.2.5.1　企业应针对出矿方式，制定相应的出矿管理制度。

10.2.5.2　应识别不同出矿方式的风险，并采取有效的预防措施。

10.2.6　**支护**

10.2.6.1　应对所有需要支护的场所进行识别。

10.2.6.2　应针对识别的支护场所，选择合适的支护方式，并进行支护设计。

10.2.6.3　对支护过程中的风险进行识别，并采取有效的预防措施。

10.2.7　**提升与运输**

10.2.7.1　应针对所采用的提升与运输方式，制定相应的提升与运输作业管理制度。

10.2.7.2　应对提升运输过程中的风险进行识别，并重点关注挤伤、断绳、过卷、坠罐和跑车等。

10.2.7.3　应做好人员出入井登记。

10.2.7.4　人员和物料的升降制度应在井口公告。

10.2.7.5　爆破器材和其他危险物品的提升与运输应采取可靠的安全措施。

10.2.7.6　应定期检查防过卷、防跑车、防坠和信号等装置。

10.2.8　**充填**

10.2.8.1　企业应针对充填方式，制定相应的充填管理制度。

10.2.8.2　应识别不同充填方式的风险，并采取有效的预防措施。

10.2.8.3　在非管道输送充填料的充填井下方，人员不得停留和通行。

10.2.8.4　充填作业各工序之间应有通讯联络。

10.3　**劳动防护用品**

10.3.1　**需求评估**

10.3.1.1　企业应通过作业场所的风险分析，识别劳动防护用品的需求。

10.3.1.2　参加识别过程的人员应包括：

——安全管理人员；

——职业卫生管理人员或专业医务人员；

——员工或员工代表。

10.3.2　**提供程序**

10.3.2.1　企业应为员工发放符合要求的劳动防护用品，并提供穿戴、使用的培训。

10.3.2.2 应确保劳动防护用品正确地使用与维护。

10.3.3 检查与维护

10.3.3.1 企业应建立特殊劳动防护用品清单。

10.3.3.2 企业应建立检查、维护和存放劳动防护用品的系统，保证劳动防护用品使用功能。

10.3.3.3 企业应定期评估劳动防护用品使用的依从水平。

10.3.3.4 企业应保存劳动防护用品发放、使用和维护的记录。

11 职业卫生管理

11.1 健康监护

11.1.1 健康保护程序

11.1.1.1 企业应建立健康保护制度，并任命具有相应能力的人员负责健康监护管理工作。

11.1.1.2 企业应对生产过程中存在的职业危害因素进行分析。

11.1.1.3 应对企业及周边地区可能的传染疾病进行识别，并加以控制。

11.1.1.4 企业应识别需要定期进行身体、心理及生理监测的工种和员工。

11.1.1.5 企业应建立员工职业卫生监护档案并保密。

11.1.2 设施及服务

11.1.2.1 企业应按照法律法规与其他要求配备职业卫生设施，职业卫生设施应做到“三同时”。

11.1.2.2 职业卫生服务应满足认定风险的要求，包括紧急救护情况。

11.1.2.3 医疗设备应进行维护及校验。

11.1.2.4 职业卫生设施应进行维护。

11.1.2.5 企业应配备急救员及急救设备。

11.1.2.6 工作场所应设置足够的急救箱，并按标准和风险放置急救用品，急救箱由合格急救员负责管理并定期检查和补充。急救箱位置及急救员名单应张贴。

11.2 职业危害控制

11.2.1 企业应建立职业危害控制制度。

11.2.2 职业危害控制方法的选择，应突出预防性，并遵循下列原则：

——消除；

——替代；

——工程控制、隔离；

——管理控制；

——个体防护。

11.2.3 企业应对员工进行有关职业危害的专门培训，以满足职业危害控制的意识、知识和能力。

11.3 职业卫生监测

11.3.1 企业应对识别出的职业危害实施有效监测，包括粉尘、噪声、高温、振动、辐射和有毒有害气体等。

11.3.2 企业应制定监测计划，并确保其有效执行。

11.4 人机工效

11.4.1 企业应关注生产及管理过程中的人机工效问题。

11.4.2 评估人机工效影响应考虑以下因素，并根据评估结果，采取对应的措施：

——人工搬运；

——作业空间布局；

——有限空间作业；

——控制装置的设计；

——疲劳。

12 安全投入、安全科技与工伤保险

12.1 安全投入

12.1.1 企业主要负责人应确保安全生产所需的投入,并对因投入不足所导致的后果负责。

12.1.2 企业应按规定提取安全费用,用于改善劳动条件,提高安全管理水平和本质安全程度。

12.2 安全科技

12.2.1 企业应积极开展安全科学研究,并对安全科技项目进行认可与奖励。

12.2.2 安全技术创新应重点关注以下方面:

——企业现代安全管理理论和方法的研究;

——安全新产品、新技术、新工艺、新材料的研究;

——企业重大危险源监控、预警与控制技术的研究;

——国外先进安全科学技术引进、消化和应用。

12.3 工伤保险

12.3.1 企业应完善员工工伤保险管理制度。

12.3.2 依法参加工伤社会保险,并为员工缴纳工伤保险费。

13 检查

13.1 一般要求

13.1.1 企业应制定安全检查制度,确保所进行的安全检查覆盖企业所有的作业场所、活动、设备、设施、人员和管理。

13.1.2 企业应建立完善的安全检查信息收集、传递、处理和反馈渠道。

13.1.3 企业应对所有执行安全检查人员进行培训,使其熟练掌握各类安全检查方法和技巧。

13.1.4 执行各项检查前,应遵循下列原则制定相应的检查表:

——根据危险源辨识结果,抓住要害部位或部件,以及相邻或交叉作业岗位可能造成伤害的环节;

——检查内容应做到对象明确、标准具体;

——检查表应文字精练,含义准确。

13.1.5 在检查发现的问题未彻底消除前,应制定并实施有效的临时措施,以避免隐患被触发引起事故。

13.1.6 企业应定期对安全检查的效果进行评审,并根据变化的情况,及时更新检查内容和方法。

13.1.7 所有安全检查均应记录存档,并可获取。

13.1.8 检查的结果应作为安全考评的依据。

13.2 巡回检查

13.2.1 企业应对各级管理机构的巡回检查路线、时间做出规定,并考虑各级检查之间的联系。

13.2.2 检查前应制定检查表,检查内容包括:

——违章指挥或现场管理的情况;

——安全着装及防护用品使用状况;

——协同作业的统一指挥和信息联络情况;

——人员处于危险位置的情况;

——危险物品及能量处理状况;

——生产通道及作业场地情况;

——作业方法;

——遵章守纪情况;

——环境状况；

——高风险作业的危险预测预控情况。

13.3 例行检查

13.3.1 企业各级管理机构应对责任范围内的安全管理情况定期进行例行检查。

13.3.2 例行检查的内容应包括：

——规章制度落实情况；

——安全检查和隐患整改情况；

——安全活动(主要是危险预知)开展情况；

——标准化作业落实情况；

——文明生产情况；

——违章违纪情况。

13.4 专业检查

13.4.1 专业检查主要针对风险等级较高或对生产安全影响较大的危险单元。专业检查的对象主要有：

——提升运输系统；

——排水系统；

——通风系统；

——紧急通讯系统；

——应急救援系统；

——供配电系统；

——其他重要设备和设施。

13.4.2 专业检查可由企业的有关专业部门进行，必要时也可委托中介机构进行。

13.4.3 专业检查应定期进行，发现影响系统安全的重大隐患时，应及时进行专业检查。

13.5 综合检查

13.5.1 综合检查的类型主要包括：

——节假日前的安全大检查；

——主管部门布置的安全大检查等。

13.5.2 综合检查的内容一般包括：

——重大风险的控制情况；

——安全生产责任制的落实情况；

——安全生产法律法规与其他要求的执行情况；

——有关专项工作开展情况；

——其他有关情况。

13.6 纠正和预防措施

13.6.1 企业应制定纠正和预防措施实施的保障制度，确保对安全标准化系统中出现的问题及时采取相应的纠正和预防措施。

13.6.2 保障制度应明确规定以下内容：

——依据问题的严重程度，制定纠正和预防措施的实施计划；

——实施纠正和预防的责任部门和责任人；

——及时反馈纠正和预防的实施情况及其有效性，并与员工和相关管理层进行沟通；

——对纠正和预防的实施情况及其有效性进行评审的责任部门或责任人；

——保存及管理纠正和预防措施实施记录的要求。

14 应急管理

14.1 应急准备

14.1.1 认定紧急情况

14.1.1.1 企业应根据危险源辨识和风险评价结果，并考虑法律法规与其他要求，以及以往事故、事件和紧急状况的经验，认定潜在的紧急情况。

14.1.1.2 认定紧急情况时，应特别关注：

——自然灾害：如洪水、泥石流、台风、地震等；

——透水；

——火灾；

——地压灾害；

——地表塌陷；

——坠罐；

——爆炸；

——突然停电；

——中毒和窒息。

14.1.2 应急准备管理

14.1.2.1 企业应指定专人管理应急工作，并根据应急演练中的风险和企业内外部事故、事件的应急经验，及时完善应急准备工作。

14.1.2.2 定期评审与企业应急有关的外部应急部门，如消防、医疗部门。

14.1.2.3 企业应评审可能造成企业紧急情况的外部机构及其影响，如危险货物的供应商及其危险物品的类型、数量、位置的信息等。

14.2 应急计划

14.2.1 企业应针对认定的紧急情况编制应急计划，并明确有关人员的职责及履职方法。

14.2.2 编制应急计划时，应考虑以下内容：

——危险源辨识和风险评价结果；

——安全法律法规与其他要求；

——以往事故、事件和紧急状况的处理经验；

——企业现有的应急能力和应具备的应急能力；

——专业应急部门可以支援的应急能力；

——政府在应急管理中的作用等。

14.2.3 应急计划的内容应包括：

——接警与通知；

——指挥与控制；

——警报与紧急公告；

——应急资源；

——通讯；

——事态监测与评估；

——警戒与治安；

——人员疏散；

——医疗与卫生；

——公共关系；

——应急人员安全；

——搜索与援救；

——泄漏物控制；

——现场恢复。

14.3 应急响应

14.3.1 企业应根据事故或紧急情况确定启动应急程序，并按事先规定的响应级别实施应急响应。

14.3.2 企业应确保足够的应急能力支持。

14.4 应急保障

14.4.1 企业应建立完善的应急组织机构，并规定职责及作用。设立应急控制指挥中心时，应确保其具备必需的能力。

14.4.2 企业应根据认定的紧急情况，建立应急响应队伍，包括：

——消防；

——医疗救护；

——搜索与救援；

——安全保卫；

——通讯；

——抢修。

14.4.3 企业应根据认定的紧急情况配备必要装备，包括：

——通信设备；

——急救用品；

——紧急备用电源、设备及物资；

——摄影设备；

——应急人员的识别标识；

——急救防护用品。

企业配置应急装备时，应考虑外部可以支援的应急能力。

14.4.4 企业应针对可能发生的紧急情况，识别外部应急资源。

14.4.5 对于已识别的、可以利用的外部应急资源，应建立正式的相互支援协议。

14.5 应急评审与改进

14.5.1 应急评审

14.5.1.1 企业应定期评审和更新应急计划，确保所需的应急能力。

14.5.1.2 评审的依据包括：

——紧急情况响应和应急演练的结果；

——外部应急经验；

——设备、设施或流程的变化情况。

14.5.1.3 修订后的应急计划应及时发放给相关人员，并对其提供必要的培训。

14.5.1.4 基于安全考虑，应急计划应适度保密。

14.5.2 培训、训练及演习

14.5.2.1 企业应进行应急培训、训练和演习。

14.5.2.2 培训和训练可针对应急队伍和全体员工进行。

14.5.2.3 演习应根据认定的紧急情况，按计划进行。演习方式包括桌面演习、功能演习和全面演习。

15 事故、事件报告、调查与分析

15.1 报告

15.1.1 企业应建立事故、事件报告制度，阐明事故、事件定义、报告的内容、时间、方式及响应。

15.1.2 企业应对报告的事故、事件进行登记建档，并定期审查，以确保所有的事故、事件均得到有效调查和处理。

15.2 调查

15.2.1 企业应建立事故、事件调查与跟踪制度，明确事故调查人员的组成，沟通的方式、对象和时间。

15.2.2 调查过程应考虑专业技术需要，必要时聘请外部专家。

15.2.3 在形成调查报告之前，应与所涉及的员工进行交流。

15.2.4 调查应确保查明事件、事故的根本原因，调查报告应提出事故、事件的处理意见和防范措施的建议。

15.2.5 应对所有相关文件和资料进行整理，并归档保存。

15.3 统计与分析

15.3.1 企业应确定事故、事件统计指标及计算方法，并定期对事故、事件的发生情况进行统计分析，以发现事故、事件发生的原因和趋势。

15.3.2 事故、事件分析的要点包括：

——事故发生时间规律分析；

——伤亡人员年龄结构分析；

——伤亡人员工作年限分析；

——原因分析；

——伤害率分析；

——事故费用分析；

——安全标准化系统缺陷分析。

15.3.3 对事故进行年度分析，以监测改进，并找出趋势。

15.4 事故、事件回顾

15.4.1 利用安全讲座引发讨论和学习，以吸取教训。

15.4.2 回顾已发生事故的原因和防范措施。

15.4.3 通过个案研究或展示，促进了解，鼓励讨论。

16 绩效测量与评价

16.1 绩效测量

16.1.1 企业应建立安全绩效监测和测量制度，监测和测量内容包括：

——安全目标的实现；

——事故、事件；

——措施的执行情况；

——安全管理的依从性；

——安全标准化系统的持续改进。

16.1.2 制度应明确测量的方法和频度。

16.1.3 监测结果应与相关人员沟通并保存。

16.2 系统评价

16.2.1 内部评价

16.2.1.1 企业应建立安全标准化系统内部评价制度，内部评价制度内容应包括：

——评价计划的产生与批准；

——评价频率；

——评价范围和标准；

——评价方法；

——人员能力要求；

——评价结果的处理。

16.2.1.2 内部评价应关注以下问题：

——安全标准化系统的效力和效率；

——存在的问题与缺陷；

——资源使用的效力和效率；

——实际安全绩效与期望值的差距；

——绩效监测系统的适宜性和监测结果的准确性；

——纠正行动的效力和效率；

——企业与相关方的关系。

16.2.1.3 内部评价应文件化。

16.2.2 **外部评价**

16.2.2.1 政府安全生产监督管理部门对安全标准化的实施进行监督，对不符合安全标准化要求的提出改进意见，以促进安全标准化的实施效果。

16.2.2.2 政府安全生产监督管理部门应定期组织安全标准化的评定，每3年至少应进行一次。发生死亡事故或具有重大影响的其他事故后，应重新进行安全标准化评定。

16.2.2.3 外部评价应明确给出企业安全标准化等级。

ICS 13.100
D 09
备案号：18898—2006

AQ

中华人民共和国安全生产行业标准

AQ 2007.3—2006

金属非金属矿山安全标准化规范 露天矿山实施指南

The applicable guide of standardized specification of work safety for metal and nonmetal opencast mines

2006-10-01 发布　　　　2007-07-01 实施

国家安全生产监督管理总局　发 布

前　言

本标准依照 AQ 2007.1《金属非金属矿山安全标准化规范　导则》制定，用于指导金属非金属露天矿山企业创建安全标准化系统，以达到对安全生产工作实施标准化管理，不断消除和控制生产过程中的风险，持续改进安全生产绩效，防止人身伤害或财产损失事故发生的目的。

本标准全部规范性技术要素均为强制性。

本标准由国家安全生产监督管理总局提出。

本标准由全国安全生产标准化技术委员会非煤矿山安全分会归口。

本标准负责起草单位：中国安全生产科学研究院。

本标准参加起草单位：武汉安全环保研究院、中南大学、中国有色工程设计研究总院、上海宝钢集团公司、中国铝业公司、中国黄金集团公司。

本标准主要起草人：张兴凯、李晓飞、张涌、史秀志、边卫华、高士田。

金属非金属矿山安全标准化规范
露天矿山实施指南

1 范围

本标准规定了创建金属非金属露天矿山企业安全标准化系统的要求。

本标准适用于金属非金属露天矿山企业或其独立生产系统。

2 规范性引用文件

下列文件中的条款通过本标准的引用而成为本标准的条款。凡是注日期的引用文件，其随后所有的修改单(不包括勘误的内容)或修订版均不适用于本标准，然而，鼓励根据本标准达成协议的各方研究是否可使用这些文件的最新版本。凡是不注日期的引用文件，其最新版本适用于本标准。

GB 16423—2006 金属非金属矿山安全规程

GB 14161—1993 矿山安全标志

GB 50016—2006 建筑设计防火规范

安全生产许可证条例 国务院令第 397 号

非煤矿矿山企业安全生产许可证实施办法 国家安全生产监督管理局令第 9 号

非煤矿矿山建设项目安全设施设计审查与竣工验收办法 国家安全生产监督管理局令第 18 号

3 安全生产方针与目标

3.1 方针

3.1.1 方针的制定

3.1.1.1 企业应制定安全生产方针，并由主要负责人签发。

3.1.1.2 制定企业安全生产方针时，应考虑法律法规要求、企业的风险特点与核心业务。

3.1.2 方针的内容

3.1.2.1 方针应阐明企业安全生产的总目标和对改进安全绩效的承诺，并简明扼要。

3.1.2.2 方针的内容应体现：

——遵守法律法规；

——企业风险特点；

——预防伤害和疾病；

——预防财产损失；

——持续改进。

3.1.3 方针的沟通与传达

3.1.3.1 方针的制定应确保员工充分参与，并与相关方进行沟通。

3.1.3.2 企业应通过适当的方式向员工传达所制定的方针，并使所有员工熟悉和理解。

3.1.3.3 企业应向相关方和公众宣传安全生产方针。

3.1.4 方针的评审与修订

3.1.4.1 企业应定期对方针进行评审。

3.1.4.2 企业应根据内外部条件的变化，及时对方针进行修订，以确保其适宜性。

3.2 目标

3.2.1 目标的设立

3.2.1.1 企业应设立文件化的安全生产目标。

3.2.1.2 企业的安全生产目标应符合下列规定：

——与安全生产方针一致；

——体现企业的风险特点和不同职能、层次的具体情况；

——具体并可测量。

3.2.2 目标的实施

3.2.2.1 企业应制定目标实现计划并保证实施。

3.2.2.2 企业应对目标的完成情况进行监测。

3.2.2.3 企业应根据监测结果和内外部条件的变化，对目标进行修订。

4 安全生产法律法规与其他要求

4.1 法律法规意识

4.1.1 企业各级人员均应了解遵守安全生产法律法规要求的重要性，特别是遵守有关安全生产法律法规的义务。

4.1.2 企业应定期了解各级人员的法律法规意识。

4.2 需求识别与获取

4.2.1 应确定渠道，识别、获取影响企业安全生产法律法规与其他要求，包括法律、法规、规章、标准及规范性文件等。

4.2.2 企业应建立有效途径，及时获取员工或部门对安全生产法律法规与其他要求的需求。

4.3 融入

4.3.1 企业应将识别并获取的安全生产法律法规与其他要求，融入所制定的管理制度中。

4.3.2 企业应根据识别的安全生产法律法规与其他要求的需求，对所有层次人员提供培训。

4.3.3 企业应向受安全生产法律法规与其他要求影响的人员，发放安全生产法律法规与其他要求或为其建立获取途径。

4.4 评审与更新

4.4.1 企业应确保对安全生产法律法规与其他要求的变化进行识别、获取、评审与更新。

4.4.2 企业应确保使用的安全生产法律法规与其他要求的有效性。

5 安全生产组织保障

5.1 安全生产责任制

5.1.1 责任制的建立

5.1.1.1 企业应建立所有岗位的安全生产责任制，明确主要负责人、管理人员和各岗位作业人员的安全生产责任。

5.1.1.2 安全生产责任的描述应具体、简明、界定清晰并能考核。

5.1.2 责任制的内容

5.1.2.1 企业主要负责人对本企业的安全生产工作全面负责。

5.1.2.2 企业主要负责人和管理层人员应明确对企业安全生产的领导责任，并以实际行动表明对安全生产的承诺。

5.1.3 责任制的沟通与评审

5.1.3.1 企业应对安全生产责任制进行详细说明和交流，确保各岗位人员对本岗位的安全生产责任充分理解，特别是企业主要责任人和管理层人员。

5.1.3.2　安全生产责任制应定期评审，并根据需要予以更新。

5.2　安全机构设置与人员任命

5.2.1　安全管理机构

5.2.1.1　企业应按照安全生产法律法规的要求设置安全生产管理机构或配备专职安全生产管理人员。

5.2.1.2　企业安全生产管理人员应具备相应的意识、知识和能力。

5.2.1.3　主要负责人应在最高管理层中指定标准化系统专门负责人，以确保企业安全标准化系统的建立、实施、保持及持续改进。

5.2.2　安全生产委员会

5.2.2.1　企业应根据自身的状况和需求，设立符合下列要求的安全生产委员会：

——委员会主任、副主任和委员均应书面任命，并明确其相应的职责；

——委员会成员应接受安全管理培训，具备必要的安全知识和能力；

——委员会成员应包括员工代表。

5.2.2.2　委员会应定期召开审查安全工作进展和确定发展方案的会议，形成会议纪要并由主任签发。会议纪要应包括研究的主要内容和实施方案等。

5.2.2.3　企业应确保所有员工了解安全生产委员会组织机构、成员构成及其主要职责。

5.2.3　特殊职位人员任命

5.2.3.1　企业的安全管理人员、应急救援人员等特殊职位人员，应由主要负责人书面任命。

5.2.3.2　被任命的人员应接受相关的培训，并具备必要的知识和能力。

5.3　员工参与

5.3.1　企业应建立员工权益保障制度，确保员工关心的问题得到积极响应，特别是保证员工在安全状况异常的情况下拒绝工作而不会受到惩罚。

5.3.2　企业应确保员工或员工代表参与安全活动，并建立收集、反馈员工关注的安全事项的渠道。

5.4　文件与资料控制

5.4.1　文件控制要求

5.4.1.1　应建立文件控制的管理制度，确保企业安全规章制度产生、使用、评审、修订和控制的效力与效率。

5.4.1.2　企业应定期或不定期对安全规章制度进行评审，必要时予以修订或废除。

5.4.1.3　安全规章制度应能被所需要的人员获取。

5.4.2　安全规章制度

5.4.2.1　应根据风险和作业性质，建立健全企业安全规章制度。

5.4.2.2　企业的安全规章制度至少应包括安全检查制度、职业危害预防制度、安全教育培训制度、事故和事件管理制度、重大危险源监控制度、重大隐患整改制度、设备和设施安全管理制度、危险物品和材料管理制度、特殊作业现场管理与审批制度、特殊工种管理制度、安全生产档案管理制度和安全生产奖惩制度。

5.4.3　安全记录要求

5.4.3.1　企业应对主要的安全生产过程、事件、活动建立安全记录，并确保对安全记录的有效控制。

5.4.3.2　安全记录应符合下列规定：

——内容真实、准确、清晰；

——填写及时、签署完整；

——编号清晰、标识明确；

——易于识别与检索；

——完整反映相应过程；

——明确保存期限。

5.5 外部联系与内部沟通

5.5.1 外部联系

5.5.1.1 企业应建立外部联系渠道,明确职责,确保与外界就相关安全事项进行及时有效的联系。

5.5.1.2 企业应采用文件化的形式,及时向外界披露重大安全事项,特别是可能影响企业周围居民安全健康及相关方的事项。

5.5.2 内部沟通

5.5.2.1 企业应建立文件化的内部沟通制度,明确沟通的方式、时机、内容、职责及信息的处理。

5.5.2.2 主要负责人应定期与员工就安全问题进行沟通。

5.5.2.3 企业应召开安全事项讨论会,收集员工关心的问题,并及时处理。

5.5.2.4 企业应制定合理化建议制度,听取员工和相关方的意见及建议。合理化建议制度应有效地执行,以确保管理层是以公平的方式来评审所提出的各项建议。

5.6 系统管理评审

5.6.1 企业管理层应定期组织实施管理评审,评价本企业安全标准化系统的实施状况,识别不足和需要改进的事项。

5.6.2 管理评审应建立在真实反映企业安全管理状态的有效信息之上。管理评审过程应文件化,评审结果应与责任人、员工及相关方沟通,并确保依据评审结果制定的行动计划得到有效实施。

5.6.3 企业应保存管理评审的记录。

5.7 供应商与承包商管理

5.7.1 供应商的选择与管理

5.7.1.1 企业应建立供应商的管理制度,确保供应商的能力满足企业要求。

5.7.1.2 企业应确定符合要求的供应商,并保存批准过程的相关记录。

5.7.1.3 企业应对供应商的供应过程实施有效控制。

5.7.1.4 供应商在企业现场活动时,应遵守企业的安全要求。

5.7.2 承包商的选择与管理

5.7.2.1 企业应建立承包商的管理制度,确保承包商的能力满足企业的要求。

5.7.2.2 企业应确定符合要求的承包商,并保存批准过程的相关记录。

5.7.2.3 企业应识别承包商工作给企业带来的风险,并在允许承包商的员工使用企业的设备、设施前应对其进行培训。

5.7.2.4 企业应对承包商的服务过程实施检查,以识别及控制承包商造成的风险。

5.8 安全认可与奖励

5.8.1 企业应建立员工安全表现的认可与奖励制度。

5.8.2 企业应确保所有层面的员工均能参与个人的认可过程。

5.8.3 企业应通过公告牌或电子信息媒介,展示安全表现信息。

5.9 工余安全管理

5.9.1 安全宣传资料应传阅或张贴,包括家庭和社区。

5.9.2 工余的事故应报告和分析。

5.9.3 培训和宣传内容应包括如何预防工余意外。

6 风险管理

6.1 危险源辨识与风险评价要求

6.1.1 一般要求

6.1.1.1 企业应建立危险源辨识与风险评价制度,辨识各类危险源,并系统地进行风险及其影响的识别与评价，特别是重大危险源及其风险。

6.1.1.2 企业应确保不同层面员工参与危险源辨识与风险评价过程。

6.1.1.3 危险源辨识与风险评价应考虑所有的活动、设备、设施、人员和管理，包括：

——正常和异常的情况；

——现在和将来的生产活动；

——内部和外部因素的变化。

6.1.1.4 危险源辨识与风险评价结果应文件化，并定期进行危险源辨识与风险评价的回顾。

6.1.2 方法的确定

6.1.2.1 选择与企业相适应的危险源辨识与风险评价方法，并确保方法的适应性、一致性、可重复性及可评价性。

6.1.2.2 危险源辨识与风险评价方法应能提供充足的信息。

6.1.3 辨识与评价流程

危险源辨识与风险评价应包括如下过程：

——准备；

——危险源辨识；

——危险源转化为风险的条件；

——量化风险结果；

——划分风险等级。

6.1.4 风险控制措施确定原则

6.1.4.1 企业应根据危险源辨识与风险评价结果，制定相应的风险控制措施。

6.1.4.2 风险控制措施的确定，应遵循下列原则：

——消除；

——替代；

——工程控制、隔离；

——管理措施；

——个体防护。

6.1.4.3 当员工安全健康与财产保护发生矛盾时，应优先考虑确保员工安全健康的措施。

6.1.5 持续风险评价

6.1.5.1 企业应持续地进行风险评价，及时处理重大风险。

6.1.5.2 持续风险评价常用的方法包括：

——使用前检查；

——计划任务观察；

——设备检查；

——工前危险预知；

——交接班检查；

——定期安全检查；

——定期检修；

——安全标准化系统评价。

6.2 风险评价

6.2.1 企业应进行初始风险评价，初始评价过程应综合考虑：

——生产工艺过程风险；

——危险物质风险；

——设备、设施风险；

——环境风险；

——职业卫生风险；

——管理风险；

——法律、法规、标准需求；

——相关方的观点。

6.2.2 初始风险评价结果应包括各种风险可能发生过程的描述和风险的级别，并按危险性排序。

6.2.3 企业应依据初始风险评价结果进行风险分级管理。

6.3 关键任务识别与分析

6.3.1 基本要求

6.3.1.1 企业应建立关键任务识别与分析制度，完成关键任务风险分析。

6.3.1.2 企业应根据关键任务风险分析结果，编写作业指导书。指导书应简明扼要，突出关键步骤及要求。

6.3.2 工作票与许可任务管理

6.3.2.1 企业应认定需要工作票或经许可方可进行作业的范围，并对工作票或许可的签发人进行培训和能力评估。

6.3.2.2 企业应定期对工作票或许可作业的范围进行评审与更新。

6.3.3 任务观察

6.3.3.1 企业应建立任务观察制度，并对从事任务观察工作的人员进行观察方式、方法的培训。

6.3.3.2 企业应保存任务观察记录。

7 安全教育与培训

7.1 员工安全意识

7.1.1 意识的辨识与输入

7.1.1.1 企业应对员工的安全意识进行辨识，考察员工对安全健康问题的掌握与熟悉程度。

7.1.1.2 新员工在聘用后应首先接受安全意识的教育，并对其意识情况进行重点跟踪。

7.1.1.3 当工艺流程发生变化时，员工应对工作现场特定要求进行回顾。

7.1.1.4 当员工脱离工作岗位超过规定时间返岗时，应进行工作现场特定要求的回顾。

7.1.1.5 管理层特定意识应与其个人的安全管理职责相适应。

7.1.2 意识提升

7.1.2.1 企业应建立监测、跟踪意识提升及深层次意识培养的需求机制，并确保该机制的有效运行。

7.1.2.2 企业应建立全员安全意识宣传计划，并利用各种视听资料提高全员的安全意识。

7.2 培训

7.2.1 需求识别与分析

7.2.1.1 企业应识别、分析培训需求。

7.2.1.2 培训需求的识别应针对所有员工和所有作业过程，并充分考虑：

——安全生产法律法规与其他要求；

——员工和管理层的意见和建议；

——技术发展的需要；

——变化管理的要求；

——风险评价结果；

——相关方的要求。

7.2.2 培训要求

7.2.2.1 企业应针对已识别的培训需求，制定培训计划，并按计划实施培训。

7.2.2.2　企业应保存所有培训过程和结果的记录。

7.2.3　**培训评审**

7.2.3.1　企业应建立培训的适宜性评估机制，对培训数量与培训效果等进行评估。

7.2.3.2　评估的途径应包括：

——学员反馈；

——绩效改善调查；

——管理层反馈；

——测试结果的分析；

——现场应用能力的跟踪。

8　生产工艺系统安全管理

8.1　设计要求

8.1.1　企业应制定设计管理制度，对设计质量进行有效控制。

8.1.2　企业应保证建设工程的安全设施与主体工程同时设计、同时施工、同时投入生产和使用。

8.1.3　设计应充分考虑风险评价结果，并按照法律法规的要求进行审批。

8.1.4　企业应妥善保存设计文件和图纸，包括地形地质图、采剥工程总平面布置图、开拓系统图、防排水系统及排水设备布置图、开采终了平面图等。

8.1.5　施工组织设计，基建期应由施工单位编制，生产期由矿山企业自行编制。

8.2　采矿工艺

8.2.1　企业应建立采矿工艺管理制度，以确保：

——采用的开采顺序、开采方式和台阶参数适合揭露的矿体地质条件；

——设备、设施之间相互匹配，并满足工序要求；

——各工序之间相互匹配，并满足企业生产要求；

——开采范围在采矿许可证划定的范围内。

8.2.2　企业应按照适当的回采顺序进行回采，做到：

——按规定保留矿（岩）柱和挂帮矿；

——台阶高度、台阶坡面角、最终边坡角和工作平台宽度符合设计规定；

——设备、设施和工序之间相互匹配；

——在规定的范围内开采。

8.3　生产保障系统

8.3.1　企业应建立生产保障系统管理制度，制度应重点关注运输、排土、供配电、防排水和防灭火等系统。

8.3.2　运输线路条件应符合设计和有关规定要求，运输能力应满足生产要求，且运行可靠。

8.3.3　企业应合理选择排土场的位置，并确保排土场可能产生的滚石、滑坡和泥石流等危害得到有效控制。排土工艺参数符合设计要求，排土能力满足生产要求。

8.3.4　电气设备和线路应设有可靠的防雷、接地装置；移动式电气设备应使用矿用橡套电缆；供电电缆的敷设应符合安全要求，保持绝缘良好，不与金属管（线）和导电材料接触，在横过道路、铁路时，有可靠的防护措施；有淹没危险的采矿场主排水泵的供电线路，应不少于两回路。

8.3.5　企业应按设计要求建立防排水系统，其能力应满足防排水要求。

8.3.6　建（构）筑物和重要设备，应按 GB 50016—2006 和其他有关规定，以及消防部门的要求，建立消防隔离设施，配备足够的消防设备和器材。

8.4　变化管理

8.4.1　企业生产工艺变化前，应经评审与批准。

8.4.2　在实施变化前，应进行危险源辨识与风险评价。

8.4.3　企业应确保变化管理所需的制度和资源。

8.4.4　变化的相关资料应完整移交。

9　设备设施安全管理

9.1　基本要求

9.1.1　企业应建立设备设施管理制度，以有效控制设备设施的规划、采购、安装（建设）、调试、验收、使用、维护和报废过程。

9.1.2　企业应建立设备设施管理台账，及其原始技术资料、图纸和记录的档案。

9.1.3　采用新技术、新工艺、新设备和新材料时，应进行充分的安全论证。

9.2　设备设施维护

9.2.1　维护制度

9.2.1.1　企业应建立设备设施维护制度，以确保维护系统的效率和效力。

9.2.1.2　企业应通过工艺流程和过程控制的系统评估，识别设备设施可能的故障类型，确定设备、设施的维护计划。

9.2.2　维护计划

9.2.2.1　设备设施的维护计划应重点关注：

——排水系统；

——穿孔设备；

——铲装设备；

——装药设备；

——运输系统；

——排土系统；

——供配电系统；

——应急救援系统；

——仪器仪表；

——备用设备。

9.2.2.2　维护计划的完成情况应书面向主管领导汇报，并与相关人员沟通维护情况。

9.2.2.3　进行设备设施维护时，应识别异常情况。

9.2.2.4　企业应评估设备设施维护系统的效力，并定期或在发生变化时对其进行更新。

9.2.3　检测检验

9.2.3.1　企业应根据法律法规与其他要求，以及危险源辨识和风险评价的结果，列出需要检测检验的设备、设施、仪器、仪表和器材清单。

9.2.3.2　企业应按规定对设备设施进行检测检验，并保存检测检验过程和结果的记录。

10　作业现场安全管理

10.1　作业环境

10.1.1　开采境界

10.1.1.1　露天矿边界应设可靠的围栏或醒目的警示标志。

10.1.1.2　应确保露天矿边界上 2 m 范围内，无可能危及人员安全的植物和不稳固的矿岩等。

10.1.1.3　应确保露天矿边界上覆盖的松散岩土层处于稳定状态。

10.1.2　采场

10.1.2.1　采场应有安全可靠的人行通道。

10.1.2.2 边坡上的浮石应及时清理干净。

10.1.2.3 采场最终边坡应按设计确定的宽度预留安全平台、清扫平台、运输平台。

10.1.2.4 采场内的所有电力线路,应按 GB 16423—2006 的要求敷设整齐,无乱搭乱接现象。

10.1.2.5 采场道路和爆堆应经常洒水降尘。

10.1.3 照明

10.1.3.1 夜间工作时,所有作业点及危险点均应有足够的照明。

10.1.3.2 夜间工作的采矿场和排土场,在下列地点应设照明装置:

——凿岩机、移动式或固定式空气压缩机和水泵的工作地点;

——运输机道、斜坡卷扬机道、人行梯和人行道;

——汽车运输的装卸车处、人工装卸车地点的排土场卸车线;

——调车站、会让站。

10.1.3.3 照明使用电压为 220 V,行灯或移动式照明灯具的电压不高于 36 V。

10.1.4 安全标志

10.1.4.1 企业应建立安全标志管理制度。

10.1.4.2 要害岗位、重要设备和设施及危险区域,应根据其可能出现的事故模式,设置相应的、符合 GB 14161 要求的安全标志。

10.1.4.3 开采境界内的钻孔、废弃巷道、采空区、溶洞、陷坑、泥浆池和水仓应加盖或设栅栏,并设明显的安全标志。

10.2 作业过程

10.2.1 一般要求

10.2.1.1 企业应建立交接班制度,做好交接班记录。

10.2.1.2 发现潜在的或已发生的危及作业人员安全的状况,在交接班时应交代清楚,并做好记录。

10.2.1.3 进入作业现场之前,应按规定佩戴个体防护用品。

10.2.1.4 作业前应首先检查作业场所和设备、设施的安全状况,发现异常及时处理。

10.2.1.5 应按照作业指导书的要求进行作业。

10.2.2 穿孔作业

10.2.2.1 孔网参数应符合设计要求,严禁打残眼。

10.2.2.2 穿孔作业应采用湿式作业或采取其他有效防尘措施。

10.2.2.3 钻机稳车、行走时,钻机与台阶坡顶线之间距离应符合 GB 16423—2006 的规定。穿凿第一排孔时,钻机的中轴线与阶段边缘线的夹角不得小于 45°。

10.2.2.4 钻机作业或起落钻架时,其平台上不应有人,非操作人员不应在其周围可能危及人身安全的区域内滞留。钻机移动时,机下应有人引导和监护。

10.2.2.5 钻机与下部台阶接近坡底线的电铲不应同时作业。

10.2.3 爆破作业

10.2.3.1 有严格的爆破器材管理、领用和清退登记制度。

10.2.3.2 爆破作业应按批准的爆破设计书或爆破说明书进行。

10.2.3.3 在最终边坡附近爆破时,必须采用控制爆破和采取减震措施。

10.2.3.4 爆破工作开始前,应确定危险区的边界,并设置明显的标志和岗哨,爆破前应有明确的警戒信号。

10.2.3.5 在爆破危险区域内有两个以上的单位(作业组)进行露天爆破作业时,应统一指挥。

10.2.3.6 爆破后,爆破员应按规定的等待时间进入爆破地点,检查有无危石、盲炮等现象,如果有应及时进行处理,只有确认爆破地点安全后,经当班爆破班长同意,才准许人员进入爆破地点。

10.2.3.7 每次爆破后,爆破员应认真填写爆破记录。

10.2.4 **铲装作业**

10.2.4.1 挖掘机、前装机作业和行走时，应做到：

——发现悬浮岩块或崩塌征兆、盲炮等情况，立即停止作业，并将设备移至安全地带；

——悬臂和铲斗下面及工作面附近无人停留；

——上、下台阶同时作业的挖掘机，沿台阶走向错开一定的距离；

——挖掘机平衡装置外形的垂直投影到台阶坡底的水平距离符合 GB 16423—2006 规定；

——挖掘机在作业平台的稳定范围内行走，并有专人指挥；

——铲斗不应从车辆驾驶室上方通过。

10.2.4.2 推土机作业和行走时，应做到：

——刮板不超出平台边缘；

——距离平台边缘小于 5 m 时，低速运行；

——不应后退开向平台边缘；

——人员不应站在推土机上或刮板架上。

10.2.5 **运输作业**

10.2.5.1 铁路运输作业，应遵守下列规定：

——列车运行速度应满足在准轨铁路 300 m、窄轨铁路 150 m 的制动距离内停车的要求；

——同一调车线路上禁止两端同时进行调车，采取溜放方式调车时，有相应的安全制动措施；

——故障排除和停车信号撤除前，列车不应在故障线路区域运行。

10.2.5.2 道路运输作业，应遵守下列规定：

——严禁超载运输；

——不应用自卸汽车运载易燃、易爆物品；

——装车时，不应检查、维护车辆，驾驶员不应离开驾驶室，不应将头和手臂伸出驾驶室外；

——车辆在急弯、陡坡、危险地段应限速行驶；

——不应采用溜车方式发动车辆，下坡行驶时不应空挡滑行；

——在坡道上停车时，司机不应离开，应使用停车制动并采取安全措施；

——在大雾、暴风雨(雪)等恶劣天气条件下，应严格控制行车速度，并保持适当的车距。

10.2.5.3 带式输送机运输作业，应遵守下列规定：

——任何人员均不应乘坐非乘人带式输送机；

——禁止运送规定物料以外的其他物料，包括设备和过长的材料；

——输送机运转时，不应注油、检查和修理。

10.2.5.4 架空索道运输作业遇有八级或八级以上大风时，应停止索道运转和线路上的一切作业。

10.2.5.5 斜坡卷扬运输作业，应遵守下列规定：

——作业前应检查阻车器、防止跑车装置、限速保护装置、短路及断电保护装置、过卷保护装置、过速保护装置、过负荷及无电压保护装置、卷扬机操纵手柄与安全制动之间的联锁装置、信号联络装置及信号闭锁装置等；

——调整卷扬钢丝绳，应空载、断电进行，并用工作制动。

10.2.5.6 溜槽、平硐溜井运输作业，应遵守下列规定：

——溜矿时，溜槽底部接矿平台周围不应有人；

——溜井发生堵塞、塌落、跑矿等事故时，应待其稳定后再查明事故的地点和原因，并制定处理措施；事故处理人员不应从下部进入溜井；

——溜井积水时，不应卸入粉矿，应暂停放矿。

10.2.6 **排土作业**

10.2.6.1 汽车运输的卸排作业，应遵守下列规定：

——汽车排土作业时，有专人指挥；进入作业区内的工作人员、车辆、工程机械服从指挥人员的指挥；

——在排土场边缘，推土机不应沿平行坡顶线方向推土；

——在同一地段进行卸车和推土作业时，设备之间必须保持足够的安全距离；

——排土场作业区内烟雾、粉尘、照明等因素使驾驶员视距小于 30 m 或遇暴雨、大雪、大风等恶劣天气时，停止排土作业。

10.2.6.2 铁路运输卸排作业，应遵守下列规定：

——运行中不应卸载(曲轨侧卸式和底卸式除外)；

——卸车完毕，在排土人员发出出车信号后，列车方可驶出排土线。

10.2.6.3 排土犁推排作业，推排作业线上、排土犁犁板和支出机构上，不应站人。

10.2.6.4 单斗挖掘机排土时，受土坑的坡面角不应大于 60°，不应超挖卸车线路基。

10.2.6.5 人工排土时，禁止人员站在车架上卸载或在卸载侧处理粘车。

10.2.7 边坡管理

10.2.7.1 大、中型矿山或边坡潜在危害性大的矿山，应建立健全边坡管理和检查制度，并对边坡应进行定点定期观测。技术管理部门应及时整理边坡观测资料，指导采场安全生产。

10.2.7.2 处理和检查的工作人员应佩戴安全带。

10.2.7.3 采场或排土场出现滑坡征兆时，应停止危险区作业，撤离人员，禁止人员和车辆通行，并及时处理。对重点边坡部位和有潜在滑坡的地段，应综合或分别采用挡墙、削坡、减载、抗滑柱、杆锚，锚索和护坡进行局部加固。

10.2.7.4 应采取措施防止地表水渗入边坡岩体的软弱结构面或直接冲刷边坡。边坡岩体存在含水层并影响边坡稳定时，应采取疏干降水措施。

10.3 劳动防护用品

10.3.1 需求评估

10.3.1.1 企业应通过作业场所的风险分析，识别劳动防护用品的需求。

10.3.1.2 参加识别过程的人员应包括：

——安全管理人员；

——职业卫生管理人员或专业医务人员；

——员工或员工代表。

10.3.2 提供程序

10.3.2.1 企业应为员工发放符合要求的劳动防护用品，并提供穿戴、使用的培训。

10.3.2.2 应确保劳动防护用品正确地使用与维护。

10.3.3 检查与维护

10.3.3.1 企业应建立特殊劳动防护用品清单。

10.3.3.2 企业应建立检查、维护和存放劳动防护用品的系统，保证劳动防护用品使用功能。

10.3.3.3 企业应定期评估劳动防护用品使用的依从水平。

10.3.3.4 企业应保存劳动防护用品发放、使用和维护的记录。

11 职业卫生管理

11.1 健康监护

11.1.1 健康保护程序

11.1.1.1 企业应建立健康保护制度，并任命具有相应能力的人员负责健康监护管理工作。

11.1.1.2 企业应对生产过程中存在的职业危害因素进行分析。

11.1.1.3 应对企业及周边地区可能的传染疾病进行识别，并加以控制。

11.1.1.4 企业应识别需要定期进行身体、心理及生理监测的工种和员工。

11.1.1.5 企业应建立员工职业卫生监护档案并保密。

11.1.2 设施及服务

11.1.2.1 企业应按照法律法规与其他要求配备职业卫生设施，职业卫生设施应做到“三同时”。

11.1.2.2 职业卫生服务应满足认定风险的要求，包括紧急救护情况。

11.1.2.3 医疗设备应进行维护及校验。

11.1.2.4 职业卫生设施应进行维护。

11.1.2.5 企业应配备急救员及急救设备。

11.1.2.6 工作场所应设置足够的急救箱，并按标准和风险放置急救用品，急救箱由合格急救员负责管理并定期检查和补充。急救箱位置及急救员名单应张贴。

11.2 职业危害控制

11.2.1 企业应建立职业危害控制制度。

11.2.2 职业危害控制方法的选择，应突出预防性，并遵循下列原则：

——消除；

——替代；

——工程控制、隔离；

——管理控制；

——个体防护。

11.2.3 企业应对员工进行有关职业危害的专门培训，以满足职业危害控制的意识、知识和能力。

11.3 职业卫生监测

11.3.1 企业应对识别出的职业危害实施有效监测，包括粉尘、噪声、高温、振动、辐射和有毒有害气体等。

11.3.2 企业应制定监测计划，并确保其有效执行。

11.4 人机工效

11.4.1 企业应关注生产及管理过程中的人机工效问题。

11.4.2 评估人机工效影响应考虑以下因素，并根据评估结果，采取对应的措施：

——人工搬运；

——作业空间布局；

——有限空间作业；

——控制装置的设计；

——疲劳。

12 安全投入、安全科技与工伤保险

12.1 安全投入

12.1.1 企业主要负责人应确保安全生产所需的投入，并对因投入不足所导致的后果负责。

12.1.2 企业应按规定提取安全费用，用于改善劳动条件，提高安全管理水平和本质安全程度。

12.2 安全科技

12.2.1 企业应积极开展安全科学研究，并对安全科技项目进行认可与奖励。

12.2.2 安全技术创新应重点关注：

——企业现代安全管理理论和方法的研究；

——安全新产品、新技术、新工艺、新材料的研究；

——企业重大危险源监控、预警与控制技术的研究；

——国外先进安全科学技术引进、消化和应用。

12.3 工伤保险

12.3.1 企业应完善员工工伤保险管理制度。

12.3.2 依法参加工伤社会保险，并为员工缴纳工伤保险费。

13 检查

13.1 一般要求

13.1.1 企业应制定安全检查制度，确保所进行的安全检查覆盖企业所有的作业场所、活动、设备、设施、人员和管理。

13.1.2 企业应建立完善的安全检查信息收集、传递、处理和反馈渠道。

13.1.3 企业应对所有执行安全检查人员进行培训，使其熟练掌握各类安全检查方法和技巧。

13.1.4 执行各项检查前，应遵循下列原则制定相应的检查表：

——根据危险源辨识结果，抓住要害部位或部件，以及相邻或交叉作业岗位可能造成伤害的环节；

——检查内容应做到对象明确、标准具体；

——检查表应文字精练，含义准确。

13.1.5 在检查发现的问题未彻底消除前，应制定并实施有效的临时措施，以避免隐患被触发引起事故。

13.1.6 企业应定期对安全检查的效果进行评审，并根据变化的情况，及时更新检查内容和方法。

13.1.7 所有安全检查均应记录存档，并可获取。

13.1.8 检查的结果应作为安全考评的依据。

13.2 巡回检查

13.2.1 企业应对各级管理机构的巡回检查路线、时间做出规定，并考虑各级检查之间的联系。

13.2.2 检查前应制定检查表，检查内容包括：

——违章指挥或现场管理的情况；

——安全着装及防护用品使用状况；

——协同作业的统一指挥和信息联络情况；

——人员处于危险位置的情况；

——危险物品及能量处理状况；

——生产通道及作业场地情况；

——作业方法；

——遵章守纪情况；

——环境状况；

——高风险作业的危险预测预控情况。

13.3 例行检查

13.3.1 企业各级管理机构应对责任范围内的安全管理情况定期进行例行检查。

13.3.2 例行检查的内容应包括：

——规章制度落实情况；

——安全检查和隐患整改情况；

——安全活动（主要是危险预知）开展情况；

——标准化作业落实情况；

——文明生产情况；

——违章违纪情况。

13.4 专业检查

13.4.1 专业检查主要针对风险等级较高或对生产安全影响较大的危险单元。专业检查的对象主要有：

——边坡；

——排土场；
——供电系统；
——排水系统；
——运输系统；
——紧急通讯系统；
——爆破器材存放点；
——油库；
——其他重要设备和装置。

13.4.2 专业检查可由企业的有关专业部门进行，必要时也可委托中介机构进行。

13.4.3 专业检查应定期进行，发现影响系统安全的重大隐患时，应及时进行专业检查。

13.5 综合检查

13.5.1 综合检查的类型主要包括：
——节假日前的安全大检查；
——主管部门布置的安全大检查等。

13.5.2 综合检查的内容一般包括：
——重大风险的控制情况；
——安全生产责任制的落实情况；
——安全生产法律法规与其他要求的执行情况；
——有关专项工作开展情况；
——其他有关情况。

13.6 纠正和预防措施

13.6.1 企业应制定纠正和预防措施实施的保障制度，确保对安全标准化系统中出现的问题及时采取相应的纠正和预防措施。

13.6.2 保障制度应明确规定：
——依据问题的严重程度，制定纠正和预防措施的实施计划；
——实施纠正和预防的责任部门和责任人；
——及时反馈纠正和预防的实施情况及其有效性，并与员工和相关管理层进行沟通；
——必要时需要对纠正和预防的实施情况及其有效性进行评审的责任部门或责任人；
——保存及管理纠正和预防措施实施记录的要求。

14 应急管理

14.1 应急准备

14.1.1 认定紧急情况

14.1.1.1 企业应根据危险源辨识和风险评价结果，并考虑法律法规与其他要求，以及以往事故、事件和紧急状况的经验，认定潜在的紧急情况。

14.1.1.2 认定紧急情况时，应特别关注：
——自然灾害：如洪水、泥石流、暴风雨(雪)、地震及台风等；
——火灾；
——爆炸；
——滑坡、坍塌。

14.1.2 应急准备管理

14.1.2.1 企业应指定专人管理应急工作，并根据应急演练中的风险和企业内外部事故、事件的应急经验，及时完善应急准备工作。

14.1.2.2 定期评审与企业应急有关的外部应急部门,如消防、医疗部门。

14.1.2.3 企业应评审可能造成企业紧急情况的外部机构及其影响,如危险货物的供应商及其危险物品的类型、数量、位置的信息等。

14.2 应急计划

14.2.1 企业应针对认定的紧急情况编制应急计划,并明确有关人员的职责及履职方法。

14.2.2 编制应急计划时,应考虑:

——危险源辨识和风险评价结果;

——安全法律法规与其他要求;

——以往事故、事件和紧急状况的经验;

——企业现有的应急能力和应具备的应急能力;

——专业应急部门可以支援的应急能力;

——政府在应急管理中的作用等。

14.2.3 应急计划的内容应包括:

——接警与通知;

——指挥与控制;

——警报与紧急公告;

——应急资源;

——通讯;

——事态监测与评估;

——警戒与治安;

——人员疏散;

——医疗与卫生;

——公共关系;

——应急人员安全;

——搜索与援救;

——泄漏物控制;

——现场恢复。

14.3 应急响应

14.3.1 企业应根据事故或紧急情况确定启动应急程序,并按事先规定的响应级别实施应急响应。

14.3.2 企业应确保足够的应急能力支持。

14.4 应急保障

14.4.1 企业应建立完善的应急组织机构,并规定职责及作用。设立应急控制指挥中心时,应确保其具备必需的能力。

14.4.2 企业应根据认定的紧急情况,建立应急响应队伍,包括:

——消防;

——医疗救护;

——搜索与救援;

——安全保卫;

——通讯;

——抢修。

14.4.3 企业应根据认定的紧急情况配备必要装备,包括:

——通信设备;

——急救用品;

——紧急备用电源、设备及物资；

——摄影设备；

——应急人员的识别标识；

——急救防护用品。

企业配置应急装备时，应考虑外部可以支援的应急能力。

14.4.4 企业应针对可能发生的紧急情况，识别外部应急资源。

14.4.5 对于已识别的、可以利用的外部应急资源，应建立正式的相互支援协议。

14.5 应急评审与改进

14.5.1 应急评审

14.5.1.1 企业应定期评审和更新应急计划，确保所需的应急能力。

14.5.1.2 评审的依据包括：

——紧急情况响应和应急演练的结果；

——外部应急经验；

——设备、设施或流程的变化情况。

14.5.1.3 修订后的应急计划应及时发放给有关人员，并对其提供必要的培训。

14.5.1.4 基于安全考虑，应急计划应适度保密。

14.5.2 培训、训练及演习

14.5.2.1 企业应进行应急培训、训练和演习。

14.5.2.2 培训和训练可针对应急队伍和全体员工进行。

14.5.2.3 演习应根据认定的紧急情况，按计划进行。演习方式包括桌面演习、功能演习和全面演习。

15 事故、事件报告、调查与分析

15.1 报告

15.1.1 企业应建立事故、事件报告制度，阐明事故、事件定义、报告的内容、时间、方式及响应。

15.1.2 企业应对报告的事故、事件进行登记建档，并定期审查，以确保所有的事故、事件均得到有效调查和处理。

15.2 调查

15.2.1 企业应建立事故、事件调查与跟踪制度，明确事故调查人员的组成，沟通的方式、对象和时间。

15.2.2 调查过程应考虑专业技术需要，必要时聘请外部专家。

15.2.3 在形成调查报告之前，应与所涉及的员工进行交流。

15.2.4 调查应确保查明事件、事故的根本原因，调查报告应提出事故、事件的处理意见和防范措施的建议。

15.2.5 应对所有相关文件和资料进行整理，并归档保存。

15.3 统计与分析

15.3.1 企业应确定事故、事件统计指标及计算方法，并定期对事故、事件的发生情况进行统计分析，以发现事故、事件发生的原因和趋势。

15.3.2 事故、事件分析的要点包括：

——事故发生时间规律分析；

——伤亡人员年龄结构分析；

——伤亡人员工作年限分析；

——原因分析；

——伤害率分析；

——事故费用分析；

——安全标准化系统缺陷分析。

15.3.3 对事故进行年度分析，以监测改进，并找出趋势。

15.4 事故、事件回顾

15.4.1 利用安全讲座引发讨论和学习，以吸取教训。

15.4.2 回顾已发生事故的原因和防范措施。

15.4.3 通过个案研究或展示，促进了解，鼓励讨论。

16 绩效测量与评价

16.1 绩效测量

16.1.1 企业应建立安全绩效监测和测量制度，监测和测量内容包括：

——安全目标的实现；

——事故、事件；

——措施的执行情况；

——安全管理的依从性；

——安全标准化系统的持续改进。

16.1.2 制度应明确测量的方法和频度。

16.1.3 监测结果应与相关人员沟通并保存。

16.2 系统评价

16.2.1 内部评价

16.2.1.1 企业应建立安全标准化系统内部评价制度，内部评价制度内容应包括：

——评价计划的产生与批准；

——评价频率；

——评价范围和标准；

——评价方法；

——人员能力要求；

——评价结果的处理。

16.2.1.2 内部评价应关注以下问题：

——安全标准化系统的效力和效率；

——存在的问题与缺陷；

——资源使用的效力和效率；

——实际安全绩效与期望值的差距；

——绩效监测系统的适宜性和监测结果的准确性；

——纠正行动的效力和效率；

——企业与相关方的关系。

16.2.1.3 内部评价应文件化。

16.2.2 外部评价

16.2.2.1 政府安全生产监督管理部门对安全标准化的实施进行监督，对不符合安全标准化要求的提出改进意见，以促进安全标准化的实施效果。

16.2.2.2 政府安全生产监督管理部门应定期组织安全标准化的评定，每三年至少应进行一次。发生死亡事故或具有重大影响的其他事故后，应重新进行安全标准化评定。

16.2.2.3 外部评价应明确给出企业安全标准化等级。

ICS 13.100
D 09
备案号：18899—2006

AQ

中华人民共和国安全生产行业标准

AQ 2007.4—2006

金属非金属矿山安全标准化规范 尾矿库实施指南

The applicable guide of standardized specification of work safety for tailings pond

2006-11-02 发布　　2007-07-01 实施

国家安全生产监督管理总局　发布

前　言

本标准依照 AQ 2007.1《金属非金属矿山安全标准化规范　导则》制定，用于指导尾矿库创建安全标准化系统，以达到对安全生产工作实施标准化管理，不断消除和控制生产过程中的风险，持续改进安全生产绩效，防止人身伤害或财产损失事故发生的目的。

本标准全部规范性技术要素均为强制性。

本标准由国家安全生产监督管理总局提出。

本标准由全国安全生产标准化技术委员会非煤矿山安全分会归口。

本标准负责起草单位：中国安全生产科学研究院。

本标准参加起草单位：武汉安全环保研究院、中南大学、中国有色工程设计研究总院、上海宝钢集团公司、中国铝业公司、中国黄金集团公司。

本标准主要起草人：张兴凯、李晓飞、张涌、史秀志、边卫华、高士田。

金属非金属矿山安全标准化规范 尾矿库实施指南

1 范围

本标准规定了创建尾矿库安全标准化系统的要求。

本标准适用于金属非金属矿山企业或独立选厂所属的尾矿库，电厂灰渣库可参照执行。

2 规范性引用文件

下列文件中的条款通过本标准的引用而成为本标准的条款。凡是注日期的引用文件，其随后所有的修改单(不包括勘误的内容)或修定版均不适用于本标准，然而，鼓励根据本标准达成协议的各方研究是否可以使用这些文件的最新版本。凡是不注日期的引用文件，其最新版本适用于本标准。

AQ 2006—2005 尾矿库安全技术规程

YS 5418—95 尾矿设施施工及验收规程

安全生产许可证条例 国务院令第397号

非煤矿矿山企业安全生产许可证实施办法 国家安全生产监督管理局令第9号

非煤矿矿山建设项目安全设施设计审查与竣工验收办法 国家安全生产监督管理局令第18号

尾矿库安全监督管理规定 国家安全生产监督管理总局令第6号

3 安全生产组织保障

3.1 目标

3.1.1 目标的设立

3.1.1.1 企业应设立文件化的尾矿库安全生产目标。

3.1.1.2 目标应体现尾矿库的风险特点和具体情况，并可测量。

3.1.2 目标实施

3.1.2.1 企业应制定目标的实现计划，并确保实施。

3.1.2.2 企业应对目标的完成情况进行监测，并根据监测结果和内外部条件的变化进行修订。

3.2 安全生产法律法规与其他要求

3.2.1 法律法规意识

3.2.1.1 企业各级人员均应了解遵守安全生产法律法规要求的重要性，特别是遵守有关安全生产法律法规的义务。

3.2.1.2 企业应定期了解各级人员的安全生产法律法规意识。

3.2.2 需求识别与获取

3.2.2.1 企业应确定渠道，识别、获取影响尾矿库的安全生产法律法规与其他要求。安全生产法律法规与其他要求包括法律、法规、规章、标准及规范性文件等。

3.2.2.2 企业应建立有效途径，及时获取员工或部门对安全生产法律法规与其他要求的需求。

3.2.3 融入

3.2.3.1 企业应将识别并获取的与尾矿库有关的安全生产法律法规与其他要求，融入到本企业的管理制度中。

3.2.3.2 企业应根据识别的安全生产法律法规与其他要求的需求，对所有层次的人员提供培训。

3.2.3.3 企业应向受安全生产法律法规与其他要求影响的人员，发放安全生产法律法规与其他要求或建立相应的获取途径。

3.2.4 评审与更新

3.2.4.1 企业应确保对安全生产法律法规与其他要求的变化进行识别、获取、评审与更新。

3.2.4.2 企业应确保使用的安全生产法律法规与其他要求的有效性。

3.3 机构设置与人员任命

3.3.1 安全管理机构

3.3.1.1 企业应按照安全生产法律法规的要求设置安全生产管理机构或配备专职安全生产管理人员。

3.3.1.2 企业安全生产管理人员应具备相应的意识、知识和能力。

3.3.2 特殊职位人员任命

3.3.2.1 企业的安全管理人员、应急救援人员等特殊职位人员，应由主要负责人书面任命。

3.3.2.2 被任命的人员应接受相关的培训，并具备必要的知识和能力。

3.4 安全生产责任制

3.4.1 责任制的建立

3.4.1.1 企业应建立尾矿库所有岗位的安全生产责任制，明确主要负责人、管理人员和各岗位作业人员的安全生产责任。

3.4.1.2 安全生产责任的描述应具体、简明、界定清晰并能考核。

3.4.2 责任制的内容

3.4.2.1 企业主要负责人对本企业的安全生产工作全面负责。

3.4.2.2 企业主要负责人和管理层人员应明确对企业安全生产的领导责任，并以实际行动表明对安全生产的承诺。

3.4.3 责任制的沟通与评审

3.4.3.1 企业应对安全生产责任制进行详细说明和交流，确保各岗位人员对本岗位的安全生产责任充分理解，特别是企业主要责任人和管理层人员。

3.4.3.2 安全生产责任制应定期评审，并根据需要予以更新。

3.5 文件与资料控制

3.5.1 文件控制要求

3.5.1.1 企业应建立文件控制的管理制度，确保尾矿库安全规章制度产生、使用、评审、修订和控制的效力与效率。

3.5.1.2 企业应定期或不定期对安全规章制度进行评审，必要时予以修订或废除。

3.5.1.3 企业确保安全规章制度能被需要的人员获取。

3.5.2 安全规章制度

3.5.2.1 企业应根据风险和作业性质，建立健全尾矿库安全规章制度。

3.5.2.2 尾矿库安全规章制度至少应包括安全检查制度、职业危害预防制度、安全教育培训制度、事故和事件管理制度、重大危险源监控制度、重大隐患整改制度、设备和设施安全管理制度、危险物品和材料管理制度、特殊工种管理制度、安全生产档案管理制度和安全生产奖惩制度等。

3.5.3 安全记录要求

3.5.3.1 企业应对主要的安全生产过程、事件、活动建立安全记录，并确保对安全记录的有效控制。

3.5.3.2 安全记录应符合下列规定：

——内容真实、准确、清晰；

——填写及时、签署完整；

——标识明确、编号清晰；

——易于识别与检索；

——完整反映相应过程；

——明确保存期限，并按期限保存。

3.6 外部联系与内部沟通

3.6.1 外部联系

3.6.1.1 企业应建立外部联系渠道，并明确职责，确保与外界就相关安全事项进行及时有效的联系。

3.6.1.2 企业应采用文件的形式，及时向外界披露重大安全事项，特别是可能影响尾矿库下游居民安全健康及相关方面的事项。

3.6.2 内部沟通

3.6.2.1 企业应建立文件化的内部沟通制度，明确沟通的方式、时机、内容、职责及信息的处理。

3.6.2.2 主要负责人应定期与员工就安全问题进行沟通。

3.6.2.3 企业应召开安全问题讨论会，收集员工关心的问题，并及时处理。

3.6.2.4 企业应制定合理化建议制度，听取员工和相关方面的意见及建议。合理化建议制度应有效地执行，以确保管理层是以公平的方式来评审所提出的各项建议。

3.7 承包商的选择与管理

3.7.1 企业应建立承包商的管理制度，确保承包商的能力满足企业的要求。

3.7.2 企业应确定符合要求的承包商，并保存批准过程相关的记录。

3.7.3 企业应识别承包商工作给企业带来的风险，并在允许承包商的员工使用企业的设备、设施前，对其进行培训。

3.7.4 企业应对承包商的服务过程实施检查，以识别并控制承包商造成的风险。

3.8 安全投入

3.8.1 企业主要负责人应确保尾矿库安全生产所需的投入，并对因投入不足所导致的后果负责。

3.8.2 企业应按规定提取安全费用，用于改善劳动条件，提高安全管理水平和本质安全程度。

3.9 工伤保险

3.9.1 企业应完善员工工伤保险管理制度。

3.9.2 企业应依法参加工伤社会保险，并为员工缴纳工伤保险费。

4 危险源辨识与风险评价

4.1 辨识与评价要求

4.1.1 一般要求

4.1.1.1 企业应建立危险源辨识与风险评价制度，辨识各类危险源，系统进行风险及其影响的识别与评价，特别是重大危险源及其风险。

4.1.1.2 企业应确保不同层面员工参与危险源辨识与风险评价过程。

4.1.1.3 危险源辨识与风险评价应考虑所有的活动、设备、设施、人员和管理，包括：

——正常和非正常的情况；

——现在和计划的生产活动；

——内部和外部的改变。

4.1.1.4 危险源辨识与风险评价结果应文件化，并应该定期进行危险源辨识与风险评价的回顾。

4.1.2 方法的确定

4.1.2.1 选择与企业相适应的危险源辨识与风险评价的方法，并确保方法的适应性、一致性、可重复性及可评价性。

4.1.2.2 危险源辨识与风险评价方法应能提供充足的信息。

4.1.3 辨识与评价流程

4.1.3.1 危险源辨识与风险评价应包括如下过程：

——准备；
——危险源辨识；
——危险源转化为风险的条件；
——量化风险结果；
——划分风险等级。

4.1.4 风险控制措施确定原则

4.1.4.1 企业应根据危险源辨识与风险评价结果，制定相应的风险控制措施。

4.1.4.2 风险控制措施的确定，应遵循以下原则：
——消除；
——替代；
——工程控制、隔离；
——管理措施；
——个体防护。

4.1.4.3 当员工安全健康与财产保护发生矛盾时，应优先考虑确保员工安全健康的措施。

4.1.5 持续风险评价

4.1.5.1 企业应持续地进行风险评价，及时处理重大风险。

4.1.5.2 持续风险评价过程包括：
——使用前检查；
——计划任务观察；
——设备检查；
——工前危险预知；
——交接班检查；
——定期安全检查
——定期检修；
——安全标准化系统评价。

4.2 尾矿库风险评价

4.2.1 初始风险评价

4.2.1.1 企业应对尾矿库进行初始风险评价，评价过程应考虑内外部因素。

4.2.1.2 外来因素应包括：
——暴雨风险；
——周围山体泥石流风险；
——周围喀斯特地貌导致的风险；
——地震风险；
——外来尾矿、废水风险；
——库区周围作业风险；
——库内采、选尾矿风险；
——蓄意破坏风险。

4.2.1.3 内部因素应包括：
——运行工艺导致的风险；
——尾矿设施导致的风险；
——法律、法规、标准需求；
——相关方的观点。

4.2.2　风险分级管理

4.2.2.1　初始风险评价结果应包括各种风险可能发生过程的描述和风险的级别，并按严重性排序。

4.2.2.2　企业应依据初始风险评价结果进行风险分级管理。

4.3　关键任务识别与分析

4.3.1　基本要求

4.3.1.1　企业应建立关键任务识别与分析制度，完成关键任务风险分析。

4.3.1.2　企业应根据关键任务风险分析结果，编写作业指导书。指导书应简明扼要，通俗易懂，突出安全步骤。

4.3.2　工作票与许可任务管理

4.3.2.1　企业应认定需要工作票和经许可方可进行作业的范围，并对工作票和许可的签发人员进行培训和能力评估。

4.3.2.2　企业应定期对工作票和许可作业的范围进行评审与更新。

4.3.3　任务观察

4.3.3.1　企业应建立任务观察制度，并对从事任务观察工作的人员进行观察方式、方法的培训。

4.3.3.2　企业应保存任务观察记录。

5　安全教育培训

5.1　员工安全意识

5.1.1　意识的辨识与输入

5.1.1.1　企业应对员工的安全意识进行辨识，考察员工对安全健康问题的掌握与熟悉程度。

5.1.1.2　新员工在聘用后应首先接受安全意识的培训，并对其意识情况进行重点跟踪。

5.1.1.3　当工艺流程发生变化时，员工应对工作现场特定要求进行回顾。

5.1.1.4　当员工脱离工作岗位超过规定时间返岗时，应进行工作现场特定要求的回顾。

5.1.1.5　管理层特定意识应与其个人的安全管理职责相适应。

5.1.2　意识提升

5.1.2.1　企业应建立监测、跟踪意识提升及满足深层次意识培训需求的机制，并确保该机制的有效运行。

5.1.2.2　企业应建立全员安全意识宣传计划，并利用各种视听资料提高全员的安全意识。

5.2　培训

5.2.1　需求识别与分析

5.2.1.1　企业应识别、分析培训需求。

5.2.1.2　培训需求的识别应针对所有员工和所有作业过程，并充分考虑以下内容：

——安全生产法律法规与其他要求；

——员工和管理层的意见和建议；

——技术发展的需要；

——变化过程管理要求；

——风险评价结果；

——相关方面的要求。

5.2.2　培训要求

5.2.2.1　企业应针对已经识别的培训需求，制定培训计划，并按计划实施培训。

5.2.2.2　企业应保存所有培训过程和结果的记录。

5.2.3　培训评审

5.2.3.1　企业应建立培训的适宜性评估机制，对培训数量与培训效果等进行评估。

5.2.3.2 评估的途径应包括：

——员工反馈；

——绩效改善调查；

——管理层反馈；

——测试结果的分析；

——现场应用能力的跟踪。

6 尾矿库建设

6.1 尾矿库勘察

6.1.1 企业应建立尾矿库勘察管理制度，确保按照法律法规要求进行勘察，并对勘察质量进行有效控制。

6.1.2 企业应妥善保存地形测量、工程地质及水文地质勘察等有关资料。

6.2 尾矿库设计

6.2.1 企业应建立设计管理制度，对设计质量进行有效控制。

6.2.2 尾矿库建设项目应当进行安全设施设计并经审查合格，方可施工。无安全设施设计或者安全设施设计未通过审查，不得施工。

6.2.3 已经投入生产运营的尾矿库无正规设计或者资料不齐全的，企业应当在安全生产监督管理部门规定的期限内进行必要的勘测，补齐必要的资料。

6.2.4 企业应妥善保存设计文件和图纸。

6.3 安全设施施工及验收

6.3.1 企业应制定安全设施施工管理制度，对安全设施施工质量进行有效控制。

6.3.2 尾矿库初期坝、副坝、排洪设施、观测设施等安全设施的施工及验收，应按《尾矿设施施工及验收规程》和其他有关规程进行。

6.3.3 隐蔽工程必须经分段验收合格后，方可进行下一阶段施工。

6.3.4 施工过程中应严格填写施工、监理记录。

6.3.5 尾矿库建设项目安全设施设计审查与竣工验收，应符合《非煤矿矿山建设项目安全设施设计审查与竣工验收办法》及有关法律、法规的规定。

6.3.6 企业应妥善保存施工及竣工验收、监理、安全预评价及验收安全评价、审批等文件、图纸和资料。

6.4 尾矿库的闭库

6.4.1 企业应制定尾矿库闭库管理制度，对闭库进行有效控制。

6.4.2 停用的尾矿库，应根据有关法律法规与其他要求的规定，以及闭库安全评价报告的要求，进行闭库整治设计，确保尾矿库防洪能力和尾矿坝稳定性满足 AQ 2006—2005 的要求，维持尾矿库闭库后长期安全稳定。

6.4.3 闭库工程施工及验收，可参照《尾矿设施施工及验收规程》和其他有关规定的要求进行。

6.4.4 闭库后的尾矿库，应做好坝体及排洪设施的维护。未经论证和批准，不得储水。严禁在尾矿坝和库内进行乱采、滥挖、违章建筑和违章作业。

6.4.5 闭库后的尾矿库，未经设计论证和批准，不得重新启用或改作他用。

6.5 尾矿库的再利用

6.5.1 在现役尾矿库中进行回采作业，以及启用闭库后的尾矿库或将其改作他用，应按照尾矿库建设的规定进行技术论证、工程设计和安全评价。

6.5.2 在再利用的过程中，应遵守尾矿库运行管理的有关规定，确保尾矿库安全。

6.5.3 在尾矿库中进行回采作业时，应严格按照批准的设计要求进行。仍需继续使用的原尾矿坝和排洪设施，不得影响其安全效果。

6.5.4 尾矿库的再利用工作结束后，应按尾矿库闭库的规定，进行闭库。

7 尾矿库运行

7.1 尾矿输送

7.1.1 企业应建立完善的尾矿输送、尾矿浓缩设施、分级设备和泵站的安全管理制度。

7.1.2 企业应加强尾矿输送线路的维护管理，作好尾矿输送系统损坏、维修记录。

7.2 尾矿筑坝与排放

7.2.1 企业应根据 AQ 2006—2005 和其他相关规定的要求，制定子坝的堆筑与排放操作规程和安全管理制度。

7.2.2 尾矿排放与筑坝，应遵守下列规定：

——严格按照设计和作业计划的要求进行；

——冰冻期、事故期或因其他原因确需长期集中排放时，应避免影响后续堆积坝体的稳定；

——滩顶高程满足生产、防汛、冬季冰下放矿和回水要求；

——尾矿坝堆积坡比和坝外坡面维护工作符合设计要求；

——子坝堆筑前按规定处理岸坡，做好隐蔽工程记录，并经主管技术人员检查合格后方可充填筑坝；

——子坝堆筑完毕，应进行质量检查，并做好记录。

7.2.3 坝体出现冲沟、裂缝、塌坑和滑坡等现象时，应及时妥善处理。

7.3 水位控制与防汛

7.3.1 水位控制

7.3.1.1 企业应制定尾矿库水位控制安全操作规程和安全管理制度。

7.3.1.2 尾矿库内水位的控制，应遵守下列规定：

——按设计要求控制库内水位；

——在满足回水水质和水量要求前提下，尽量降低库内水位；

——当尾矿库实际情况与设计不符时，汛前应进行调洪演算；

——当回水与尾矿库安全对滩长和超高的要求有矛盾时，应优先保证尾矿库安全；

——水边线应与坝轴线基本保持平行。

7.3.1.3 排出库内蓄水或大幅度降低库内水位时，应注意控制流量，非紧急情况不宜骤降。

7.3.1.4 岩溶或裂隙发育地区的尾矿库，应控制库内水深，防止落水洞漏水事故。

7.3.2 防汛

7.3.2.1 企业应制定尾矿库防汛措施和排洪设施安全管理制度。

7.3.2.2 应确保尾矿库防洪能力满足 AQ 2006—2005 的要求。

7.3.2.3 汛期前应对排洪设施进行检查、维修和疏浚，确保排洪设施畅通。库内应设置清晰醒目的水位观测标尺，标明正常运行水位和警戒水位。

7.3.2.4 采用子坝挡水，应经技术论证。

7.3.2.5 洪水过后应对坝体和排洪构筑物进行检查与清理，发现问题及时修复，并采取措施降低库水位。

7.3.2.6 尾矿库排水构筑物停用后，应严格按设计要求及时封堵，并确保施工质量。严禁在排水井井筒顶部封堵。

7.4 尾矿坝渗流

7.4.1 企业应制定尾矿库渗流控制措施和排渗设施安全管理制度。

7.4.2 应按规定对坝体浸润线进行观测，确保其符合设计要求。

7.4.3 当坝体浸润线超过控制线时，应经技术论证并得到批准后，方可增设或更新排渗设施。

7.5 防震与抗震

7.5.1 企业应制定尾矿库防震与抗震安全管理制度，并对低于现行抗震标准的原设计进行安全技术论证。

7.5.2 上游建有尾矿库、排土场或水库等工程设施的尾矿库，应了解上游所建工程的稳定情况，并采取必要的防范措施。

7.5.3 震后应进行检查，及时修复被破坏的设施。

7.6 作业现场安全管理

7.6.1 作业环境

7.6.1.1 夜间工作时，所有作业点及危险点均应有足够的照明。

7.6.1.2 库区内的所有电力线路，应按安全规程要求敷设整齐，无乱搭乱接现象。

7.6.1.3 在库区内陡峭的山坡、坝体、深水区等危险地段，应设明显的警示标志。

7.6.2 职业卫生

7.6.2.1 企业应建立职业危害控制和健康监护管理制度。

7.6.2.2 企业应识别可能存在的职业危害因素，并对其实施有效监测和控制。监测和控制结果应记录存档。

7.6.2.3 企业应建立员工职业卫生监护档案并保密。

7.6.3 劳动防护用品

7.6.3.1 企业应通过作业场所的职业危害因素分析，进行劳动防护用品需求的评估。

7.6.3.2 企业应建立劳动防护用品采购、发放、维护和使用管理制度。

7.7 变化管理

7.7.1 在实施变化前，应进行危险源辨识与风险评价。

7.7.2 企业生产工艺变化前，应经评审与批准。

7.7.3 企业应确保变化管理所需的制度和资源。

7.7.4 变化的相关资料应完整移交。

8 检查

8.1 一般要求

8.1.1 企业应制定尾矿库安全检查制度，确保所进行的安全检查覆盖所有作业场所、活动、设备、设施、人员和管理。

8.1.2 企业应建立完善的安全检查信息收集、传递、处理和反馈渠道。

8.1.3 企业应对所有执行安全检查人员进行培训，使其熟练掌握各类安全检查方法和技巧。

8.1.4 企业应定期对安全检查的效果进行评审，并根据变化的情况，及时更新检查内容和方法。

8.1.5 所有安全检查均应记录存档，并可获取。

8.1.6 检查结果应作为安全考评的依据。

8.2 日常巡检和定期观测

8.2.1 企业应对尾矿库实施日常巡检和定期观测。

8.2.2 日常巡检和定期观测的内容应包括：

——识别并纠正尾矿工不当的行为；

——输送、排放设备、设施的状况；

——尾矿坝有无不良的状况；

——坝体是否有沉降；

——排渗设施有无不良的状况；

——浸润线的高低；

——排洪设施有无不良的状况；

——周围地质环境是否变化；

——周边是否有乱采滥挖现象；

——有无外来尾矿影响；

——有无放牧和开垦现象；

——纠正和预防行动的效力。

8.3 防洪安全检查

8.3.1 企业应按规定对尾矿库进行防洪安全检查。

8.3.2 防洪安全检查内容应包括：

——检查尾矿库设计的防洪标准是否符合规定；

——尾矿库水位；

——尾矿库干滩长度、平均坡度和滩顶高程；

——尾矿库在最高洪水时坝的安全超高和最小干滩长度是否满足要求；

——排水井、排水斜槽、排水涵管、排水隧洞、溢洪道和截洪沟等排洪构筑物有无变形、位移、损毁、淤堵，排水能力是否满足要求。

8.4 坝体安全检查

8.4.1 企业应按规定对尾矿库坝体进行安全检查。

8.4.2 坝体安全检查内容应包括：

——外坡坡比；

——位移；

——纵、横向裂缝；

——滑坡；

——浸润线位置；

——排渗设施和渗漏状况；

——坝面保护设施。

8.5 库区安全检查

8.5.1 企业应按规定对尾矿库库区进行安全检查。

8.5.2 库区安全检查内容应包括：

——周边山体滑坡、塌方、泥石流和溶洞等情况；

——违章爆破、采石和建筑；

——违章进行尾矿回采、取水；

——外来尾矿、废石、废水和废弃物排入；

——放牧和开垦。

8.6 纠正和预防措施

8.6.1 企业应制定纠正和预防措施实施的保障制度，确保对安全标准化系统中出现的问题及时采取相应的纠正和预防措施。

8.6.2 保障制度应明确规定以下内容：

——依据问题的严重程度，制定纠正和预防措施的实施计划；

——实施纠正和预防的责任部门和责任人；

——及时反馈纠正和预防的实施情况及其有效性，并与员工和相关管理层进行沟通；

——必要时需要对纠正和预防的实施情况及其有效性进行评审的责任部门或责任人；

——保存及管理纠正和预防措施实施记录的要求。

9 应急管理

9.1 应急准备

9.1.1 认定紧急情况

9.1.1.1 企业应根据危险源辨识和风险评价结果,并考虑法律法规与其他要求,以及以往事故、事件和紧急状况的经验,认定潜在的紧急情况。

9.1.1.2 认定紧急情况时,应特别关注以下内容:

——自然灾害导致的溃坝事故,如洪水、泥石流、地震等;

——周围环境导致的溃坝事故,如外来尾矿、废水,周围采矿作业,库内采、选尾矿等;

——工艺和设施导致的溃坝事故,如水位超过警戒线、排洪设施损毁、排洪系统堵塞、坝体深层滑动等。

9.1.2 应急准备管理

9.1.2.1 企业应指定专人管理应急工作,并根据应急演练中的风险和企业内外部事故、事件的应急经验,及时完善应急准备工作。

9.1.2.2 定期评审与企业应急有关的外部应急部门,如消防、医疗部门。

9.1.2.3 企业应评审可能造成企业紧急情况的外部机构及其影响,如危险货物的供应商及其危险物品的类型、数量、位置的信息等。

9.2 应急计划

9.2.1 企业应针对认定的紧急情况编制应急计划,并明确有关人员的职责及履职方法。

9.2.2 编制应急计划时应考虑以下内容:

——危险源辨识和风险评价结果;

——安全法律法规与其他要求;

——以往事故、事件和紧急状况的经验;

——企业现有的应急能力和应具备的应急能力;

——专业应急部门可以支援的应急能力;

——政府在应急管理中的作用等。

9.2.3 应急计划的内容应包括:

——接警与通知;

——指挥与控制;

——警报与紧急公告;

——应急资源;

——通讯;

——事态监测与评估;

——警戒与治安;

——人员疏散;

——医疗与卫生;

——公共关系;

——应急人员安全;

——搜索与援救;

——泄漏物控制;

——现场恢复。

9.2.4 企业应定期评审并更新应急计划,确保有最新的版本。

9.3 应急响应

9.3.1 企业应根据事故或紧急情况确定启动应急计划，并按事先规定的响应级别实施应急响应。

9.3.2 企业应确保足够的应急能力支持。

9.4 应急保障

9.4.1 企业应建立完善的应急组织机构，并规定职责及作用。设立应急控制指挥中心时，应确保其具备必需的能力。

9.4.2 企业应根据认定的紧急情况，建立应急响应队伍，包括：

——医疗救护；

——搜索与救援；

——安全保卫；

——通讯；

——抢修。

9.4.3 企业应根据认定的紧急情况配备必要装备，包括：

——通信设备；

——急救用品；

——紧急备用电源、设备及物资；

——摄影设备；

——应急人员的识别标识；

——急救防护用品。

企业应急装备的配置，应考虑外部可以支援的应急能力。

9.4.4 企业应针对可能发生的紧急情况，识别外部应急资源。对于已识别的、可以利用的外部应急资源，应建立正式的相互支援协议。

9.5 应急评审与改进

9.5.1 应急评审

9.5.1.1 企业应定期评审和更新应急计划，确保所需的应急能力。

9.5.1.2 评审的依据包括：

——紧急情况响应和应急演练的结果；

——外部应急经验；

——设备、设施或流程的变化情况。

9.5.1.3 修订后的应急计划应及时发放给有关人员，并对其提供必要的培训。

9.5.1.4 基于安全考虑，应急计划应适度保密。

9.5.2 培训、训练及演习

9.5.2.1 企业应进行应急培训、训练和演习。

9.5.2.2 培训和训练应针对应急队伍和全体员工进行。

9.5.2.3 演习应根据认定的紧急情况，按计划进行。演习方式包括桌面演习、功能演习和全面演习。

10 事故、事件报告、调查与分析

10.1 报告

10.1.1 企业应建立事故、事件报告制度，阐明事故、事件定义、报告的内容、时间、方式及响应。

10.1.2 企业应对报告的事故、事件进行登记建档，并定期审查，以确保所有的事故、事件均得到有效调查和处理。

10.2 调查

10.2.1 企业应建立事故、事件调查与跟踪制度，明确事故调查人员的组成，沟通的方式、对象和时间。

10.2.2 调查过程应考虑专业技术需要,必要时聘请外部专家。

10.2.3 在形成调查报告之前,应与所涉及的员工进行交流。

10.2.4 调查报告应提出事故、事件的处理意见和防范措施的建议。

10.2.5 应对所有相关文件和资料进行整理,并归档保存。

10.3 统计与分析

10.3.1 企业应确定事故、事件统计指标及计算方法,并定期对事故、事件的发生情况进行统计分析,以发现事故、事件发生的原因和趋势。

10.3.2 事故、事件分析的要点包括:

——事故发生时间规律分析;

——伤亡人员年龄结构分析;

——伤亡人员工作年限分析;

——原因分析;

——伤害率分析;

——事故费用分析;

——安全标准化系统缺陷分析。

10.3.3 对事故进行年度分析,以监测改进,并找出事故发生的趋势。

10.4 事故、事件回顾

10.4.1 利用安全讲座引发讨论和学习,以吸取教训。

10.4.2 回顾已发生事故的原因和防范措施。

10.4.3 通过个案研究或展示促进了解,鼓励讨论。

11 绩效测量与评价

11.1 绩效测量

11.1.1 企业应建立安全绩效监测和测量制度,监测和测量的内容包括以下方面:

——安全目标的实现;

——事故、事件的发生情况;

——措施的执行情况;

——安全管理的依从性;

——安全标准化系统的持续改进。

11.1.2 制度应明确测量的方法和频度。

11.1.3 监测结果应与相关人员沟通并保存。

11.2 系统评价

11.2.1 内部评价

11.2.1.1 企业应建立安全标准化系统内部评价制度,内部评价制度内容应包括以下方面:

——评价计划的产生与批准;

——评价频率;

——评价范围和标准;

——评价方法;

——人员能力要求;

——评价结果的处理。

11.2.1.2 内部评价应关注以下问题:

——安全标准化系统的效力和效率;

——存在的问题与缺陷;

——资源使用的效力和效率；

——实际安全绩效与期望值的差距；

——绩效监测系统的适宜性和监测结果的准确性；

——纠正行动的效力和效率；

——企业与相关方的关系。

11.2.1.3 内部评价应文件化。

11.2.2 外部评价

11.2.2.1 政府安全生产监督管理部门对安全标准化的实施进行监督，对不符合安全标准化要求的提出改进意见，以促进安全标准化的实施效果。

11.2.2.2 政府安全生产监督管理部门应定期组织安全标准化的评定，每三年至少应进行一次。发生死亡事故或具有重大影响的其他事故后，应重新进行安全标准化评定。

11.2.2.3 外部评价应明确给出企业安全标准化等级。

ICS 13.100
D 09
备案号：18900—2006

AQ

中华人民共和国安全生产行业标准

AQ 2007.5—2006

金属非金属矿山安全标准化规范 小型露天采石场实施指南

The applicable guide of standardized specification of work safety for small-scale and opencast quarries

2006-10-01 发布　　　　2007-07-01 实施

国家安全生产监督管理总局　　发布

前　言

本标准参照AQ 2007.1《金属非金属矿山安全标准化规范　导则》制定，用于指导小型露天采石场创建安全标准化系统，以达到对安全生产工作实施标准化管理，不断消除和控制生产过程中的风险，持续改进安全生产绩效，防止人身伤害或财产损失事故发生的目的。

本标准全部规范性技术要素均为强制性。

本标准由国家安全生产监督管理总局提出并归口。

本标准负责起草单位：中国安全生产科学研究院。

本标准参加起草单位：武汉安全环保研究院、中南大学、中国有色工程设计研究总院、上海宝钢集团公司、中国铝业公司、中国黄金集团公司。

本标准主要起草人：张兴凯、李晓飞、张涌、史秀志、边卫华、高士田。

金属非金属矿山安全标准化规范
小型露天采石场实施指南

1 范围

本标准规定了创建小型露天采石场安全标准化系统的要求。

本标准适用于小型露天采石场或其独立生产系统。

2 规范性引用文件

下列文件中的条款通过本标准的引用而成为本标准的条款。凡是注日期的引用文件，其随后所有的修改单(不包括勘误的内容)或修定版均不适用于本标准，然而，鼓励根据本标准达成协议的各方研究是否可使用这些文件的最新版本。凡是不注日期的引用文件，其最新版本适用于本标准。

GB 16423—2006 金属非金属矿山安全规程

GB 14161—1993 矿山安全标志

GB 50016—2006 建筑设计防火规范

安全生产许可证条例 国务院令第397号

非煤矿矿山企业安全生产许可证实施办法 国家安全生产监督管理局令第9号

非煤矿矿山建设项目安全设施设计审查与竣工验收办法 国家安全生产监督管理局令第18号

小型露天采石场安全生产暂行规定 国家安全生产监督管理局令第19号

3 目标与承诺

3.1 目标

3.1.1 目标的设立

3.1.1.1 设立量化的安全生产目标。

3.1.1.2 目标应体现企业的风险特点。

3.1.2 目标的实施

3.1.2.1 制定目标实现计划并保证实施。

3.1.2.2 对目标的完成情况进行监测。

3.1.2.3 根据监测结果和内外部条件的变化，对目标进行修订。

3.2 承诺

3.2.1 主要负责人应对遵守法律法规和改进安全绩效做出承诺。

3.2.2 所有员工应了解并监督主要负责人履行其承诺。

4 安全生产法律法规与其他要求

4.1 法律法规意识

4.1.1 各级人员均应了解遵守安全生产法律法规要求的重要性，特别是遵守有关安全生产法律法规的义务。

4.1.2 企业应定期了解员工的法律法规意识。

4.2 需求识别与获取

4.2.1 确定渠道并识别、获取影响本企业安全生产法律法规与其他要求，包括法律、法规、规章、标准及规范性文件等。

4.2.2　企业应建立有效途径，及时获取员工或部门对安全生产法律法规与其他要求的需求。

4.3　融入

4.3.1　将有关法律法规与其他要求的精神融入本企业相关的管理制度。

4.3.2　企业应对员工进行所有层次人员了解相关法律法规与其他要求。

5　安全生产组织保障

5.1　安全生产责任制

5.1.1　建立各级各岗位安全生产责任制。责任的描述应具体、简明、界定清晰并能考核。

5.1.2　主要负责人对本企业的安全生产工作全面负责并以实际行动表明对安全的承诺。

5.1.3　对安全生产责任制进行详细说明和交流，确保各岗位人员对本岗位的安全生产责任充分理解。安全生产责任制应定期评审，并根据需要予以更新。

5.2　安全机构设置

5.2.1　按照安全生产法律法规的要求设置安全生产管理机构或配备专职安全生产管理人员。

5.2.2　安全生产管理人员应具备相应的意识和能力。

5.3　安全规章制度

5.3.1　建立健全下列安全规章制度：

——安全检查制度，加强作业现场、设备设施和周边环境的安全检查；

——安全教育培训制度，加强从业人员的安全知识、意识和技能的培训；

——生产安全事故管理制度，说明事故、事件的类型，报告的时间和方式，应采取的处理措施等；

——边坡管理制度，加强边坡的管理；

——职业危害预防制度；

——设备安全管理制度，做好设备的维护保养，确保设备安全运行；

——安全生产档案管理制度，做好图纸、资料和记录的管理；

——安全生产奖惩制度，充分调动从业人员安全生产的积极性。

5.3.2　根据上述制度适用条件的变化，及时对其进行修订。

5.4　安全会议

5.4.1　每季度召开一次全体从业人员参加的安全会议，总结安全生产经验与教训。

5.4.2　认真听取从业人员对安全生产管理的意见和建议，并及时进行处理和反馈。

5.5　安全记录与档案管理

5.5.1　针对主要的安全生产过程、事件、活动建立安全记录。

5.5.2　安全记录应符合下列规定：

——内容真实、准确、清晰；

——填写及时、签署完整；

——标识明确、编号清晰；

——易于识别与检索；

——完整反映相应过程；

——明确保存期限，并按期限保存。

5.5.3　做好下列档案的建档与保管工作：

——开采设计和开采方案；

——能够反映本采石场实际开采情况的地形地质图，开采平面图和剖面图；

——事故和严重事件记录；

——主要负责人、专职安全员、特种作业人员安全资质证书副本；

——设备清单及维护保养记录；
——爆破器材使用记录；
——爆破记录；
——边坡检查记录；
——劳动防护用品采购和发放记录；
——安全会议记录；
——从业人员培训考核记录；
——安全管理制度和操作规程。

5.6 外部联系与内部沟通

5.6.1 及时向外界披露重大安全事项。

5.6.2 建立内部沟通制度，明确沟通的方式、时机、内容、职责及信息的处理。

5.7 系统管理评审

5.7.1 管理层应定期组织实施管理评审，评价本企业安全标准化系统的实施状况，识别不足和需要改进的事项。

5.7.2 管理评审应建立在真实反映企业安全管理状态的有效信息之上。

5.7.3 评审结果应与责任人、员工及相关方沟通，并确保依据评审结果制定的行动计划得到有效实施。

5.7.4 建立并保存管理评审的记录。

5.8 供应商与承包商管理

5.8.1 供应商的选择与管理

5.8.1.1 建立供应商的管理制度，确保供应商的能力满足企业要求。

5.8.1.2 确定符合要求的供应商，并保存批准过程相关的记录。

5.8.1.3 对供应商的供应过程实施有效控制。

5.8.1.4 供应商在企业现场开展的一切活动，均应遵守企业的安全要求。

5.8.2 承包商的选择与管理

5.8.2.1 建立承包商的管理制度，确保承包商的能力满足企业的要求。

5.8.2.2 确定符合要求的承包商，并保存批准过程相关的记录。

5.8.2.3 识别承包商工作给企业带来的风险，并在允许承包商的员工使用企业的设备、设施前，应对其进行培训。

5.8.2.4 对承包商的服务过程实施检查，以识别及纠正承包商造成的风险。

5.9 安全认可与奖励

5.9.1 建立员工安全表现的认可与奖励制度。

5.9.2 确保所有层面的员工均能参与个人的认可过程。

5.9.3 公告员工安全表现信息。

6 风险管理

6.1 危险源辨识与风险评价要求

6.1.1 一般要求

6.1.1.1 企业应建立危险源辨识与风险评价制度，辨识各类危险源，并系统地进行风险及其影响的识别与评价，特别是重大危险源及其风险。

6.1.1.2 企业应确保不同层面员工参与危险源辨识与风险评价过程。

6.1.1.3 危险源辨识与风险评价应考虑所有的活动、设备、设施、人员和管理，包括：
——正常和非正常的情况；
——现在和将来的生产活动；

——内部和外部因素的变化。

6.1.1.4 危险源辨识与风险评价结果应文件化，并定期进行危险源辨识与风险评价的回顾。

6.1.2 方法的确定

6.1.2.1 选择与企业相适应的危险源辨识与风险评价的方法，并确保方法的适应性、一致性、可重复性及可评价性。

6.1.2.2 危险源辨识与风险评价方法应能提供充足的信息。

6.1.3 辨识与评价流程

危险源辨识与风险评价应包括如下过程：

——准备；

——危险源辨识；

——危险源转化为风险的原因；

——量化风险结果；

——划分风险等级。

6.1.4 风险控制措施确定原则

6.1.4.1 企业应根据危险源辨识与风险评价结果，制定相应的风险控制措施。

6.1.4.2 风险控制措施的确定，应遵循下列原则：

——消除；

——替代；

——工程控制、隔离；

——管理措施；

——个体防护。

6.1.4.3 当员工安全健康与财产保护不一致时，措施应优先考虑确保员工的安全健康。

6.2 风险评价

6.2.1 企业应进行初始风险评价，初始评价过程应综合考虑：

——生产工艺过程风险；

——危险物质风险；

——设备、设施风险；

——环境风险；

——职业卫生风险；

——管理风险；

——法律、法规、标准需求；

——相关方的观点。

6.2.2 初始风险评价结果应包括各种风险可能发生过程的描述和风险的级别，并按严重性排序。

6.2.3 企业应依据初始风险评价结果进行风险分级管理。

7 安全教育与培训

7.1 需求识别与分析

7.1.1 企业应识别、分析培训需求。

7.1.2 培训需求的识别应针对所有员工和所有作业过程，并充分考虑：

——安全生产法律法规与其他要求；

——员工和管理层的意见和建议；

——风险评价结果；

——相关方的要求。

7.2 培训要求

7.2.1 企业应针对已识别的培训需求，制定培训计划，并按计划实施培训。

7.2.2 企业应保存所有培训过程和结果的记录。

7.3 培训评审

7.3.1 企业应建立培训的适宜性评估机制，对培训数量与培训效果等方面进行评估。

7.3.2 评估的途径应包括：

——学员反馈；

——绩效改善调查；

——管理层反馈；

——测试结果的分析；

——现场应用能力的跟踪。

8 生产工艺系统安全管理

8.1 设计要求

8.1.1 设计应委托具有相应资质的设计单位进行。

8.1.2 保证建设工程的安全设施与主体工程同时设计、同时施工、同时投入生产和使用。

8.1.3 妥善保存设计文件和图纸，包括地形地质图、采剥工程总平面布置图、采场剖面图等。

8.2 采矿工艺

8.2.1 建立采矿工艺管理制度，以确保：

——开采顺序和开采方式符合安全规程规定；

——设备、设施之间相互匹配，并满足工序要求；

——各工序之间相互匹配，并满足企业生产要求；

——开采范围在采矿许可证划定的范围内；

——按规定保留隔离带；

——台阶高度、最终边坡角和工作平台宽度符合设计规定。

8.3 生产保障系统

8.3.1 建立生产保障系统管理制度，制度应重点关注运输、供配电、防排水和防灭火等系统。

8.3.2 运输线路条件符合设计和有关规定要求，运输能力满足生产要求，且运行可靠。

8.3.3 电气设备、线路应有可靠的避雷、接地装置，并定期进行检修；设备供电电缆的敷设符合安全要求，保持绝缘良好，不与金属管(线)和导电材料接触，在横过道路时，有可靠的防护措施；配电室应有专人管理，人员离开时应上锁。

8.3.4 按设计要求建立防排水系统，其能力应满足防排水要求。

8.3.5 建(构)筑物和重要设备，应按 GB 500016—2006 和其他有关规定，以及消防部门的要求，建立消防隔离设施，配备足够的消防设备和器材。

9 设备设施安全管理

9.1 基本要求

9.1.1 企业应建立设备、设施管理制度，以有效控制设备、设施的规划、采购、安装(建设)、调试、验收、使用、维护和报废过程。

9.1.2 企业应建立设备、设施管理台账，及其原始技术资料、图纸和记录的档案。

9.2 设备设施维护

9.2.1 建立设备、设施维护制度，识别设备、设施可能的故障类型，确定设备、设施的维护计划。

9.2.2 根据法律法规与其他要求，以及风险辨识的结果，列出需要检测检验的设备、设施、仪器、仪表和器材清单,按规定进行检测检验,并保存记录。

10 作业现场安全管理

10.1 作业环境

10.1.1 开采境界

10.1.1.1 采石场边界应设可靠的围栏或醒目的警示标志。

10.1.1.2 采石场边界上 2 m 范围内,无可能危及人员安全的植物和不稳固的矿岩等。

10.1.1.3 确保采石场边界上覆盖的松散岩土层处于稳定状态。

10.1.2 采场

10.1.2.1 采场应有安全可靠的人行通道。

10.1.2.2 边坡上的浮石应及时清理干净。

10.1.2.3 采场内的所有电力线路,应按 GB 16423—2006 的要求敷设整齐,无乱搭乱接现象。

10.1.2.4 采场道路和爆堆应经常洒水降尘。

10.1.3 照明

10.1.3.1 夜间工作时,所有作业点及危险点均应有足够的照明。

10.1.3.2 照明使用电压为 220 V,行灯或移动式照明灯具的电压不高于 36 V。

10.1.4 安全标志

10.1.4.1 企业应建立安全标志管理制度。

10.1.4.2 安全标志应符合 GB 14161—1993 的要求。

10.2 作业过程

10.2.1 一般要求

10.2.1.1 进入作业现场之前,应按规定佩带个体防护用品。

10.2.1.2 作业前应首先检查作业场所和设备、设施的安全状况,发现异常及时处理。

10.2.1.3 按照操作规程的要求进行作业。

10.2.2 穿孔作业

10.2.2.1 孔网参数应符合设计要求,严禁打残眼。

10.2.2.2 穿孔作业应采用湿式作业或采取其他有效防尘措施。

10.2.2.3 钻机作业时,非操作人员不应在其周围可能危及人身安全的区域内滞留。

10.2.2.4 穿孔作业与台阶底部的装运作业不应同时进行。

10.2.3 爆破作业

10.2.3.1 有严格的爆破器材管理制度。

10.2.3.2 爆破作业应按批准的爆破设计书或爆破说明书进行。

10.2.3.3 爆破工作开始前,应确定危险区的边界,并设置明显的标志和岗哨,爆破前应有明确的警戒信号。

10.2.3.4 在爆破危险区域内有两个以上的单位(作业组)进行爆破作业时,应统一指挥。

10.2.3.5 爆破后,爆破员应按规定的等待时间进入爆破地点,检查有无危石、盲炮等现象,如果有应及时进行处理,只有确认爆破地点安全后,才准许人员进入爆破地点。

10.2.3.6 每次爆破后,爆破员应认真填写爆破记录。

10.2.4 铲装作业

10.2.4.1 挖掘机作业和行走时,应做到:

——发现悬浮岩块或崩塌征兆、盲炮等情况,立即停止作业,并将设备移至安全地带;

——悬臂和铲斗下面及工作面附近无人停留;

——铲斗不应从车辆驾驶室上方通过。

10.2.4.2 人工装运作业，应有专人监视坡面，防止滚石伤人。

10.2.5 运输作业

10.2.5.1 严禁超载运输。

10.2.5.2 不应用自卸汽车运载易燃、易爆物品。

10.2.5.3 车辆在急弯、陡坡、危险地段应限速行驶。

10.2.5.4 不应采用溜车方式发动车辆，下坡行驶时不应空挡滑行。

10.2.5.5 在坡道上停车时，司机不应离开，应使用停车制动并采取安全措施。

10.2.5.6 在大雾、暴风雨(雪)等恶劣天气条件下，应严格控制行车速度，并保持适当的车距。

10.2.6 边坡检查

10.2.6.1 每次爆破后，应对坡面进行安全检查，发现有滑坡体、浮石或可能塌落的伞檐体时，应采取可靠的处理措施。

10.2.6.2 处理和检查的工作人员应佩带安全带。

10.2.6.3 暴雨过后，应先对边坡进行仔细检查，确认安全后，方可开展其他作业。

10.2.6.4 寒冷地区解冻时，应加强边坡检查。

10.3 劳动防护用品

10.3.1 应给员工发放符合要求的劳动防护用品，并提供穿戴、使用的培训。

10.3.2 确保劳动防护用品正确地使用与维护。

10.4 职业卫生管理

10.4.1 企业应建立职业卫生管理制度。

10.4.2 企业应对生产过程中存在的职业危害因素进行分析。

10.4.3 了解企业及周边地区可能的传染疾病并加以控制。

10.4.4 企业应建立员工职业卫生监护档案并保密。

11 安全投入与工伤保险

11.1 安全投入

11.1.1 主要负责人应确保安全生产所需的投入，并对因投入不足所导致的后果负责。

11.1.2 企业应按规定提取安全费用，用于改善劳动条件。

11.2 工伤保险

11.2.1 企业应完善员工工伤保险管理制度。

11.2.2 依法参加工伤社会保险，并为员工缴纳工伤保险费。

12 检查、处理与应急

12.1 安全检查

12.1.1 企业应制定安全检查制度，确保所进行的安全检查覆盖企业所有的作业场所、活动、设备、设施、人员和管理。

12.1.2 企业应对所有执行安全检查人员进行培训，使其熟练掌握各类安全检查方法和技巧。

12.1.3 企业应定期对安全检查的效果进行评审，并根据变化的情况，及时更新检查内容和方法。

12.1.4 所有安全检查均应记录存档，并可获取。

12.2 隐患整改

12.2.1 进行隐患整改时，现场生产人员与检修人员应共同配合，分析问题，解决问题，直至验收确认。

12.2.2 所发现问题未彻底消除前，应制定并实施有效的临时措施，以避免隐患被触发引起事故。

12.3 纠正和预防措施

12.3.1 企业应制定纠正和预防措施实施的保障制度，确保对安全标准化系统中出现的问题及时采取相应的纠正和预防措施。

12.3.2 保障制度应明确规定：

——依据问题的严重程度，制定纠正和预防措施的实施计划；
——实施纠正和预防的责任人；
——及时反馈纠正和预防的实施情况及其有效性；
——必要时需要对纠正和预防的实施情况及其有效性进行评审的责任人；
——保存及管理纠正和预防措施实施记录的需求。

12.4 应急

12.4.1 采石场应针对可能出现的下列应急情况，制定应急预案：

——自然灾害：如洪水、暴风雨(雪)、泥石流、地震等；
——火灾；
——爆炸；
——滑坡；
——中毒。

12.4.2 应急预案的内容应包括：

——接警与通知；
——指挥与控制；
——警报和紧急公告；
——应急资源；
——通讯；
——事态监测与评估；
——警戒与治安；
——人员疏散；
——医疗与卫生；
——公共关系；
——应急人员安全；
——搜索和援救；
——泄漏物控制；
——现场恢复。

12.4.3 采石场应根据所制定的应急预案，对从业人员进行培训，使其具备应对突发事件的能力。

12.4.4 每年开展一次预案演练，并根据演练发现的问题采取相应的纠正措施，必要时对预案进行修订。

12.4.5 企业应确保足够的应急能力支持，必要时应与外部建立正式的应急支援协议。

13 事故、事件报告与调查

13.1 报告

13.1.1 企业应建立事故、事件报告制度，阐明事故、事件定义、报告的内容、时间、方式及响应。

13.1.2 企业应对报告的事故、事件进行登记建档，并定期审查，以确保所有的事故、事件均得到有效调查和处理。

13.2 调查

13.2.1 企业应建立事故、事件调查与跟踪制度，明确事故调查人员的组成，沟通的方式、对象和时间。

13.2.2 调查过程应考虑专业技术需要，必要时聘请外部专家。

13.2.3 在形成调查报告之前，应与所有涉及员工进行交流。

13.2.4 调查报告应提出事故、事件的处理意见和防范措施的建议。

13.2.5 应对所有相关文件和资料进行整理，并归档保存。

13.3 事故、事件回顾

13.3.1 回顾已发生事故的原因和防范措施。

13.3.2 通过个案研究或展示促进了解，鼓励讨论。

14 绩效测量与评价

14.1 绩效测量

14.1.1 企业应建立安全绩效监测和测量制度，监测和测量内容包括：

——安全目标的实现；

——事故、事件；

——措施的执行情况；

——安全管理的依从性；

——安全标准化系统效力的持续改进。

14.1.2 制度应明确测量的方法和频度。

14.1.3 监测结果应与相关人员沟通并保存。

14.2 系统评价

14.2.1 内部评价

14.2.1.1 企业应建立安全标准化系统内部评价制度，内部评价制度内容应包括：

——评价计划的产生与批准；

——评价频率；

——评价范围和标准；

——评价方法；

——人员能力要求；

——评价结果的处理。

14.2.1.2 内部评价应关注以下问题：

——安全标准化系统的效力和效率；

——存在的问题与缺陷；

——资源使用的效力和效率；

——实际安全绩效和期望值的差距；

——绩效监测系统的适宜性和监测结果的准确性；

——纠正行动的效力和效率；

——企业与相关方的关系。

14.2.1.3 内部评价应文件化。

14.2.2 外部评价

14.2.2.1 政府安全生产监督管理部门对安全标准化的实施进行监督，对不符合安全标准化要求的提出改进意见，以促进安全标准化的实施效果。

14.2.2.2 政府安全生产监督管理部门应定期组织安全标准化的评定，每三年至少应进行一次。发生死亡事故或具有重大影响的其他事故后，应重新进行安全标准化评定。

14.2.2.3 外部评价应明确给出企业安全标准化等级。

ICS 13.100
D 09
备案号：18901—2006

AQ

中华人民共和国安全生产行业标准

AQ 2008—2006

金属非金属矿山主要负责人安全生产培训大纲

Safety training program of chief principal in metal-nonmetal mine

2006-11-02 发布　　2006-12-01 实施

国家安全生产监督管理总局　发布

前　言

本标准是依据国家有关安全生产法律法规对安全生产培训的规定，在充分考虑我国金属非金属矿山安全生产培训以及人员素质现状的基础上编制而成。

制定本标准的目的是为了规范金属非金属矿山主要负责人的安全生产培训工作，提高金属非金属矿山主要负责人的安全生产管理能力，促进矿山安全生产。

本标准由国家安全生产监督管理总局提出。

本标准由全国安全生产标准化技术委员会归口。

本标准起草单位：中钢集团武汉安全环保研究院。

本标准主要起草人：王红汉、周焕明、张兴前、袁源、李永红、高泉。

金属非金属矿山主要负责人安全生产培训大纲

1 范围

本标准规定了金属非金属矿山主要负责人安全生产培训的要求、培训以及再培训的内容和学时安排。

本标准适用于从事金属非金属矿开采的企业主要负责人的安全生产培训。

从事金属非金属矿地质勘探、采掘施工、尾矿库运营管理的企业，以及开采河砂、砖瓦粘土、水气矿产的企业主要负责人的安全生产培训可参照本标准执行。

本标准不适用于开采煤系硫铁矿以及与煤共生、伴生矿床的矿山主要负责人的安全生产培训。

2 术语和定义

下列术语和定义适用于本标准。

2.1

金属非金属矿山 metal-nonmetal mine

开采金属矿石、放射性矿石以及作为化工原料、建筑材料、辅助原料、耐火材料及其他非金属矿物(煤炭除外)的矿山。

2.2

金属非金属矿山主要负责人 chief principal in metal-nonmetal mine

从事金属非金属矿开采的企业董事长、总经理、矿务局局长和矿长(含实际控制人)。

2.3

小型露天采石场 small quarry

年采剥总量不超过50万t，最大开采高度不超过50 m的山坡型露天采石作业单位。

3 培训要求

3.1 金属非金属矿山主要负责人必须按照本标准的要求接受安全生产培训，具备与所从事的生产经营活动相适应的安全生产知识和安全生产管理能力。

3.2 金属非金属矿山主要负责人的安全生产培训应按照小型露天采石场、露天矿山、地下矿山三类分别进行。

3.3 培训应当按照有关安全生产培训的规定组织进行。

3.4 培训应坚持理论与实际相结合，采用多种有效的培训方式，加强案例教学，适当安排现场教学；注重对主要负责人职业道德、安全法律意识、安全技术理论和安全生产管理能力的综合培养。

对小型露天采石场的主要负责人应加强基础知识和基本理论的培训。

4 培训内容

4.1 安全生产法律法规与安全生产管理

4.1.1 安全生产形势

——我国安全生产形势，矿山安全生产形势以及矿山安全生产的特点；

——国内外有关矿山安全生产状况及经验。

4.1.2 **安全生产法律法规**

——我国安全生产方针；

——安全生产法律法规体系及安全生产基本法律制度；

——采矿业准入制度：采矿许可，安全生产许可，主要负责人安全资格许可，新、改、扩建工程（项目）职业安全卫生“三同时”审查。

4.1.3 **安全生产管理**

——矿山安全管理的意义、任务及基本内容；

——我国安全生产监管体制；

——安全管理机构的设置及人员配置要求；

——安全生产责任体系、主要负责人安全生产职责；

——矿山主要安全生产管理制度；

——现代安全管理技术知识理论。对于露天矿山和地下矿山，培训内容还包括：安全目标管理、危险因素辨识与安全评价、职业健康安全管理体系、安全文化、安全生产标准化；对于小型露天采石场，培训内容还包括安全目标管理、安全生产标准化。

4.2 **矿山开采安全技术**

4.2.1 **矿山地质与安全**

——矿岩的物理力学性质及其对矿山安全生产的影响；

——地质构造、水文地质及其对矿山安全生产的影响；

——矿山地质环境与地质灾害；

——矿山开采对矿山地质工程工作的要求。

对于小型露天采石场，培训内容还包括矿山地质的基本概念，包括：矿物、岩石、矿床、褶皱、裂隙、断层。

4.2.2 **露天开采安全**

——露天开采的基本安全生产条件；

——露天开采的基本概念，露天采场及台阶的构成及安全技术要求；

——露天开采开拓方式，各种开拓方式的特点及适用条件；

——露天开采工艺特点及一般安全要求，穿孔、铲装、运输作业安全管理要求；

——露天矿山防尘防毒、防排水与防灭火管理要求；

——边坡管理要求，边坡破坏的类型、破坏机理，影响边坡稳定的因素以及边坡稳定性监测、加固技术；

——露天矿山常见事故的原因及预防措施。

对于小型露天采石场，培训内容还包括：露天矿山制图及识图知识。

对于其他露天矿山，培训内容还包括：露天开采境界及剥采比对露天矿山安全生产的影响，露天开采境界及剥采比的确定方法。

4.2.3 **地下开采安全**

——地下矿山开采的基本安全生产条件；

——矿井开采顺序，开拓方式及其适用条件；

——井巷施工、支护与维护安全要求；

——常用采矿方法分类及其适用条件，回采和顶板控制安全管理要求；

——矿山地压管理，顶板灾害致因及防治；

——提升与运输安全管理要求；

——矿井通风防尘安全管理要求；

——矿井防排水与防灭火管理要求；

——地下矿山常见事故的原因及预防措施。

4.2.4 **矿山爆破安全**

——矿用炸药、常用起爆器材的性能、检验方法及安全要求；
——起爆方法及其安全措施；
——露天或地下爆破方法，爆破参数的确定，炮孔的布置方式；
——爆破作业安全管理要求，处理爆破事故的方法；
——爆破有害效应的控制措施；
——爆破器材储存、运输、使用、销毁的安全管理规定；
——常见爆破事故的原因及其预防措施。

4.2.5 **矿山机电安全**

——矿山电气安全措施以及电气事故的原因及预防措施；
——矿山机械安全管理和矿山机械常见事故的原因及预防措施。

4.2.6 **排土（废石）场与尾矿库安全**

——排土场安全管理：排土（废石）场场址的选择，生产运行的安全要求，排土场常见事故的原因及预防措施；
——尾矿库安全：尾矿库库址选择，尾矿库运行、防洪安全管理要求，尾矿库常见事故的原因及预防措施。对于小型露天采石场，可不培训尾矿库安全知识。

4.3 矿山职业卫生与矿山事故应急管理

4.3.1 **矿山职业卫生**

——我国职业卫生管理体系；
——矿山职业危害的种类、来源、危害及其允许标准；
——矿山职业危害管理、监测及其预防；
——矿山职工卫生监护的基本要求。

4.3.2 **矿山事故应急管理**

——我国矿山事故应急体系；
——矿山救护队的任务、组织和作用；
——矿山事故应急准备、应急预案的内容，矿山事故预警、应急响应、应急保障、应急评审和改进要求；
——矿山事故紧急处置要点；
——矿山常用应急救援装备。

4.4 安全生产管理能力与事故案例分析

4.4.1 安全生产管理能力

——贯彻执行国家安全生产方针、政策和法律、法规、标准、规范的程序和要点；
——组织矿山安全生产的程序、方法和内容；
——组织制定并实施安全生产管理规章制度和安全生产操作规程的程序和要点；
——组织安全检查和隐患整改的基本程序和要点；
——安全生产技术措施经费的管理及使用要点；
——制定、实施事故应急预案的程序和要求；
——组织、指挥矿山事故抢险救灾工作的方法和要求；
——伤亡事故调查处理的程序和方法。

4.4.2 典型事故案例分析与讨论。

5 再培训要求与内容

5.1 再培训要求

凡已取得安全生产资格证的主要负责人，若继续从事原岗位的工作，在资格证书有效期内，每年应进行一次再培训。再培训的内容按本标准 5.2 的要求进行。

5.2 再培训内容

——有关安全生产方面的新的法律、法规、国家标准、行业标准、规程和规范；

——有关采矿业的新技术、新工艺、新设备和新材料及其安全技术要求；

——国内外矿山安全生产管理先进经验；

——矿山典型事故案例。

6 学时安排

6.1 矿山主要负责人的培训时间，露天矿山和小型露天采石场不少于48学时（每天按6学时计，下同）；地下矿山不少于54学时，具体培训学时应符合表1的规定。现场教学应根据实际情况安排，不得少于3个学时。

6.2 安全生产管理能力部分的内容可与安全生产管理部分合并讲授，事故案例分析与讨论可穿插到其他各部分。

6.3 小型露天采石场、露天矿山、地下矿山的再培训时间不少于16学时。

表1 金属非金属矿山主要负责人培训课时安排

项目		培训内容	学时		
			小型露天采石场	露天矿山	地下矿山
培训	第一单元	安全生产形势	2	2	2
		矿山安全生产法律法规	3	3	3
		安全生产管理	4	4	4
		小计	9	9	9
	第二单元	矿山地质安全	3	3	3
		露天或地下开采安全(小型露天采石场含排土场)	12	9	12
		矿山爆破安全	6	6	6
		矿山机电安全	3	3	3
		排土场与尾矿库安全		3	3
		小计	24	24	27
	第三单元	矿山职业卫生	3	3	6
		矿山事故应急管理	3	3	3
		小计	6	6	9
	第四单元	安全生产管理能力与典型事故案例分析	6	6	6
	复习		1	1	1
	考试		2	2	2
	合计		48	48	54
再培训	有关安全生产的新的法律、法规、国家标准、行业标准、规程和规范 有关采矿业新技术、新工艺、新设备及其安全技术要求 矿山安全生产管理先进经验 矿山典型事故案例分析与讨论		12	12	12
	复习		2	2	2
	考试		2	2	2

ICS 13.100
D 09
备案号:18902—2006

AQ

中华人民共和国安全生产行业标准

AQ 2009—2006

金属非金属矿山主要负责人安全生产考核标准

Safety examine standard of chief principal in metal-nonmetal mine

2006-11-02 发布 2006-12-01 实施

国家安全生产监督管理总局 发布

前　言

本标准是依据国家有关安全生产法律法规对安全生产培训考核的规定，在充分考虑我国金属非金属矿山安全生产培训以及人员素质现状的基础上编制而成。

制定本标准的目的是为了规范金属非金属矿山主要负责人安全生产考核工作，提高金属非金属矿山主要负责人安全生产管理能力，促进矿山安全生产。

本标准由国家安全生产监督管理总局提出。

本标准由全国安全生产标准化技术委员会归口。

本标准起草单位：中钢集团武汉安全环保研究院。

本标准主要起草人：王红汉、向维、吴国珉、周焕明、张兴前、袁源、李永红、高泉。

金属非金属矿山主要负责人
安全生产考核标准

1 范围

本标准规定了金属非金属矿山主要负责人安全生产考核办法、内容，以及再培训考核的要求和内容。

本标准适用于从事金属非金属矿开采的企业主要负责人的安全生产资格考核。

从事金属非金属矿地质勘探、采掘施工、尾矿库运营管理的企业，以及开采河砂、砖瓦粘土、水气矿产的企业主要负责人的安全生产资格考核可参照本标准执行。

本标准不适用于开采煤系硫铁矿以及与煤共生、伴生矿床的矿山企业的主要负责人的安全生产资格考核。

2 术语和定义

下列术语和定义适用于本标准。

2.1

金属非金属矿山　metal-nonmetal mine

开采金属矿石、放射性矿石以及作为化工原料、建筑材料、辅助原料、耐火材料及其他非金属矿物(煤炭除外)的矿山。

2.2

金属非金属矿山主要负责人　chief principal in metal-nonmetal mine

从事金属、非金属矿开采的企业董事长、总经理、矿务局局长和矿长(含实际控制人)。

2.3

小型露天采石场　small quarry

年采剥总量不超过 50 万 t，最大开采高度不超过 50 m 的山坡型露天采石作业单位。

3 考核办法

3.1 金属非金属矿山主要负责人的安全生产考核应按小型露天采石场、露天矿山和地下矿山三类分别考核。

3.2 考核内容分为安全生产法律法规与安全生产管理知识、安全生产技术和安全生产管理能力三部分。

安全生产法律法规与安全生产管理知识考核的内容应符合本标准 4.1 规定的范围，安全生产技术考核的内容应符合本标准 4.2、4.3 规定的范围，安全生产管理能力考核的内容应符合本标准 4.4 规定的范围。

考核采用笔试考试，满分为 100 分，其中安全生产法律法规与安全生产管理知识占总分的 30%，安全生产技术占 50%，安全生产管理能力占 20%。考试题应有事故案例分析。小型露天采石场应注重安全生产基础知识的考核。考试时间为 120 min，60 分以上为合格。

考试不及格者，允许补考一次；补考仍不及格者需重新培训考核。

3.3 考核要点的深度分为了解、熟悉和掌握三个层次，三个层次由低到高，高层次的要求包含低层次的内容。

了解：能正确理解本标准所列知识的含义、内容并能够应用。

熟悉：对本标准所列知识有较深的认识，能够分析、解释并应用相关知识解决问题。

掌握：对本标准所列知识有全面、深刻的认识，能够综合分析、解决较为复杂的相关问题。

4 考核要点

4.1 矿山安全生产法律法规与安全生产管理

4.1.1 安全生产形势考核要点

——了解我国安全生产形势；

——了解我国金属非金属矿山事故的特点。

4.1.2 矿山安全生产法律法规考核要点

——熟悉我国安全生产方针；

——了解矿山安全生产法律法规体系和安全生产基本法律制度；

——掌握国家有关采矿业准入制度；

——熟悉有关矿山建设项目职业安全卫生“三同时”的要求；

——熟悉从业人员安全生产的权利与义务。

4.1.3 安全生产管理考核要点

——了解矿山安全管理工作的意义、任务和基本内容；

——了解我国安全生产监管体制，矿山安全监管人员的权力；

——熟悉安全管理机构的设置和人员配备要求；

——掌握安全技术措施经费的提取和管理；

——掌握矿山主要安全管理制度以及主要负责人的安全生产职责；

对于露天矿山和地下矿山，考核要点还包括：了解现代安全管理方法，包括安全目标管理、危险辨识与安全评价、职业健康安全管理体系、安全文化、安全生产标准化。

对于小型露天采石场，考核内容还包括：安全目标管理、安全生产标准化。

4.2 矿山开采安全技术

4.2.1 矿山地质安全考核要点

——熟悉地质构造、水文地质、地质环境和矿岩物理力学性质对矿山安全生产的影响；

——了解矿山开采对矿山地质工程以及矿图的要求。

对于小型露天采石场，考核要点还包括：了解矿山地质的基本概念，包括矿物、岩石、矿床、褶皱、裂隙、断裂。

4.2.2 露天开采安全考核要点

——熟悉露天开采的基本安全生产条件；

——掌握露天采场及台阶的构成及安全技术要求；

——熟悉露天矿山开采顺序、开拓方式及其特点；

——掌握露天矿山开采工艺特点及其安全管理要求；

——了解边坡破坏的类型、破坏机理、影响边坡稳定的因素以及滑坡防治技术；

——掌握边坡日常安全管理要求；

——了解露天矿山防排水与防灭火要求；

——掌握露天矿山常见事故的原因及预防措施。

对于小型露天采石场，考核要点还包括：掌握地质地形图、采场工程平面布置图和采场剖面图等的制图识图的方法和要点。

对于其他露天矿山，考核要点还包括：

——了解露天开采境界及剥采比对露天矿山安全生产的影响；

——熟悉合理的开采境界和采剥比的确定方法。

4.2.3 地下开采安全考核要点

——熟悉地下矿山开采的基本安全生产条件；

——熟悉地下矿山开采顺序、开拓方式及其适用条件；

——掌握井巷施工、支护与维护的安全管理要求；

——熟悉常用的采矿方法及其适用条件，掌握回采和顶板控制安全管理要求；

——了解矿山地压形成机理，熟悉地压管理要求，掌握采空区处理方法；

——熟悉地下矿山的提升、运输的安全管理要求；

——熟悉矿井安全生产对通风防尘的安全管理要求；

——了解矿井安全生产对防排水、防灭火的安全管理要求；

——掌握地下矿山常见事故的原因及预防措施，包括冒顶片帮、透水、中毒窒息、溜井堵塞、火灾、坠井和地表塌陷等事故。

4.2.4 矿山爆破安全考核要点

——了解矿用炸药和常用起爆器材的性能、检验方法及安全要求；

——熟悉常用起爆方法的安全要求；

——掌握露天或地下矿山爆破方法和爆破参数的确定及炮眼的布置；

——掌握矿山爆破作业的安全管理要求，拒爆处理方法；

——掌握爆破有害效应的控制措施；

——了解爆破器材使用、储存、运输和销毁的安全管理要求；

——熟悉矿山常见爆破事故的原因及预防措施，以及次生、衍生事故的预防措施。

4.2.5 矿山机电安全考核要点

——了解矿山供电、电气安全技术以及电气作业安全措施；

——了解触电、漏电、电气火灾等事故的原因及预防措施；

——了解矿山机械的安全管理要求；

——了解矿山机械常见事故的原因及预防措施。

4.2.6 排土(废石)场与尾矿库安全考核要点

——了解排土场(废石场)选址的要求，熟悉排土场安全管理要求，以及排土场常见事故的原因及预防措施；

——熟悉尾矿库安全管理要求，包括尾矿库选址要求，尾矿库等别、安全度确定方法，尾矿库防洪、生产运行、闭库的安全管理要求；

——熟悉尾矿库常见事故的原因及预防措施。

对于小型露天采石场，可不考核尾矿库安全知识。

4.3 矿山职业卫生和事故应急管理

4.3.1 矿山职业卫生考核要点

——了解我国职业卫生管理体制；

——熟悉矿山职业危害因素的种类、来源、危害及允许标准；

——熟悉矿山职业危害的管理、监测及防治要求；

——了解矿山职工卫生监护的基本要求。

4.3.2 矿山事故应急管理考核要点

——了解国家矿山事故应急救援体系；

——了解矿山救护队的任务、组织和作用；

——熟悉矿山事故应急准备、应急预案的内容，掌握矿山事故预警、应急响应程序和要求；了解应急保障、应急评审和改进要求；

——掌握矿山事故紧急处置要点，包括坠罐、冒顶片帮、透水、矿井火灾、爆炸、中毒窒息、边坡坍塌、尾矿库溃坝、矿山地质灾害等事故的紧急处置要点；

——了解矿山常用应急救援装备要求。

4.4 安全生产管理能力与事故案例分析

4.4.1 安全生产管理能力考核要点

——熟悉贯彻执行国家安全生产方针、政策和安全生产法律、法规、标准、规范的程序和要点；

——掌握组织矿山安全生产管理的方法、程序和内容；

——熟悉组织制定并实施安全管理规章制度和技术操作规程的程序和要点；

——掌握组织安全检查和事故隐患整改的程序和要点；

——熟悉安全生产技术措施经费的管理及使用要点；

——熟悉组织编制矿山事故应急预案的程序和实施要求；

——掌握制定事故应急预案的程序和要求；

——掌握组织、指挥矿山事故抢险救灾工作的方法和要求；

——熟悉伤亡事故调查的程序和要求。

4.4.2 事故案例分析

——熟悉分析伤亡事故发生的原因及防止同类事故的预防措施。

5 再培训考核要求与内容

5.1 再培训考核要求

对已取得安全生产资格证的主要负责人，在证书有效期内，每年再培训完毕都应进行考核，考核内容按本标准 5.2 的要求进行，并将考核结果在安全生产资格证书上做好记载。

5.2 再培训考核要点

——熟悉有关安全生产方面的新的法律、法规、国家标准、行业标准、规程和规范；

——了解有关矿山生产的新技术、新工艺、新产品和新材料及其安全技术要求；

——了解矿山安全生产管理先进经验；

——熟悉矿山各类典型事故发生的原因，避免同类事故发生的对策和防范措施。

ICS 13.100
D 09
备案号：18903—2006

AQ

中华人民共和国安全生产行业标准

AQ 2010—2006

金属非金属矿山安全生产管理人员安全生产培训大纲

Safety training program of safety manager in metal-nonmetal mine

2006-11-02 发布　　2006-12-01 实施

国家安全生产监督管理总局　发布

前　言

本标准是依据国家有关安全生产法律法规对安全生产培训的规定，在充分考虑我国金属非金属矿山安全生产培训以及人员素质现状的基础上编制而成。

制定本标准的目的是为了规范金属非金属矿山安全生产管理人员安全生产培训工作，提高金属非金属矿山安全生产管理人员安全生产管理能力，促进矿山安全生产。

本标准由国家安全生产监督管理总局提出。

本标准由全国安全生产标准化技术委员会归口。

本标准起草单位：中钢集团武汉安全环保研究院。

本标准主要起草人：王红汉、吴国珉、周焕明、袁源、李永红、高泉。

金属非金属矿山安全生产管理人员安全生产培训大纲

1 范围

本标准规定了金属非金属矿山企业的安全生产管理人员安全生产培训的要求，培训以及再培训的内容和学时安排。

本标准适用于从事金属非金属矿开采的企业安全生产管理人员的安全生产培训。

从事金属非金属矿地质勘探、采掘施工、尾矿库运营管理的企业，以及开采河砂、砖瓦粘土、水气矿产的企业安全生产管理人员的安全生产培训可参照本标准执行。

本标准不适用于开采煤系硫铁矿以及与煤共生、伴生的矿床的矿山的安全生产管理人员的安全生产培训。

2 术语和定义

下列术语和定义适用于本标准。

2.1

金属非金属矿山 metal-nonmetal mine

开采金属矿石、放射性矿石以及作为化工原料、建筑材料、辅助原料、耐火材料及其他非金属矿物(煤炭除外)的矿山。

2.2

金属非金属矿山安全生产管理人员 safety manager in metal-nonmetal mine

金属非金属矿山企业中分管安全生产的负责人、安全生产管理机构负责人及其管理人员，以及未设安全生产管理机构的矿山企业的专职安全生产管理人员。

2.3

小型露天采石场 small quarry

年采剥总量在 50 万 t 以下，最大开采高度不超过 50 m 的山坡型露天采石作业单位。

3 培训要求

3.1 金属非金属矿山安全生产管理人员必须按照本标准的要求接受安全生产培训，具备与所从事的生产经营活动相适应的安全生产知识和安全生产管理能力。

3.2 金属非金属矿山安全生产管理人员的安全生产培训应按照小型露天采石场、露天矿山、地下矿山三类分别进行。

3.3 培训应当按照有关安全生产培训的规定组织进行。

3.4 培训工作应坚持理论与实际相结合，采用多种有效的培训方式，加强案例教学，适当安排现场教学；注重对安全生产管理人员职业道德、安全法律意识、安全技术理论和安全生产管理能力的综合培养。

4 培训内容

4.1 矿山安全生产法律法规与安全生产管理

4.1.1 安全生产形势

——我国安全生产形势、矿山安全生产形势以及矿山安全生产的特点；

——国内外有关矿山安全生产状况及经验。

4.1.2 矿山安全生产法律法规

——我国安全生产方针；

——安全生产法律法规体系及基本安全生产法律制度。

4.1.3 安全生产管理

——安全生产管理的意义、任务与基本内容；

——我国安全生产监管体制；

——安全生产法律法规规定的安全生产管理制度，包括安全生产责任制和安全生产责任体系，安全检查制度，安全教育培训制度，职业安全卫生措施计划制度，重大危险源监控和重大隐患整改制度，伤亡事故管理制度，职业危害预防制度，安全生产许可制度，职业安全卫生“三同时”管理制度，安全生产风险抵押金制度，安全评价制度，工伤保险制度，劳动防护用品发放和使用制度，设备安全管理制度，安全生产档案管理制度，安全生产奖惩制度；

——现代安全管理理论与技术。对于露天矿山和地下矿山。培训内容应包括：安全目标管理、危险因素辨识和安全评价方法、职业健康安全管理体系、安全文化、安全生产标准化等；对于小型露天采石场，培训内容应包括：安全目标管理和安全生产标准化，以及危险因素辨识与安全评价、职业健康安全管理体系、安全文化等的基本概念。

4.2 矿山开采安全技术

4.2.1 矿山地质安全

——矿床地质构造、工程地质与水文地质、矿岩的物理力学性质、矿山地质环境对矿山安全生产的影响。

4.2.2 露天开采安全

——露天开采的基本安全生产条件；

——露天矿山台阶、边坡安全技术要求及检查要点；

——露天开采方式与采剥工艺安全要求，包括穿孔、采装、运输、排卸及辅助作业的安全管理要求与检查要点；

——露天矿山边坡管理，边坡破坏的类型、预兆、影响边坡稳定性的因素及防治措施，安全管理及检查要点；

——露天矿山对防尘、防排水和防灭火的安全管理要求及检查要点；

——露天矿山常见事故的种类、原因及预防措施。

4.2.3 地下开采安全

——地下开采的基本安全生产条件；

——井巷工程掘进施工、支护及维护安全要求及检查要点；

——常用采矿方法及其回采工艺的安全要求及检查要点；

——矿山地压管理，顶帮灾害防治的安全检查要点，采空区处理安全要求；

——运输与提升安全管理要求及检查要点；

——矿井通风安全管理要求与检查要点；

——矿井防排水与防灭火安全管理要求与检查要点；

——地下矿山常见事故的种类、原因及预防措施。

4.2.4 矿山爆破安全

——矿山炸药、常用爆破器材及起爆方法的安全管理要求与安全检查要点；

——露天矿山和地下矿山爆破作业安全管理要求及安全检查要点，包括钻孔、装药、警戒、起爆、爆后检查、残爆、拒爆处理等的安全要求；

——爆破有害效应及爆破安全范围的圈定；

——爆破器材储存、运输、使用、销毁的安全要求及检查要点；

——矿山常见爆破事故的类别、原因及预防措施。

4.2.5 **矿山机电安全**

——矿山电气安全措施以及电气事故的原因及预防措施；

——矿山机械安全管理和矿山机械常见事故的原因及预防措施。

4.2.6 **排土(废石)场与尾矿库安全管理**

——排土(废石)场作业安全管理要求及检查要点，排土场泥石流、滑坡、滚石等事故的原因及预防措施；

——尾矿库安全管理要求及检查要点，包括尾矿库等别、安全度的确定方法，尾矿库生产运行管理、防排洪、闭库的安全要求，尾矿库常见病害及防治措施。

对于小型露天采石场，可不培训尾矿库安全知识。

4.3 矿山职业卫生与矿山事故应急管理

4.3.1 **矿山职业卫生**

——我国现行职业卫生管理体制；

——矿山职业危害的种类、来源、危害及其允许标准；

——矿山职业危害管理、监测及其预防；

——矿山职工卫生监护的基本要求。

4.3.2 **矿山事故应急管理**

——我国矿山事故应急救援体系；

——矿山救护队的任务、组织和作用；

——矿山事故应急准备、应急计划的内容，以及事故预警、应急响应程序、应急保障、应急评审和改进要求；

——矿山事故紧急处置要点，包括坠罐、冒顶片帮、透水、矿井火灾、爆炸、中毒窒息、边坡坍塌、尾矿库溃坝、地质灾害等事故的紧急处置要点；

——现场急救技术，包括创伤、触电、中毒窒息、溺水、烧伤急救和伤员的运送等技术；

——矿山常用应急救援装备。

4.4 安全生产管理技能及事故案例分析

4.4.1 安全生产管理能力

——贯彻执行国家安全生产方针、政策和安全生产法律、法规、标准、规范的程序和要求；

——建立安全管理网络，制定与实施安全管理规章制度和安全技术操作规程的程序和要求；

——组织审定安全操作规程的程序和要求；

——组织安全检查和隐患整改的程序、依据、内容和方法；

——掌握开展安全教育培训的程序和要求，包括：制定安全教育培训计划、各类人员培训、考核的要求；

——有关新、改、扩建工程的安全设施设计审查、竣工验收工作的程序和要求；

——职业安全卫生措施计划的报告、统计、审批、实施、验收要求，安全生产技术措施经费的使用要求；

——安全生产责任制、安全生产目标的考核方法；

——编制矿山事故应急预案的要求，参与矿山事故抢险救灾工作的程序；

——掌握伤亡事故调查处理的基本程序，伤亡事故统计、报告与调查处理。

4.4.2 典型事故案例分析与讨论。

5 再培训要求与内容

5.1 再培训要求

凡已取得安全生产资格证的安全生产管理人员，若继续从事原岗位的工作，在资格证书有效期内，每年应进行一次再培训。再培训的内容按本标准5.2的要求进行。

5.2 再培训内容

——有关安全生产方面的新的法律、法规、国家标准、行业标准、规程和规范；

——有关采矿业的新技术、新工艺、新设备和新材料及其安全技术要求；

——矿山安全生产管理先进经验；

——矿山典型事故案例分析与讨论。

6 学时安排

6.1 矿山安全生产管理人员的培训时间，小型露天采石场和露天矿山不少于48学时(一天按6学时计，下同)；地下矿山不少于54学时，具体培训学时应符合表1的规定。现场教学应根据实际情况安排，不得少于3个学时。

6.2 安全生产管理能力部分的内容可与安全生产管理部分合并讲授，事故案例分析与讨论可穿插到其他各部分。

6.3 小型露天采石场、露天矿山、地下矿山的再培训时间不少于16学时。

表1 金属非金属矿山安全生产管理人员培训课时安排

项目		培训内容	学时		
			小型露天采石场	露天矿山	地下矿山
培训	第一单元	安全生产形势	2	2	2
		矿山安全生产法律法规	4	4	4
		安全生产管理	6	6	6
		小计	12	12	12
	第二单元	矿山地质安全	3	3	3
		露天或地下开采安全(小型露天采石场含排土场)	9	8	11
		矿山爆破安全	6	4	4
		矿山机电安全	3	3	3
		排土场与尾矿库安全	0	3	3
		小计	21	21	24
	第三单元	矿山职业卫生	3	3	6
		矿山事故应急管理	3	3	3
		小计	6	6	9
	第四单元	安全生产管理能力与事故案例分析	6	6	6
	复习		1	1	1
	考试		2	2	2
	合计		48	48	54
再培训	有关安全生产方面的新的法律、法规、国家标准、行业标准规范和规程 有关采矿业新技术、新工艺、新设备及其安全技术要求 矿山安全生产管理先进经验 矿山典型事故案例分析与讨论		12	12	12
	复习		2	2	2
	考试		2	2	2

ICS 13.100
D 09
备案号：18904—2006

AQ

中华人民共和国安全生产行业标准

AQ 2011—2006

金属非金属矿山安全生产管理人员安全生产考核标准

Safety examine standard program of safety manager in metal-nonmetal mine

2006-11-02 发布　　2006-12-01 实施

国家安全生产监督管理总局　发 布

前　言

本标准是依据国家有关法律法规对安全生产培训的规定，在充分考虑我国金属非金属矿山安全生产培训以及人员素质现状的基础上编制而成。

制定本标准的目的是为了规范金属非金属矿山安全生产管理人员安全生产考核工作，提高金属非金属矿山安全生产管理人员的安全生产管理能力素质，促进矿山安全生产。

本标准由国家安全生产监督管理总局提出。

本标准由全国安全生产标准化技术委员会非煤矿山安全分技术委员会归口。

本标准起草单位：中钢集团武汉安全环保研究院。

本标准主要起草人：王红汉、向维、吴国珉、周焕明、张兴前、袁源、李永红、高泉。

金属非金属矿山安全生产管理人员安全生产考核标准

1 范围

本标准规定了金属非金属矿山安全生产管理人员的安全生产考核办法、内容，以及再培训考核的要求与内容。

本标准适用于从事金属非金属矿开采的企业的安全生产管理人员的安全生产资格考核。

从事金属非金属矿地质勘探、采掘施工、尾矿库运营管理的企业，以及开采河砂、砖瓦粘土、水气矿产的企业的安全生产管理人员的安全生产资格考核可参照本标准执行。

本标准不适用于开采煤系硫铁矿以及与煤共生、伴生的矿床的矿山企业安全生产管理人员的安全生产资格考核。

2 术语和定义

下列术语和定义适用于本标准。

2.1

金属非金属矿山 metal-nonmetal mine

开采金属矿石、放射性矿石以及作为化工原料、建筑材料、辅助原料、耐火材料及其他非金属矿物（煤炭除外）的矿山。

2.2

金属非金属矿山安全生产管理人员 safety manager in metal-nonmetal mine

金属非金属矿山企业内分管安全生产的负责人、安全生产管理机构负责人及其管理人员，以及未设安全生产管理机构的矿山企业的专职安全生产管理人员等。

2.3

小型露天采石场 small quarry

年采剥总量不超过 50 万 t，最大开采高度不超过 50 m 的山坡型露天采石作业单位。

3 考核办法

3.1 金属非金属矿山安全生产管理人员应接受专门的安全生产培训，经安全生产监督管理部门对其安全生产知识和安全生产管理能力考核合格，取得安全生产资格证书后，方可任职。

3.2 金属非金属矿山安全生产管理人员的安全生产考核应按小型露天采石场、露天矿山和地下矿山三类分别考核。

3.3 考核内容分为安全生产法律法规与安全生产管理知识、安全生产技术和安全生产管理能力三部分。

安全生产法律法规与安全生产管理知识考核的内容应符合本标准 4.1 规定的范围，安全生产技术考核的内容应符合本标准 4.2、4.3 规定的范围，安全生产管理能力考核的内容应符合本标准 4.4 规定的范围。

考核采用笔试考试，满分为 100 分，其中安全生产法律法规与安全生产管理知识占总分的 30%，安全生产技术占 50%，安全生产管理能力占 20%。考试题应有事故案例分析。小型露天采石场应注重安全生产基础知识的考核。考试时间为 120 min，60 分以上为及格。

考试不及格者，允许补考一次；补考仍不及格者需重新培训考核。

3.4 考核要点的深度分为了解、熟悉和掌握三个层次，三个层次由低到高，高层次的要求包含低层次的要求。

了解：能正确理解本标准所列知识的含义、内容并能够应用。

熟悉：对本标准所列知识有较深的认识，能够分析、解释并应用相关知识解决问题。

掌握：对本标准所列知识有全面、深刻的认识，能够综合分析、解决较为复杂的相关问题。

4 考核要点

4.1 矿山安全生产法律法规与安全生产管理

4.1.1 安全生产形势考核要点：

——了解我国金属非金属矿山事故的特点。

4.1.2 矿山安全生产法律法规考核要点：

——熟悉我国安全生产方针；

——了解我国安全生产法律法规体系和安全生产基本法律制度；

——熟悉《安全生产法》、《矿山安全法》、《金属非金属矿山安全规程》和《爆破安全规程》等；

——熟悉从业人员的安全生产的权利与义务。

4.1.3 安全生产管理考核要点：

——了解矿山安全管理工作的意义、任务和基本内容；

——了解国家安全生产监管体制；

——掌握下列安全管理制度：安全生产责任制和安全生产责任体系，以及安全生产管理人员的安全生产职责，安全检查制度，安全教育培训制度，职业安全卫生措施计划制度，重大危险源监控和重大隐患整改制度，安全生产事故管理制度；

——熟悉下列安全管理制度：安全生产许可证制度，职业安全卫生“三同时”管理制度，安全评价制度，安全生产风险抵押金制度，工伤保险制度，职业危害预防制度，劳动防护用品发放和使用制度，设备安全管理制度，安全生产档案管理制度，安全生产奖惩制度。

对露天矿山和地下矿山，考核要点还包括：熟悉现代安全管理理论和技术，即安全目标管理、危险辨识与安全评价、职业健康安全管理体系、安全文化、安全生产标准化等。

对小型露天采石场，考核要点还包括：了解安全目标管理和安全生产标准化，了解危险辨识与安全评价、职业健康安全管理体系、安全文化等的基本概念。

4.2 矿山开采安全技术

4.2.1 矿山地质安全考核要点：

——了解矿山地质条件和矿岩物理力学性质对矿山安全生产的影响。

4.2.2 露天开采安全考核要点：

——熟悉露天开采的基本安全生产条件；

——熟悉露天矿山台阶及边坡的构成安全技术要求；

——了解露天开采方式及采剥工艺安全要求，包括穿孔、采装、运输、排卸以及辅助作业的安全管理要求及检查要点；

——了解边坡破坏的类型、影响边坡稳定性的因素以及滑坡防治技术，掌握边坡日常安全管理要求；

——了解露天矿山防尘、防排水、防灭火的安全管理要求及检查要点；

——掌握露天矿山常见事故的类别、原因及预防措施。

4.2.3 地下开采安全考核要点：

——熟悉地下开采的基本安全生产条件；

——掌握常用的井巷工程施工、支护、维护的安全管理要求及检查要点；
——熟悉常用的采矿方法及回采工艺的安全管理要求及检查要点；
——了解矿山地压形成机理，采空区处理方法，掌握矿山地压管理及检查要点；
——掌握地下矿山的提升、运输的安全检查重点；
——了解矿井通风方式、通风系统和通风构筑物，掌握矿井通风的安全管理要求及通风设施、局部通风的安全检查重点；
——熟悉矿井防排水及内、外因火灾防治安全要求及检查要点；
——掌握地下矿山常见事故的类别、原因及预防措施。

4.2.4 矿山爆破安全考核要点：
——了解矿用炸药、常用起爆器材、起爆方法的安全要求；
——掌握露天矿山或地下矿山爆破作业的安全管理要求及检查要点；
——熟悉爆破有害效应及爆破安全范围的圈定方法；
——了解爆破器材使用、储存、运输和销毁的安全管理要求；
——掌握矿山常见爆破事故的类别、原因及预防措施，以及次生、衍生事故的预防措施。

4.2.5 矿山机电安全考核要点：
——了解矿山电气安全技术和电气作业安全措施；
——熟悉触电、漏电、电气火灾等事故的原因及预防措施；
——了解矿山机械的安全管理要求；
——熟悉矿山常用机械的常见事故的原因及预防措施。

4.2.6 排土(废石)场与尾矿库安全考核要点：
——了解排土(废石)场生产运行安全管理要求；
——熟悉排土(废石)场安全检查要求以及常见事故的类别、原因及预防措施；
——了解尾矿库安全管理要求，包括尾矿库的等别、安全度的确定方法，防洪、运行、闭库的安全管理要求；
——熟悉尾矿库安全检查要点以及常见病害及其防治措施；
对小型露天采石场，可不考核尾矿库安全知识。

4.3 矿山职业卫生与矿山事故应急管理

4.3.1 矿山职业卫生考核要点：
——了解我国现行职业卫生管理体制；
——掌握矿山职业危害因素的种类、危害、允许标准及防治措施；
——熟悉矿山职业危害的管理、监测及防治要求；
——了解矿山职工卫生监护的基本要求。

4.3.2 矿山事故应急管理考核要点：
——了解我国矿山事故应急体系；
——了解矿山救护队的任务、组织和作用；
——熟悉矿山事故应急准备、应急计划的内容，以及事故预警、应急响应程序、应急保障、应急评审和改进要求；
——掌握矿山事故紧急处置要点，包括坠罐、冒顶片帮、透水、矿井火灾、爆炸、中毒窒息、边坡坍塌、尾矿库溃坝、地质灾害等事故的紧急处置要点；
——熟悉现场急救技术，包括创伤、触电、中毒窒息、溺水、烧伤急救和伤员的运送等技术；
——了解矿山常用应急救援装备的技术性能及使用、维修方法。

4.4 安全生产管理能力与事故案例分析

4.4.1 安全生产管理能力考核要点：

——熟悉贯彻执行国家安全生产方针、政策和安全生产法律、法规、标准、规范的程序和要求；
——熟悉制定安全管理规章制度和安全生产管理网络的程序和方法，以及实施运行的要求；
——熟悉组织审定安全操作规程的程序和要求；
——掌握组织矿山安全检查以及隐患整改工作的程序、依据和要点；
——掌握开展安全教育培训的程序和要求，包括：制定安全教育培训计划、各类人员培训、考核的要求；
——熟悉参与有关新、改、扩建工程的安全设施设计审查、竣工验收工作的程序和要求；
——掌握职业安全卫生措施计划的报告、统计、审批、实施、验收要求，以及合理安排、使用安全生产技术措施经费的要求；
——熟悉安全生产考核的程序、方法和依据；
——熟悉编制矿山事故应急预案的要求，参与矿山事故抢险救灾工作的程序；
——掌握伤亡事故调查处理的基本程序，伤亡事故统计、报告与调查处理。

4.4.2 事故案例分析考核要点：
——掌握分析伤亡事故发生的原因及提出防止同类事故的预防措施。

5 再培训考核要求与内容

5.1 再培训考核要求

对已取得安全生产资格证的安全生产管理人员，在证书有效期内，每年再培训完毕都应进行考核，考核内容按本标准5.2的要求进行，并将考核结果在安全生产资格证书上做好记载。

5.2 再培训考核要点

——熟悉有关安全生产方面的新的法律、法规、国家标准、行业标准、规程和规范；
——熟悉有关矿山生产新技术、新工艺、新产品和新材料及其安全技术要求；
——了解矿山安全生产管理先进经验；
——掌握矿山各类典型事故发生的原因，避免同类事故发生的对策和防范措施。

ICS：13.100
E 09
备案号：18895—2006

AQ

中华人民共和国安全生产行业标准

AQ/T 3005—2006

石油化工建设项目管理方安全管理实施导则

Guideline for Petrochemical Construction Project Safety Management Implementation by the Management Party

2006-11-02 发布　　　　2006-12-01 实施

国家安全生产监督管理总局　发布

前　言

在总结中外合资和国外独资项目建设过程中的安全管理模式、管理方法的基础上，结合中国实际情况形成了针对石油化工建设项目（以下简称“项目”）的管理方安全管理实施导则。

本标准仅是一个指南性文件，它描述了业主、管理方和承包商为改善项目的安全绩效所应承担的责任。

本标准附录A为资料性附录。

本标准由国家安全生产监督管理总局提出。

本标准由全国安全生产标准化技术委员会归口。

本标准起草单位：中国企业联合会可持续发展工商委员会、中国石油化工股份有限公司青岛安全工程研究院、上海赛科石油化工有限责任公司。

本标准主要起草人：翟齐、张海峰、Aidan Hayes、辛平、沈建平、张岩、解丰、翟良云。

引　言

目前，国际上通行的项目安全管理模式是由设立在业主和承包商之间的管理方对项目安全事务进行全面管理。在一个项目中，业主是权利和责任的主体，它的职责是为项目提供安全政策和资源；管理方的责任是针对整个项目设置一个权威性的安全管理组织机构，按照国家的相关法律、法规和标准以及业主的安全政策制定统一的安全管理制度，全面领导项目的安全管理工作；承包商的责任是编制自身的安全计划，并确保按照管理方的要求得以实施。

石油化工建设项目管理方安全管理实施导则

1 范围

本标准给出了项目安全管理理念、管理模式和管理方法的指南。

本标准适用于石油化工建设项目的安全管理，对于其他行业建设项目的安全管理也有很好的参考价值。

2 规范性引用文件

下列文件中的条款通过本标准的引用而成为本标准的条款。凡是注日期的引用文件，其随后所有的修改单(不包括勘误的内容)或修订版均不适用于本标准，然而，鼓励根据本标准达成协议的各方研究是否可使用这些文件的最新版本。凡是不注日期的引用文件，其最新版本适用于本标准。

GB/T 24001—2004 环境管理体系 要求及使用指南

GB/T 28001—2001 职业健康安全管理体系 规范

GB/T 28002—2002 职业健康安全管理体系 指南

SY/T 6276—2004 石油天然气工业健康、安全与环境管理体系

3 术语和定义

下列术语和定义适用于本标准：

3.1

事故 accident

造成死亡、疾病、伤害、财产损失或环境破坏的意外情况。

3.2

事件 incident

导致或可能导致事故的情况。

注：其结果未产生疾病、伤害、财产损失或环境破坏的事件称为“未遂事故”。事件包含“未遂事故”。

3.3

危害 hazard

可能导致伤害或疾病、财产损失、工作环境破坏或这些情况组合的根源或状态。

3.4

危害辨识 hazard identification

识别危害的存在并确定其特性的过程。

3.5

环境因素 environmental aspect

一个工程建设项目的活动、产品和服务中能与环境发生相互作用的要素。

3.6

环境影响 environmental impact

全部或部分地由工程建设项目的环境因素给环境造成的任何有害或有益的变化。

3.7

风险 risk

某一特定危害情况发生的可能性和后果的组合。

3.8

风险评价 risk evaluation

评估风险大小以及确定风险是否可容许的全过程。

3.9

相关方 interested parties

与工程建设项目的安全、环境和健康绩效有关的或受其安全、环境和健康绩效影响的个人或团体。

3.10

绩效 performance

基于安全管理的方针和目标，对工程建设项目的风险进行管理所取得的可测量的结果。

3.11

持续改进 continual improvement

为改进安全管理总体绩效，根据安全管理方针，工程建设项目强化安全管理的过程。

3.12

不符合 non-conformance

任何与工作标准、惯例、程序、法规、管理体系绩效等的偏离，其结果能够直接或间接导致伤害或疾病、财产损失、工作环境破坏或这些情况的组合。

3.13

业主 owner

合同情况下的接受方，即工程建设项目的投资方。

3.14

承包商 contractor

合同情况下的供方，即由业主或操作者雇用来完成某些工作或提供服务的个人、部门或合作者。

3.15

分包商 sub-contractor

以合同或协议形式向承包商承担部分工程或劳务的单位。

注 1：承包商和分包商的主要区别在于一个雇用了分包商的承包商相对于分包商来说，即是业主。

注 2：下面标准中对承包商的要求同样适用于分包商。

3.16

审核 audit

为获得工程建设项目审核证据并对其进行客观的评价，以确定满足审核准则的程度所进行的系统的、独立的并形成文件的过程。

3.17

管理方 the management party

由业主设立或确定的项目管理机构称为管理方。

4 安全管理的方针、资源和职责

4.1 安全管理方针

安全管理方针是业主经营政策的主要组成部分，是业主核心价值观的体现，是公开向社会、公众表明的对待安全的态度和应担负的责任。提供必要的资金和人员，明确各方的安全职责和信息沟通渠道，是各项安全管理工作正常运行的必要条件。

4.2 安全管理目标

安全管理的目标是安全管理方针的集中体现，是安全管理的纲领性文件。安全管理的目标就是追求“零事故”，安全管理的目标可细化为具体的指标。安全管理的目标应由业主的最高管理者发布实施，并公开向社会和公众公布。

业主在建立项目安全管理目标时，应考虑：

——与业主的其他方针、目标相协调，并具有同等的重要性；

——体现遵守法律法规的承诺；

——体现预防事故、保护环境、尊重生命健康和持续改进的承诺；

——承诺为安全管理目标的贯彻实施提供必要的资源。

安全管理的目标应通过各种形式传达到参与项目的所有人员，并使各层次人员能充分理解、贯彻和维护。各级管理者应通过自上而下层层的公开承诺和自身的表率作用表明对安全的重视，并接受各方的监督。

4.3 安全管理理念

在参与项目的所有人员（包括业主、管理方、承包商、分包商和其他相关方）中，应倡导“以人为本”、“一切事故都可以预防”的安全管理理念，它是实现项目安全管理目标的基础和保证。

4.4 安全管理标准

管理方在项目开工之前应制定一套完整的、体现业主意志和符合法律法规要求的安全管理标准，在制定这些标准时应充分考虑其适用性和采用国际通用标准的可能性。这些安全管理标准应及时提供给所有承包商并为承包商所熟知。在项目建设过程中，根据需要可以对这些管理标准进行修订、补充和完善。

开工前，管理方和承包商应就使用的安全管理标准达成书面协议。一般情况下，承包商应执行管理方的安全管理标准，如承包商要求执行自己的安全管理标准，则其标准应满足管理方的要求。

4.5 资金

业主在编制项目投资计划时应设立专项安全资金，由管理方负责编制详细的资金使用计划并付诸实施。承包商也应依据合同要求提供必要的资金支持以满足安全管理的需要。管理方在必要时可审查承包商在安全管理方面的资金投入和使用情况。

4.6 人员

项目各级管理者应具备相应的从业资质，特别应具备在安全管理事务中的领导能力、影响力和沟通能力，了解先进的安全管理理念，掌握必要的专业知识。管理方安全人员的配备和机构设置应考虑项目的规模、性质和风险特点，与项目的整体组织机构设置相匹配。

承包商应配备足够数量的安全管理人员。根据风险状况、施工阶段和人员素质，一般现场专职安全管理人员与施工人员的比例应不少于1∶100。

4.7 职责

业主应制定安全方针和提供必要的资源，同时明确各方的安全职责。工程监理公司应按国家相关法规的要求履行其职责。管理方和承包商应建立上至项目经理、下至班（组）长在内的各岗位人员的安全责任制，明确做好安全事务是各级管理者的责任，安全人员的主要职责是为风险的辨识、评价和控制提供技术支持和实施监督管理。管理方和承包商可通过定期检查和业绩考核等方式强化安全职责的落实。

管理方和承包商的安全责任应在合同或协议中予以明确界定。原则上，承包商应承担其施工现场的安全监督管理责任；管理方应定期监督承包商在项目进行过程中遵循安全管理要求的情况，并有权对现场发现的问题提出整改要求和意见。

4.8 信息沟通

业主、管理方和承包商之间应建立良好的信息沟通渠道，成立由各方参加的项目安全管理委员会。可通过会议、报告、电子网络等方式进行及时有效地信息沟通和交流，并使之成为制度，以便及时协调解决问题，采取改进行动。

5 承包商选择

5.1 承包商选择的要求

管理方应建立一套审查和选择承包商的标准和程序，以了解承包商所具备的项目建设能力和以往的安全业绩，从而选择出符合要求的承包商。业主有权参与承包商和分包商的选择。

5.2 承包商选择的授权

承包商的选择应由业主或由经业主授权的管理方来实施，本章以下各条是按照管理方选择承包商的方式来表述的，如果业主保留全部或部分的选择承包商的权利，那么应由业主进行选择。

5.3 承包商的资格预审

管理方负责新承包商和已列入名册的承包商的资格预审，承包商负责分包商的资格预审。若管理方对分包商的资格有明确要求，承包商应选择满足管理方要求的分包商。必要时，管理方可直接参与分包商的选择。

5.3.1 资格预审表格

管理方通过一个资格预审表格，了解承包商一些必要的信息，以初步评价承包商安全管理表现及遵守相关安全法律法规的能力。资格预审表主要包括承包商基本信息、组织机构和人员、工作历史、安全方针、培训、安全管理表现以及其他必要信息。

5.3.2 承包商资格审查

依据承包商即将承担的施工任务的性质、规模及风险特点等，管理方应建立一个承包商安全资格验收标准，组织熟悉安全管理业务的专家，依据验收标准，对承包商的安全管理表现做出评价。对于承包商安全管理标准中需要改进的部分及需要澄清的问题应反馈给承包商，以帮助其改进相关安全管理标准。

5.3.3 承包商的考察

必要时可组织熟悉项目特点和安全管理业务的专家对承包商的总部和正在建设的工程项目进行实地考察，考察内容可对照资格预审表格进行，也可制定专门的考察计划。

5.3.4 建立和更新合格承包商名册

符合验收标准的承包商，将进入最终的合格承包商名册。管理方应定期评价、更新合格承包商名册。

5.4 承包商的确定

5.4.1 明确安全管理要求

管理方应在确定施工类型、作业风险的前提下，明确对承包商的安全管理要求，包括应执行的标准、规范及针对该项目的全部安全管理制度和细则，并把这些要求通知给承包商。

对于具有强制性要求的作业，管理方应考虑建立特殊的安全管理要求，以便选用那些具有专业经验、能够识别作业风险及满足管理方特殊要求的承包商。

5.4.2 承包商初步安全计划的制定

管理方应要求承包商制定一个与其所承担的施工类型、作业风险相适宜的文件化的初步安全计划。该计划应是包括资源、职责、培训和能力要求、事故报告和处理、应急预案等内容在内的完整的计划。制定这个计划时应充分考虑管理方在安全管理方面的要求。

5.4.3 召开预投标会议

在合同签订前宜召开一个预投标会议和组织承包商进行现场参观，便于承包商详细了解管理方在投标文件中提出的安全管理要求和工作场所的现场条件；另外，它还为管理方和承包商建立起相互交流和探讨各自所关心的问题的渠道，为管理方了解工程或现场有关的专门知识以及哪些因素可能影响合同的执行提供了机会。

5.4.4 确定承包商

在完成承包商资格预审和确认其具有与管理方相符合的安全管理标准的前提下，综合考虑其满足验收标准和其他事项的情况（如费用、有效性、技术资格）后，最终选择出合格的承包商。

管理方在选择承包商后，应召开一个合同签订前会议讨论下列事项：

——再次确认和证实在预投标阶段所达成的共识和对任何变更的接受能力，并解决与此相关的具体问题；

——讨论应由承包商完成的具体的安全管理方面的事务；

——讨论业主、管理方、承包商和分包商（包括业主选择的专业分包商）之间的关系。

在合同签订之前，管理方和承包商应共同确认由于施工时所采用的施工工艺或方法而可能引起的风险及其必要的安全管理要求，明确承包商对其雇员的安全和健康、对其所产生的环境影响所应承担的全部责任，明确承包商所进行的工作不会对其他人员产生伤害。

5.4.5 签订安全协议

管理方应与承包商签订一个书面的安全协议（通常包含在合同中），该协议应明确双方的安全责任（包括承包商对业主选择的专业分包商的安全管理责任），其中承包商应遵从以下条款：

——遵守政府、业主和管理方的相关安全管理要求；

——雇用经过培训并对所从事的工作熟悉的合适的人员；

——提供和（或）使用的设备能安全地工作，不对环境造成污染；

——允许授权的业主和管理方代表进入他们的工作现场。

6 开工前准备

6.1 开工前准备的要求

开工前的准备工作应与所承担的施工风险程度相适宜，利用开工前的准备使承包商熟悉施工区域、现场条件、人员和其他作业信息，完成了开工前的准备工作才能开始施工。

6.2 开工前现场审查

管理方应与承包商一起进行开工前现场审查，通过现场审查：

a) 确定现场条件、装置情况及任务要求；

b) 明确对承包商现场的安全培训、沟通要求；

c) 明确承包商应执行的相关安全管理标准和程序。

6.3 承包商施工计划审查

承包商应负责施工计划（包括施工组织设计、施工方案、施工技术措施等）的制定和实施，并确保所有计划得到审查和批准，分包商的施工计划应先由承包商进行初步审查。管理方对施工计划有进一步审查和要求做出解释的权力。

在制定和审查施工计划时，承包商和管理方应在考虑现场作业条件和施工工艺步骤等因素的前提下确定预防措施，即应急计划、检查和评价计划、培训要求等。

6.4 确定详细安全管理要求

在开工前的准备活动中，管理方应对承包商遵循安全管理要求的能力进行最终审查，以明确承包商应执行的安全管理标准，确定附加要求或删除不必要的要求；明确施工过程中由于双方工作条件的变化，可能引起的安全管理要求的变化；明确承包商可能导致的施工现场的有关风险。

6.5 对人员、工具和设备的审查

管理方和承包商应对人员、工具和设备进行开工前的最终审查，一般包括以下事项：

a) 对所从事的工作范围和遵守所有相应安全管理要求的能力进行最终检查；

b) 确定人力资源、设备设施是否足以承担相应工作；

c) 确定人员的知识、信息和必要的培训是否能满足指定工作任务的要求；

d) 确定个人防护用品是否满足施工要求，除非合同中另有规定，一般情况下承包商应向员工提供符合管理方要求的个人防护用品。

7 风险评价

7.1 风险评价要求

风险评价应覆盖项目建设的各个阶段并与各阶段的风险特点相适应。业主、管理方和承包商应通过持续不断的风险评价工作，识别与项目建设活动有关的危害和环境因素，并对它们进行科学的分析和评估，确定风险发生的可能性、后果的严重性以及可能的影响范围，从而采取有效或适当的控制措施，将风险降到最低或控制在可以承受的程度。风险评价的结果应形成文件，并通知到所有受影响的员工和其他相关方，确保所有作业人员所熟知。

7.2 建设项目安全预评价、职业危害预评价和环境影响评价

根据有关法律法规的要求在项目开工前进行的建设项目安全预评价、职业危害预评价和环境影响评价，对项目各阶段的风险评价有很好的参考和指导价值。管理方应以安全预评价、职业危害预评价和环境影响评价所分析的危险、危害因素和环境因素以及提出的对策、措施和跟踪监测的方法、制度为依据，指导施工过程各阶段的风险评价工作，并将这些防范措施落实到项目建设过程中。

7.3 项目施工总体风险评价

针对不同施工阶段的风险特点，管理方应组织经验丰富的工程技术专家、安全管理专家和其他相关人员，按照整个项目可能涉及的施工活动的不同类别或安全管理的不同主题进行总体风险评价，划分风险等级，确定高风险的作业活动和安全管理的重点，通过优化资源配置、完善标准程序、调整工作计划等手段加以控制。

7.4 施工作业活动风险评价

在所有施工作业活动之前均应进行风险评价，这种风险评价过程应由承包商实施作业的有关人员完成。

对于以下可能存在高风险的作业活动，作业前应针对每一作业步骤分析其中的风险并制定相应的控制措施：

a) 项目没有实施过的、新的或者非常规性的作业；

b) 任务非常复杂，或可能存在潜在的事故隐患，或需要许多人员一起协调的作业；

c) 没有现成的安全作业规程，或者现有的规程不足以控制风险的作业；

d) 发生变更的作业。

对于施工过程中低风险的、相对比较简单的施工作业活动，可应用以前风险评价的结果和施工作业经验，编制成条目式的控制措施，在作业前进行逐一确认和落实，以简化风险评价过程，方便实际操作。

7.5 施工向生产过渡之前的风险评价

项目由施工向生产过渡，由于能量和介质将要引入以及相应条件的变化，会带来新的风险，这时管理方应组织施工方和生产方的相关人员进行风险评价，以识别改变的方面及其潜在的风险，制定相应的预防措施，并明确各方的责任。

8 培训和培训验证

8.1 培训要求

开工前，管理方和承包商应就项目各类人员的能力和培训要求达成一致意见，并明确各自的责任。承包商应为其员工提供适当的培训和训练，以确保其具有足够的知识和技能安全地进行工作；管理方负责检查承包商员工是否已接受培训，如有必要，管理方可针对某些需要强化的内容进行再培训。

8.2 培训类型

培训至少包括以下类型：

a) 入场前培训：包括业主、管理方、承包商、来访者和其他相关方在内的所有人员进入现场前均应

接受培训,使进入现场的人员了解现场基本状况和通用的安全管理要求。

b) 领导层的培训:业主、管理方和承包商项目负责人应接受培训,使各方的领导层明确自己在安全管理中的角色和职责,并且获得系统安全管理的技巧。

c) 安全管理人员的培训:安全管理人员应接受以项目安全管理标准、程序为主要内容的培训,使安全管理人员对安全管理标准能够充分理解并在施工作业中得到严格统一的执行。

d) 专项培训:从事特种作业和在安全管理事务中担当特殊角色的人员应接受专项培训,使这些人员掌握与其职责有关的知识和技能,或通过培训解决一些特定的问题。

8.3 培训验证

无论是管理方还是承包商均应保存培训记录。管理方应定期审查自身和承包商的培训记录以验证培训是否符合要求;承包商也应定期审查培训时间安排和培训材料,以检查是否可行。

培训效果可通过书面和口头考试、现场演示或执行工作评价等方式进行验证。当验证不合格时,应进行再培训以达到培训要求。

9 施工过程控制

9.1 作业管理

施工作业均应按照相应的作业规程进行。对高风险的作业应执行“作业许可制度”,对于此类作业管理方应建立从作业申请、审批和实施的程序,批准、监护和参与作业的人员均应接受专门的培训。这类作业主要包括但不限于:

a) 动火作业;

b) 进入受限空间;

c) 挖掘作业;

d) 射线作业;

e) 大型吊装作业;

f) 能量隔离(电、气、热、光、压力等);

g) 脚手架搭建和拆除;

h) 高处作业;

i) 运行区域内的交叉作业。

需要执行作业许可的作业应由管理方确定,并通知到所有的承包商。所有许可证应予以登记并归档管理。

9.2 设备和工具管理

管理方应建立针对设备和工具的管理程序。通常情况下管理方主要对进入现场的设备进行控制和检查,工具进入现场的检查由承包商进行。设备、工具的日常检查和维护由承包商负责。管理方可对承包商使用的设备和工具进行复查和随机抽查。

按照政府的要求,一些特种设备或现场安装的起重设备(如塔式起重机、龙门式起重机等)必须取得政府指定部门颁发的使用许可证后方可使用。

管理方应明确对设备和工具的定期检查、标识、修理和退出现场的要求。

9.3 施工用电管理

管理方应对整个施工现场所使用的临时用电系统进行设计和布置,明确管理方和承包商的管理职责,建立用电管理程序。承包商也应对管辖区域的临时用电进行设计,配备有资质的人员进行管理。

9.4 个人防护用品的使用管理

承包商应按照国家相关标准和管理方的要求为员工提供合格的个人防护用品,包括进行特殊作业所需要的附加的防护设备。管理方可以考虑把符合要求的防护用品展示给承包商。

承包商应对个人防护设备的用途、使用方法、维护保养方法等进行培训。

9.5 文明施工管理

管理方应在开工前对具有各自功能的区域进行总体规划和布置,保持合理的布局。承包商应在所管辖的区域内为员工设置必要的生活、休息等设施。

承包商应明确对现场文明施工的要求,保持现场的整齐、清洁和道路畅通。

管理方应建立针对车辆、行人和道路的管理制度,保持良好的交通秩序。

9.6 消防管理

在项目建设期间由于现场只有有限的消防资源,管理方应考虑建立一个包括依靠社会力量在内的消防应急预案,配备必要的消防器材,并组织适当的演练。

承包商应针对现场条件和火灾风险,制订预防和控制火灾的计划。

消防管理是应急管理的一部分,应服从其要求。

9.7 保安管理

管理方应考虑对施工现场实施封闭化管理并明确管理责任。严格控制项目现场人员和车辆的出入,保证对人员和车辆的可追溯性,维持正常的施工秩序,保护项目的资产和商业信息,特别是对重点区域应加强保卫措施,以最大限度地减少因重要设备和零配件的遗失而对项目带来的影响。

9.8 警示和标识管理

应对现场存在的危险和一些应特别关注的物件、处所等予以警示和标识。管理方和承包商应明确警示和标识标志的含义和使用、更换要求,并让相关人员所熟知。

9.9 医疗和急救

管理方应根据项目的规模和布局,设立必要的医疗设备和设施,以便能提供及时、有效的医疗救护。承包商也应按照管理方的要求提供适当的医疗条件。对所有接受医疗处置的人员应进行记录。

9.10 危险化学品管理

管理方应建立针对进入工地的危险化学品的管理程序,并在危险化学品的采购、运输、装卸、储存、使用和处置等环节按照国家相关法律法规的要求,建立相应的管理规定。

9.11 变更管理

管理方应建立变更管理程序,对工程设计、施工技术、施工机械、主要操作人员、操作规程、介质和能量等的变更加以控制和管理,对每一种变更可能带来的风险进行辨识和分析,采取技术、管理和培训等方面的措施,使风险控制在可接受的水平。所有变更的内容应让相关人员所熟知。

9.12 环保管理

管理方应全面推行清洁生产,节约资源和能源。当有污染物排向水体、土壤和大气时,应按国家或地方相关标准要求达标排放。对施工过程中产生的废油、废液、固体废物和垃圾等应存放在合适的容器中,尽可能回收再生利用;对于可能对环境造成影响的废物应与当地环境保护部门建立联系,进行妥善处置。

项目施工应遵守国家环境保护的相关法律、法规的要求,应尽量减少对原有土壤、植被、动物、水体、大气等的影响,并采取必要的措施加以保护。

9.13 职业健康管理

管理方和承包商应为保证员工身体健康提供必要的设施和条件。如设立员工休息室、厕所和更衣室;采取采暖和防暑降温措施;保证生活饮用水的日常供应;合理安排作业与休息时间;加强对噪声作业场所的防护措施和监测监督;加强对地方流行疾病的预防和控制等。

改善作业条件,提供合适的劳动防护用品,做好职业病预防。对从事有毒、有害作业和对健康有特殊要求的作业人员应按国家有关规定定期进行健康体检。

10 施工过程监督

10.1 安全表现报告和调查

承包商应按照管理方的要求定期如实提供安全表现报告,这份报告应包含人工时、与工作相关的伤病、损失工时等基本信息。管理方从中能够了解承包商的有关情况，同时也可作为评价承包商表现的依据。

管理方应根据需要对所关注的安全事项展开调查，调查可以是针对一类不良的安全表现、一个安全管理程序的执行情况或事故、未遂事故等。

10.2 检查

在检查和监督承包商时应对安全检查和监督各负其责。管理方的职责主要是监督，负责把发现的不符合项反馈给承包商，并督促其整改。对承包商人员的直接监督、指导和管理应是承包商的责任。

检查的方式和频次依建设项目的规模、承包商数量及承包商所承担工作的风险程度而定。管理方通常采用的检查方式是：

a） 非正式的现场检查：对现场进行一个随机的检查或观察，纠正作业过程中的违章现象，必要时把发现的情况反映到相关的部门和人员，以利于尽快解决。如果可能应尽量保留文字或图像等资料。

b） 正式的综合检查：定期对承包商的表现进行周期性检查，检查应尽量保证全面，并完整的记录检查结果，以此作为对承包商进行评价和奖惩的依据。

承包商的内部检查也可采用上述方式进行，只是在检查的范围和对象上有所不同。对分包商的检查应纳入承包商的管理范围。

管理方和承包商有必要进行适当频率的联合检查，联合检查便于双方对现场存在的问题形成一致的看法，也有利于制定措施使问题得以尽快解决。

10.3 整改

管理方和承包商应在对检查发现的不符合项进行充分分析的基础上，制定纠正和预防措施，并对其有效性加以确认。所有检查发现的不符合项均应进行追踪，并确保其得到有效整改。承包商应建立跟踪程序，及时反映整改的完成情况。管理方可以对整改结果进行复查。

10.4 承包商表现评价

管理方和承包商应定期召开会议，审查、讨论和评价承包商表现。可把以下内容作为评价依据：

a） 平时的表现记录；

b） 事故记录；

c） 检查记录；

d） 培训水平和培训记录；

e） 满足从事工作的能力。

对承包商的表现评价应尽量以量化的数据予以公布，就不能满足管理方的期望和要求的事项进行讨论，并加以整改。

对承包商的表现评价可以作为更新合格承包商名册的重要依据。

10.5 奖惩

管理方应定期评估承包商的安全业绩，并在此基础上制定奖惩计划，该计划应考虑承包商的工作范围、现场作业水平以及与作业相关的潜在风险。通过奖惩计划的制定和实施，使取得良好安全业绩的承包商得到认可和奖励，对较差的承包商给予适当的处罚以促使其改进工作。

11 应急管理

11.1 应急管理的要求

通过对造成人员伤害、财产损失和环境破坏的紧急情况进行识别和分析，制定相应的防范措施和应急预案，并与当地政府建立应急网络，充分利用社会应急资源，以减少紧急情况造成的危害。

11.2 应急管理对象

管理方和承包商应通过系统分析识别潜在的事件和紧急情况，把那些易造成严重后果和影响范围较大的事件作为应急管理的对象，主要包括人员伤害、火灾、危险材料释放和自然灾害等。

11.3 应急组织和职责

管理方和承包商均应成立各级应急指挥机构，负责紧急情况发生时的应急指挥、信息联络、监督应急措施的落实以及向上级通报紧急事件的处理情况。该机构在应急响应过程中发挥关键作用，其中每个成员均应经过相应岗位知识的培训。

11.4 应急预案和设备

管理方和承包商均应制定特定紧急情况发生时的应急预案，该预案应有足够的适应性，其主要包括以下方面：

a) 应急指挥系统；

b) 应急期间负责人及具有特定作用人员的职责、权限和任务；

c) 全体人员在应急期间所采取措施的详述，包括处于应急场所的外部人员；

d) 人员营救和疏散程序；

e) 通报网络、通讯联络、公共关系；

f) 极为重要的记录和设备的保护；

g) 应急期间必要信息的可利用性，如装置布置图、危险材料的识别和位置以及所需的应急措施、程序、作业指导书等；

h) 各种紧急情况的应对措施；

i) 应急资源清单。

管理方和承包商应识别应急设备的需求，并提供充足的设备。为保持这些设备的持续可操作性，应在规定的时间间隔内对其进行检测和保养。

11.5 培训和演练

除进行必要的应急预案培训外，定期进行的实际演练对测试员工的应急反应能力是非常必要的。实际演练应按计划进行，目的在于检验应急预案最关键部分的有效性和应急策划过程的完备性。如果适宜和可行，可鼓励外部应急服务机构参与实际演练。

11.6 应急预案的评估和修订

根据每次演练的结果及施工阶段的变化，应对应急预案的适宜性、可操作性及演练结果进行评估，找出不足和缺陷进行必要的修订。修改后的应急预案应及时通知有关人员。

12 事故管理

12.1 事故管理的要求

当事故发生时，应及时报告和调查分析，并根据事故发生的原因采取相应的纠正和预防措施，把吸取事故教训作为不断改善安全管理的重要途径。

12.2 事故报告和急救

所有与项目工作有关的事故，承包商均应向管理方报告，并在规定的时间内出具一份书面的事故初始报告。

管理方和承包商应对员工进行受伤人员救护和事故现场保护的培训，以利于实施急救和事故调查。

对于未遂事故，特别是对一些可能产生严重后果或重大影响的未遂事故，鼓励按照事故管理程序进行报告和调查分析。

12.3 事故调查

管理方应建立事故调查程序，以确定事故的直接原因和根本原因。管理方应确定事故调查组的工作范围、人员组成、职责及目的（政府另有要求的从其要求）。调查组应根据事故原因提出正确的整改措施建议，以避免类似事故的再次发生。事故调查应形成最终的调查报告，管理方和承包商应记录并保存调查报告，以作为将来的参考，并确认所有的整改行动在规定的时间内完成。

根据业主的要求，管理方应及时向业主报告事故并提供调查结论。

12.4 防范措施跟踪

管理方和承包商应依据事故调查报告中提出的整改措施建议，制定详细的整改行动计划并予以跟踪，确保其完成。该计划中应明确具体的措施内容、每一项措施的责任人和完成期限。

12.5 事故通报

事故发生后，管理方和承包商应对事故进行及时通报，并定期通过会议进行分析、讨论，以便总结事故教训，通过统计数据预测事故趋势，识别和纠正安全管理的不足，使安全管理水平得到持续改进和提高。

事故处理应坚持“四不放过”原则，查清事故原因，采取防范措施，避免事故重复发生。

12.6 经验交流

管理方和承包商应从项目自身和外部资源中获取相关事故的信息并进行经验交流，以确保员工及时、充分地吸取经验教训，需要时，可通过更新程序加强对类似事故的控制。

13 审核

业主可以考虑在项目建设的不同阶段组织进行安全管理体系审核，以便确定项目的安全管理状况是否符合国家相关法律法规；是否有效地满足了项目的安全方针、目标和承诺。审核结论和改进要求应反馈给管理方和承包商，并对改进情况进行跟踪，持续改进项目的安全绩效。

审核应依据项目不同阶段的特点、风险评价的结论和以往审核的结果，组织具有专业特长的审核人员进行，必要时也可以委托第三方进行审核。审核应制定详细的审核方案，包括审核的准则、范围、程序、频次和方法等。审核结果应形成审核报告，并保存相关记录。审核应全面、系统，包括现场审核和文件审核，不宜将其混同于一般形式上的安全检查。

审核人员的选择和审核的实施均应确保审核过程的客观性和公正性。

承包商也应进行类似的审核，这有助于引起承包商总部的关注，不断改进承包商在项目上的表现。

附　录　A
（资料性附录）
石油化工建设项目管理方安全管理实施导则应用范例

A.1　项目简介

项目名称：石油化工建设项目A，简称项目A。

管理方模式：项目A的管理方称为一体化项目管理组（IPMT），是由业主设立的综合性项目建设管理机构，在项目建设中代表业主行使权利。

管理模式：在IPMT中设立HSE（健康、安全、环保）部门，负责具体的健康、安全、环保（以下简称HSE）事务实施。详细的组织结构见图A.1。

注：目前的国际工程建设项目将健康、安全、环保（HSE）作为一个整体来进行管理。

A.2　安全管理的方针、资源和职责

A.2.1　项目A的HSE方针、目标及承诺

项目A的HSE方针、目标及承诺见表A.1。

表A.1　项目A的HSE方针、目标及承诺范文

我们的HSE方针： 安全第一，预防为主；全员动手，综合治理；改善环境，保护健康；科学管理，持续发展。 我们相信所有的伤害和职业病以及安全和环境事故都是能够被预防的，我们的目标是所有的事故为零。保护我们员工、产品使用者和社会公众的安全和健康是我们项目管理的价值核心所在。在我们的经营活动中将重视和关心环境。 我们的HSE目标： ● 不发生事故； ● 不损害人身健康； ● 不破坏环境。 我们的HSE承诺： 项目的所有经理和监督员对HSE的领导和业绩负有责任，项目的每位员工，无论身处何地，都有责任把HSE的工作做好，承诺HSE是我们雇佣员工的前提条件。良好的HSE业绩是我们企业成功的关键。 我们将通过不断减少废水、废气和固体废物的排放以及有效的利用能源来减轻我们的生产经营活动对环境与人身健康的影响。我们将生产客户能够安全使用的优质产品。 我们将： ● 严格遵守国家和地方政府有关HSE的法律法规； ● 坦承公布我们的HSE业绩状况； ● 广泛倾听社会各界的意见，响应他们的要求，不断改进我们的HSE业绩和管理体系； ● 表彰嘉奖对改善HSE业绩作出贡献的人员。 我们的业务计划中包括一系列可衡量的HSE指标，我们承诺满足它的所有要求，并为此提供必要的人力、物力和财务资源支持。 签署：__________ 董事长 日期：__________

项目A的HSE方针、目标由董事长签字批准后发布实施。

A.2.2　管理方细化的 HSE 目标和倡导的 HSE 管理理念

在项目 A 的 HSE 目标实施过程中，管理方又进一步将 HSE 目标细化为具体的“六个零”，即“死亡事故为零、损失工时事故为零、可记录事故为零、环境事故为零、火灾事故为零、车辆事故为零”。

项目 A 将良好的 HSE 管理理念作为企业文化的一个重要组成部分，管理方将项目 A 的 HSE 管理理念总结为如下条款，并在项目范围内积极倡导这些 HSE 管理理念：

——HSE 问题是施工中每一步操作应首先考虑的因素；

——人员是公司最重要的资源；

——所有事故、伤害和环境事故都是可预防的；

——所有的事故都可以归于管理上的失误；

——良好的 HSE 业绩是我们企业成功的关键；

——HSE 是每位员工的职责，安全地进行工作是公司雇用员工的一个基本条件；

——公司管理者有责任教导员工安全地进行工作，以及培养“安全工作”的企业文化；

——安全地工作是一种工作态度，安全同时又是一种生活方式；

——安全是一种投资；

——没有任何工作是如此的重要，以至于我们没有时间去安全地完成。

A.2.3　HSE 管理标准

为了便于一体化管理，管理方制定了一整套针对工程项目建设特点并符合国际惯例的 HSE 管理标准，这些管理标准包括一个项目 HSE 综合计划、64 个现场 HSE 管理程序文件及相应的表格、管理制度、管理规定等等。64 个现场程序文件的名称如下：

——基建健康、安全、环保计划；

——安全角色和责任；

——伤害响应；

——事故报告和现场调查；

——紧急事件响应；

——未遂事故报告和调查；

——事故分类与通报；

——对酒精和受控物质的政策；

——吸烟和明火；

——现场安全检查；

——方法陈述(MS) & 工作危险性分析(JHA)；

——防火管理；

——个人防护设备的选择和使用；

——保卫程序；

——施工设备和车辆标准；

——挖掘；

——移动式重型设备；

——起重机的安全使用；

——高空作业；

——车辆和设备指挥员；

——特殊工种管理；

——焊接、切割和打磨；

——临时用电设备管理(低压)；

——文明施工；

——钻探工作；
——梯子使用规定；
——机械保护；
——密闭空间进入；
——脚手架安全作业；
——冲击法软地基处理；
——喷砂，喷漆和涂装；
——辐射安全；
——危害健康物质的控制；
——车辆管理和检查；
——铲车安全操作；
——安全标识及安全围绳；
——炸弹威胁及其识别的响应程序；
——起重作业和起重设备；
——手臂振动的防护；
——办公室安全；
——台风应急响应；
——上锁和标示；
——能力保证；
——作业许可证；
——人工搬运；
——夜间作业安全方案；
——废弃物管理；
——紧急泄漏反应方案；
——环境噪声控制；
——变更管理；
——停工和复工；
——本项目健康、安全、环保应急呼叫程序；
——承包商奖惩程序；
——挖掘许可程序；
——格栅安装和拆除许可程序；
——行车安全标准—车辆应急程序；
——现场车辆、自行车和行人交通管理；
——交通安全准则—车辆检查；
——交通安全标准—驾驶员；
——交通安全标准—车辆要求；
——低压消防栓/系统的使用；
——动火作业许可证程序；
——吊篮作业许可证/程序；
——本项目防盗政策。

这些 HSE 管理程序是针对具体的作业行为制定的，涵盖了项目 HSE 管理的各个方面，主要包括工地的安全纪律、各类施工作业的安全规程、事故报告和调查、作业许可制度、培训与能力保证、环境噪声控制、应急响应、HSE 信息交流等等。

项目A的管理方认为“能源隔离、变更管理、作业许可、进入受限空间、挖掘作业、吊装作业、高处作业、车辆管理”等八个方面是最重要的作业活动和关键的HSE管理环节，因此管理方将以上八个方面的管理制度确定为“HSE管理黄金规则”。参加项目建设的全体人员都必须严格遵守。

A.2.4 管理方对安全政策的传达途径及方法

A.2.4.1 HSE培训

进入工地的所有人员（包括业主、管理方、承包商及分承包商的人员）入场前都必须参加由管理方组织的入场培训，对各级经理、专业人员还要进行领导层HSE管理培训和各类专业培训。

A.2.4.2 业绩考评

管理方强调HSE是每个人的责任，与每位员工签订HSE业绩合同，合同中规定了对他们的HSE目标和行为的考评要求，将个人的HSE表现与年终业绩考评挂钩。

A.2.4.3 HSE管理承诺

项目伊始，业主董事长、管理方领导及承包商主要负责人均做出承诺，严格执行项目的HSE政策。项目的HSE承诺内容见“A.2.1 项目A的HSE方针、目标及承诺”部分。

在施工高峰期，管理方举行了“安全承诺日”活动，现场停工半天召开承诺会议，会议设一个主会场，下属五个项目包均设有分会场。管理方在主会场进行安全承诺，管理方主任、HSE主任及各部室主管均在特制的承诺签名板上签名承诺。在各分会场进行项目包的安全承诺，各项目包的项目经理、项目HSE经理、承包商主要负责人也同样在承诺签字板上签字承诺。之后签过字的承诺板被复制成多份，展示在办公区及施工区的显著位置接受监督。其他的施工工人则在承诺签名本上签名，签过名后的工人会得到管理方赠送的一份小纪念品。

A.2.4.4 多样化的安全活动

管理方每月均制定有详细的安全活动计划，其内容是多种多样的安全主题活动，例如：主题安全月、三题安全周、安全肩并肩活动、邀请员工的子女和附近学校的学生开展安全绘画比赛、与交警部门联合开展交通安全宣传日活动、脚手架搭设比赛等等。

A.2.4.5 广泛的宣传

在办公区大厅设置的安全广告牌、安全状态警示灯、安全人工时统计电子钟，定期发行的安全快报，在项目局域网、办公区域、施工工地、工人休息室随处可见的安全宣传内容，以及在施工高峰期加设的现场安全广播，管理方通过多种多样的宣传方式，使安全观念深入人心。

A.3 资源与职责

A.3.1 资金保障

项目A在制定项目投资计划时即设立专项HSE费用，主要包括基建劳动保护用品、设施、培训投入、三同时费用、奖励费用，并在项目建设的各个年度编制详细的费用计划，以满足不同施工阶段HSE管理的需求。承包商也按照合同要求提供必要的资金支持以满足HSE管理的需要。

管理方在业主的授权范围内调整HSE费用结构，比如设立一些专项奖励资金、专项HSE保障资金等。

A.3.2 组织机构

管理方下设的六个部门，HSE部是其中之一。HSE部由核心组和分别对应于每个项目包的HSE小组组成，HSE主任和高级HSE施工经理对部门事务总体负责，核心组设专家组（包括吊装、设备检验、电气、脚手架、无损检测专家）、培训部、保安部、医疗站、应急中心、综合管理组（包括程序管理、宣传、应急响应、政府联络）等，各项目包的HSE小组由项目HSE经理、施工HSE经理和若干名HSE工程师组成。相应的组织机构图如图A.1。

承包商、分承包商和监理公司自身设有HSE管理部门负责其内部的HSE管理并接受管理方HSE管理人员的监督和指导，现场按照与施工人员50∶1的比例配备专职HSE管理人员。项目内的所有

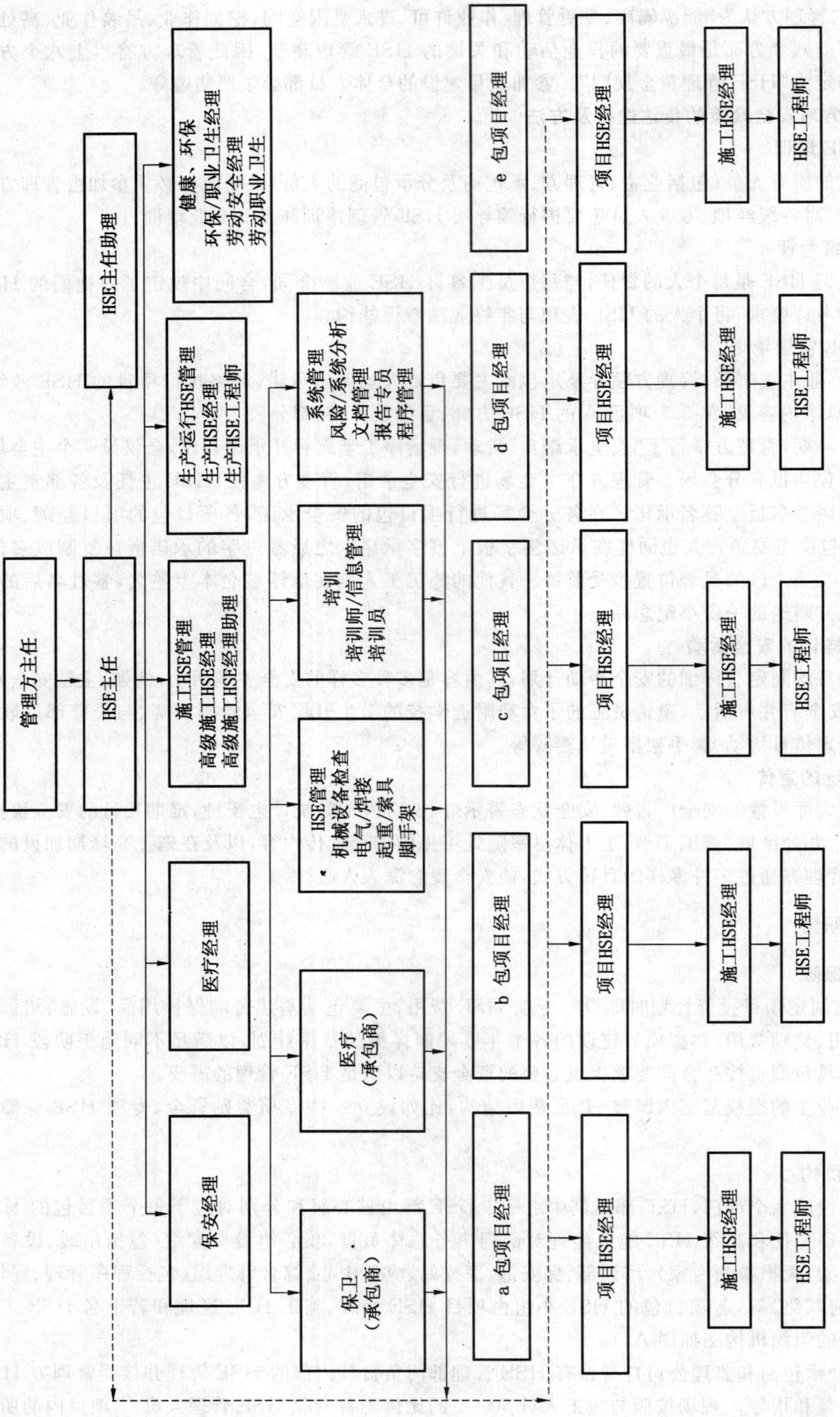

图 A.1 管理方 HSE 管理组织机构图

HSE管理人员都必须持有资格证书，并报管理方的HSE部门备案，人员撤出和调整也必须得到管理方的认可。

A.3.3 职责

管理方通过程序文件详细的规定了项目建设期间业主、管理方、承包商、分包商以及每位员工的HSE职责。

如管理方项目主任的HSE职责为：

项目主任负责贯彻实施项目内的HSE政策和纲要。他要对工程项目的所有施工方面的HSE业绩负责。项目主任应积极参与HSE规划有助于改善HSE的全面影响和效力。项目主任应确保所有管理人员、监督人员和向他们汇报的人员对他们管辖范围内的HSE业绩负责。他将定期审核施工HSE计划的实施情况和施工期间的HSE业绩。

对普通员工的HSE职责管理方是这样规定的：

在施工期间，任何员工都严禁吸毒和饮酒。员工必须严格遵守安全规章制度，并使用提供的安全设备和器具，从而使安全成为他们工作的一个部分。他们必须主动参与工地HSE计划，以保护其自身的安全和不伤害其他雇员，并对其同伴的不安全行为提出警告。所有员工都应该向其主管汇报其施工区域内的不安全状况、做法或行为，如果有可能还应进行纠正。应当鼓励员工对施工工地的HSE状况提出改善意见。希望每一位员工都能遵循这些要求。每一位员工都有责任参与项目HSE计划和培训活动，并提出改善意见。另外，对于任何伤亡事故或不安全措施及状况，都应向其主管汇报。每一位员工都有责任不需要在其主管人员的专门指示下主动的维持工地、工具、设备和材料的安全和整洁。

A.3.4 协调与交流

项目A设立IPMT、分项目包和承包商三级协调机制，所有的施工作业活动都必须围绕IPMT的指令进行，HSE是协调机制的首要任务。除此之外，IPMT执行每月承包商HSE例会、每周HSE和质量例会、每日HSE焦点会议等专门协调解决HSE管理方面的问题，通报HSE管理状况。

A.4 承包商选择

A.4.1 承包商资格预审

管理方进行承包商资格预审的基本步骤如图A.2所示。承包商资格预审表见表A.2。

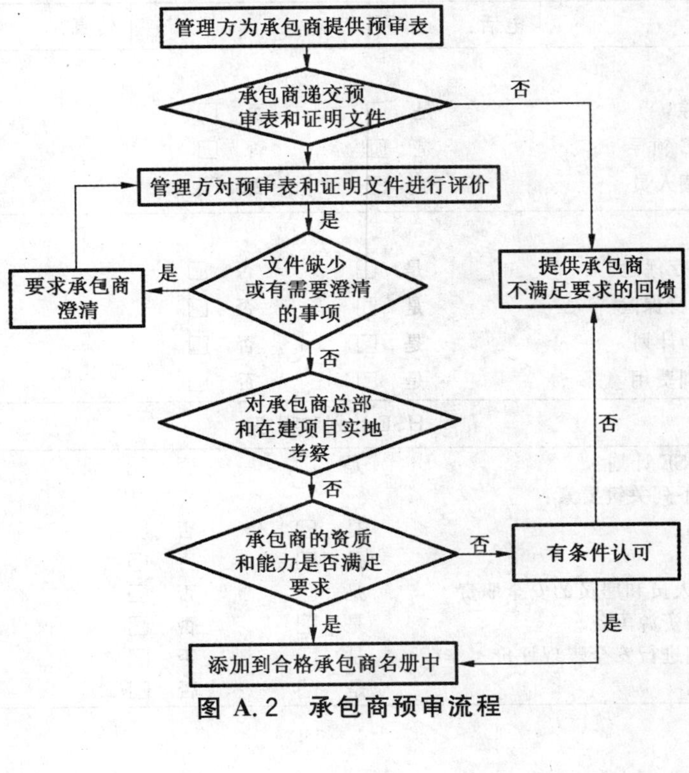

图A.2 承包商预审流程

表 A.2　承包商资格预审表

一般资料					
组织机构					
公司工作历史					
HSE 表现					
1. 伤病数据：					
过去 3 年中雇员的工作时间(不包括分包商)：					
年份		现场(h/年)		总计(h/年)	
提供过去 3 年的以下数据					
年份					
死亡事故					
损时事故					
医疗处理事故					
环境事故					
职业病					
2. 过去 3 年曾发生过的有重大影响的安全事件					
HSE 管理					
1. 在你公司内部的 HSE 最高管理者：					
职务：		电话：		传真：	
2. 你公司是否有：					
a. 专职的 HSE 领导		是 □		否 □	
b. 专职的现场 HSE 领导		是 □		否 □	
c. 专职的 HSE 协调人员		是 □		否 □	
3. 你公司是否：					
a. 为员工支付了医疗保险		是 □		否 □	
b. 为员工支付了人身保险		是 □		否 □	
c. 制定了 HSE 激励计划		是 □		否 □	
d. 有专项 HSE 培训费用		是 □		否 □	
HSE 计划和程序					
1. 你公司是否有书面 HSE 计划？		是 □		否 □	
该计划是否强调了下列关键要素：					
● 安全方针和承诺		是 □		否 □	
● 员工参与		是 □		否 □	
● 管理人员、监督人员和雇员的安全职责		是 □		否 □	
● 符合安全要求的资源配备		是 □		否 □	
● 对所有员工定期进行安全表现评价		是 □		否 □	
● 危险识别和控制		是 □		否 □	

表 A.2（续）

2. 该计划是否包含了如下的作业程序： a. 设备上锁和警告标示 是 □ 否 □ b. 受限空间的进入 是 □ 否 □ c. 伤病记录 是 □ 否 □ d. 坠落保护 是 □ 否 □ e. 个人防护用品 是 □ 否 □ f. 便携式电动工具 是 □ 否 □ g. 车辆安全 是 □ 否 □ h. 压缩气瓶 是 □ 否 □ i. 电力设备接地保护 是 □ 否 □ j. 特种设备 是 □ 否 □ k. 文明施工 是 □ 否 □ l. 事故报告 是 □ 否 □ m. 应急计划 是 □ 否 □ n. 废弃物处理 是 □ 否 □
3. 对下列事项你公司是否有书面计划： a. 听力保护 是 □ 否 □ b. 呼吸保护 是 □ 否 □ c. 危害信息交流 是 □ 否 □
4. 医疗 a. 你公司是否定期为员工进行体检 是 □ 否 □ b. 你公司是否具有经过培训的急救人员 是 □ 否 □
5. 你公司是否为下列人员举行安全现场会议： 监督人员 是 □ 否 □ 频次________ 工人 是 □ 否 □ 频次________ 分包商 是 □ 否 □ 频次________ 安全会议内容是否形成文件？ 是 □ 否 □
6. 个人防护用品 a. 是否提供给员工合适的个人防护用品？ 是 □ 否 □ b. 是否有个人防护用品的检查和维护计划？ 是 □ 否 □
7. 设备和材料 a. 是否有一个设备和材料的安全规范体系？ 是 □ 否 □ b. 是否对特种设备进行符合要求的检查？ 是 □ 否 □ c. 对于操作设备是否有相应的检查和维护记录？ 是 □ 否 □
8. 检查和审核 Check & Audit a. 你公司是否定期进行 HSE 检查？ 是 □ 否 □ b. 你公司是否进行 HSE 审核？ 是 □ 否 □ c. 缺陷整改是否形成文件？ 是 □ 否 □
安全培训
1. 专业培训 a. 员工是否在相应工作技能方面受到了培训？ 是 □ 否 □ b. 员工是否按要求取得了资格证书？ 是 □ 否 □ c. 列出已经取得了资格证书的工种：

表 A.2（续）

2. 上岗培训 a. 对新上岗员工是否有安全上岗培训计划？ 是 □ 否 □ b. 计划是否说明了下列项目： ● 安全作业方法 是 □ 否 □ ● 安全监督 是 □ 否 □ ● 班组会议 是 □ 否 □ ● 应急程序 是 □ 否 □ ● 急救程序 是 □ 否 □ ● 事故调查 是 □ 否 □ ● 火灾预防和防护 是 □ 否 □ ● 危害信息交流 是 □ 否 □ c. 上岗培训计划有多长时间？ 小时数
3. 培训记录 a. 是否有对员工的安全培训记录 是 □ 否 □ b. 培训记录是否包括下列各项： 员工登记表 是 □ 否 □ 培训日期 是 □ 否 □ 培训师姓名 是 □ 否 □ 领会程度验证 是 □ 否 □ c. 怎样鉴定员工对培训的领会程度？ □ 书面测试 □ 工作监控 □ 口头测试 □ 其他(列出)________ □ 表现测试
呈报资料
● 保险证书 ● HSE 计划 ● HSE 激励计划 ● 危害信息交流计划 ● 呼吸防护计划 ● 事故调查程序 ● HSE 检查表格 ● HSE 审核程序 ● 安全上岗培训纲要 ● 安全培训计划(纲要) ● 员工安全培训记录样本

管理方的专家根据《承包商资格预审表》的情况填写对该承包商的《承包商资格预审评价表》，按照《承包商资格预审评价表》的结果确定是否将该承包商列入《合格承包商名册》中。承包商资格预审评价表见表 A.3。

表 A.3 承包商资格预审评价表

安全表现	可接受	需要改进	不可接受
企业所在地安全生产监督局纪录的事故率	□	□	□
损失工作日的事故率	□	□	□
政府安全管理部门的处罚通知	□	□	□

表 A.3（续）

HSE 计划	可接受	需要改进
安全承诺	☐	☐
安全资源配置	☐	☐
书面的 HSE 计划	☐	☐
安全工作程序	☐	☐
医疗计划	☐	☐
防止物质滥用计划	☐	☐
安全会议	☐	☐
分包商管理	☐	☐
检查和审核	☐	☐
安全、健康和环境培训	**可接受**	**需要改进**
专业培训	☐	☐
对新员工的安全、健康和环境上岗培训	☐	☐
对监督人员的安全、健康和环境上岗培训	☐	☐
安全、健康和环境培训计划	☐	☐
安全、健康和环境培训纪录	☐	☐
总体评价	**可接受**	**需要改进**
	☐	☐
承包商是：　　是 ☐　　否 ☐ ☐ 可列入经认可的承包商清单 ☐ 有条件的列入经认可的承包商清单 条件：____________________ ____________________ ____________________ ☐ 对承包商的反馈意见：____________ 评估人：　　　　日期：		

A.4.2　**承包商的确定**

通过资格预审的承包商进入工程投标环节，以确定最终的承包商。

在投标前，管理方对参与投标的承包商提出项目 A 的 HSE 要求。

承包商在投标前均应制定自己的 HSE 计划，承包商的 HSE 计划必须符合管理方明确提出的 HSE 要求并与其在项目 A 所从事的工作相适应。该计划主要包括以下内容：

——工程概况；

——编制依据和引用标准；

——方针、目标和项目经理承诺；

——管理组织机构、职责；

——风险评估和治理；

——能力保证与培训；

——检查与整改；

——激励与奖惩；

——安全信息交流；

——拒绝作业；

——事故/未遂事件的报告与调查；

——个人防护设备管理；

——防止物质滥用计划；

——各类施工作业管理(或承包商关于该类作业书面程序清单)；

——作业环境管理；

——车辆与现场交通管理；

——仓库及危险品管理；

——安全标识和锁定、警告标签；

——办公室安全管理规定；

——安全保卫；

——应急响应计划；

——急救与医疗管理；

——审核、评审和持续改进。

在承包商递交投标书后，管理方综合考虑其满足 HSE 验收标准和其他事项的情况(如费用、有效性、技术资格)后，最终选择定若干家承包商。正式签订合同时，管理方与选定的这些承包商均以合同附件的形式签订了书面的 HSE 协议。

A.5 开工前准备

A.5.1 开工前现场审查

开工前管理方组织承包商进行现场审查，审查内容见表 A.4。

A.5.2 承包商施工计划审查

承包商编制完成的施工计划(或施工方案)在实施前交由工程监理公司审查，对于比较重要的施工计划管理方参与审查，以确认承包商制定的管理措施是否满足项目建设的要求。

承包商的 HSE 计划由各包项目 HSE 经理负责审核，审核通过的 HSE 计划返还给承包商并由承包商组织实施；审查未通过的 HSE 计划与审核整改意见一同返还给承包商，由承包商修订后送交管理方再次审查。

表 A.4 开工前现场条件检查确认表 时间： 年 月 日

将进行作业的现场条件	是	否	不适用
1. 工程和作业区域的道路			
2. 承包商的驻地			
3. 业主提供的电、水、燃料和压缩空气的位置、容量和详细情况			
4. 材料运输设备和程序			
5. 现场调查计划(例如钻孔、取样、探坑、取土坑、挖掘)			
6. 业主提供的许可证和承包商提供的许可证			
7. 客户和业主提供的设施和可被使用的时间表(例如现场办公区域、仓库、建筑材料和设备的现场卸货，承包商对业主和承包商提供的材料的装卸和储所负责)			
8.承包商参与业主的安全和急救计划			
9.在合同期间，其他将进行和可能进行的工作			
10.合同的工作范围和可能要求的任何不寻常或困难的操作			
11.指明建筑物的地点、进入道路、取土坑和其他重要场所的特征			
12. 一个类似性质的工作，如果正在现场进行，请展示要求的工作标准			
13. 工地内外交通和通讯的建立			

表 A.4(续)

将进行作业的现场条件	是	否	不适用
14. 为清理目的废物处置场所位置和不止一个承包商工作的清理区域			
15. 对标书中工作有影响的尚未完成的工程和设施的总体情况			
参加人员:			
注:抄送业主合同文件。			

A.5.3 承包商开工前的预动员施工审查

在每个承包商进入工地开工前由管理方各包项目 HSE 经理组织进行“预动员施工审查”。

各包项目 HSE 经理组织针对承包商施工计划和 HSE 计划中的所有活动提出具体的建议,并列入《项目预动员施工审查:行动计划》表中,并将此表发送给承包商和项目各相关部门。预动员施工审查表的样本见表 A.5。

表 A.5 石脑油罐打桩预动员施工审查:行动计划

优先等级	建　　议	职责	目标日期	实际完成日期	答复/计划的行动	采取的行动
B	1. 如计划在夜间打桩,须进行一工作安全评估,同时也要得到管理方的批准。					
A	2. 保证承包商的安全检查清单是全面的,并有效地包括了设备所有的安全事项。					
A	3. 确认管理方谁来保证承包商将进行安全检查,并且安全检查是有效的。确保施工经理对现场的所有活动负责。					
注:A——打桩前开始必须完成的。 B——必须尽快完成,但可在打桩开始后完成。 C——应随着项目的开展进度完成。						

各包项目 HSE 经理组织召开预动员施工审查会议,参加人员包括项目包施工 HSE 经理和承包商项目经理、施工经理、HSE 经理和 HSE 工程师。在会上共同确定为完成《项目预动员施工审查:行动计划》中各项建议双方各自的职责、目标完成时间和应采取的行动,形成最终的《项目预动员施工审查:行动计划》。

管理方和承包商按照最终的《项目预动员施工审查:行动计划》采取行动,严格按照计划的要求完成所有事项。在每个事项完成后将实际完成时间及采取的行动填入表中。在行动期间,每完成一项建议,实施者均及时向全体参与者通报完成的情况。

管理方各包项目 HSE 经理和施工 HSE 经理负责对《项目预动员施工审查:行动计划》的完成情况进行验证。对完成情况不好的责令其在规定期限内完成,并根据项目的承包商奖惩程序进行处罚;对完成情况好的应予以奖励。当 A 类事项全部整改完毕后管理方即允许承包商开工。

A.6 风险评价

A.6.1 项目施工总体风险评价

管理方针对不同建设阶段的风险特点进行了项目施工总体风险评价,其目的是通过对特定项目建设阶段有关的施工活动进行分析评价确定项目当前风险最高的作业行为,确定当前 HSE 管理的重点,并为项目领导层的决策提供依据。

例如:在项目初期以土建施工为主,挖掘作业作为 HSE 管理重点;进入设备安装高峰期,起重作业成为 HSE 管理重点;到了建设末期,动火作业则成为 HSE 管理重点。

项目施工总体风险评价以 HSE 风险评价专题会的形式进行,由管理方的 HSE 主任组织经验丰富的工程技术专家、HSE 专家和其他相关人员,并邀请承包商的 HSE 经理或 HSE 专家参加。项目施工总体风险评价主要遵循以下步骤。

A. 6. 1. 1 分析当前阶段项目的主要作业行为,识别这些作业行为的潜在风险。识别时主要应考虑的因素有:

——危险施工活动(如吊装、地下作业、高处作业、无损试验等);

——HSE 监督和控制;

——高强度和长时间作业;

——交叉作业;

——临时电源及其使用;

——道路交通。

A. 6. 1. 2 根据风险的发生概率和影响程度对所有风险进行评估,按照风险程度的不同将这些风险分为高风险、中度风险、低度风险三类,评价结果应形成风险登记表。

A. 6. 1. 3 对风险评估的响应:

——HSE 部门领导审核高度风险问题,并报告管理方领导层以引起他们的重视;

——审核当前的 HSE 部门任务和职责,保证当前的高风险事项得到足够的资源;

——审核 HSE 管理标准和承包商 HSE 管理能力,必要时完善 HSE 管理标准或采取措施帮助承包商提高 HSE 管理能力;

——审核风险登记表并且与现场 HSE 小组和承包商代表重新评估风险分布情况。

A. 6. 2 施工作业活动风险评价

管理方规定所有施工作业活动开始之前承包商均应进行风险评价。进行施工作业活动风险评价采用两种形式:工作危险性分析(JHA)和作业安全评估。

A. 6. 2. 1 工作危险性分析(JHA)

工作危险性分析(JHA)通常由实施作业和与作业有关的人员一起参与,如工程技术人员、HSE 管理人员和作业主管(班组长)。工作危险性分析(JHA)可按以下步骤进行:

——描述将要做的工作;

——列出所需的工具、设备和材料;

——列出主要任务或按顺序列出步骤;

——识别每项任务或步骤所伴随的风险;

——对危险发生的严重性(S)和可能性(P)进行评估;

——详细说明消除或减小风险的控制方法;

——确定控制措施是否已将风险减小到了可接受的程度;

——重新确认每项工作/任务是否符合逻辑顺序。

工作危险性分析(JHA)以书面的《工作危险性分析(JHA)报告》形式报给管理方授权的人员审批。工作危险性分析(JHA)报告样本见表 A. 6,评价说明见表 A. 7、A. 8 和 A. 9。

审批合格的《工作危险性分析(JHA)报告》将返还给承包商,并在报告后附上实施建议。在进行该项作业前由施工作业负责人就 JHA 报告的内容向全体参加作业的人员进行交底,使参加该项作业的全体人员都知道将要进行的作业可能存在的风险及防范措施,参加交底人员均在《工作危险性分析(JHA)报告》的背面签字以确认自己对报告中的内容完全了解。作业过程中应将《工作危险性分析(JHA)报告》或它的复印件展示在作业现场明显处,以供作业人员和监督人员随时查看。

A. 6. 2. 2 作业安全评估(STAR)

对于一些常规的作业活动,管理方推行了一种简化的工作危险性分析方式,即作业安全评估

(STAR)。管理方根据以往的JHA报告与承包商人员共同制定出一套作业安全评估表,包括一个作业安全评估表和42种作业活动的危险信息控制单。每个危险信息控制单对应一个单项作业,该项作业所存在的危险信息和控制要求均在危险信息控制单上列出。作业安全评估表是一组作业人员每天填写的危险信息控制单的汇总,另外它还包括了当天作业的场地、气候、冲突作业和应急计划等情况(表A.10和表A.11)。

作业安全评估表上包含的作业活动一般均可用这种方式进行施工作业活动风险评价,但当开始任何一项不容易识别出危险的作业活动时,或者工作复杂、作业安全评估表上描述的一般控制措施不足以说明工作中涉及的危险时,则不能采用这种方式进行评价。

每天作业前,由作业主管(班组长)根据作业内容填写作业安全评估表并将相关作业的危险信息控制单附在作业安全评估表上。然后由作业主管负责向所有作业人员进行交底,根据危险控制信息单中的要求向每个工人或作业班组说明要采取的控制措施以及需要穿戴的、与作业活动有关的个人防护设备。

表A.6　工作危险性分析(JHA)报告

公　司						工作:	
编　号						日期:	
序号	工作步骤	可能的危害或损失	作业条件危险性评价法			对危害的控制方法	剩余危险
			S	P	R		
JHA编制:			施工负责人:________日期______			HSE经理________日期______	
项目包HSE经理:__________日期__________				项目包施工经理:__________日期__________			
注:被批准的危险分析报告,应由施工负责人或班长在作业前对所有的作业人员进行交底,并由作业人员在背面签字认可。							

作业条件危险性评价法说明:

表A.7　S:严重性

严重程度	受伤或受损	级　别
灾难性的	迫在眉睫的危险	3
临界性的	严重受伤以及财产或设备严重受损	2
边缘性的	可导致疾病、受伤以及设备受损,但应不严重	1
可忽略性的	不会导致严重伤病或急救	0

表A.8　P:发生几率

几　率	鉴　定	分　值
很可能	短期或即刻可能发生	3
基本可能	在某些情况下会发生	2
几率较小	在某些情况下可能发生	1
几率极小	不大可能发生	0

将 S 和 P 的值相乘得出 R 的值，按表 A.9 进行风险评估。

表 A.9　R:风险系数

结论	发生概率			
后果严重程度	高	中	低	不会发生
致命的 大规模损坏 大量释放	9	6	3	0
重大伤害 重大损坏 大的释放	6	4	2	0
小的伤害 小的损坏 少量释放	3	2	1	0
无伤害 无损坏 无释放	0	0	0	0

表 A.10　作业安全评估表

项　目		承包商		主管人员	
序号	作业活动	√	序号	作业活动	√
1	钢结构安装		26	叉车作业	
2	管道安装		27	脚手架	
3	焊接		28	交通控制	
4	气割		29	保温	
5	打磨		30	水压试验	
6	捆绑/挂绳		31	许可证作业	
7	吊机安装/拆卸		32	人工搬运	
8	起重机吊装		33	台锯	
9	射线探伤		34	低压电气试验	
10	电缆敷设		35	高压电气试验	
11	电器 & 仪表电缆安装		36	电气上锁/标示	
12	电缆托盘安装		37	机械上锁/标示	
13	挖掘/挖沟		38	电动工具	
14	云梯车/升降平台车		39	手动工具	
15	托架、吊架/吊篮		40	设备维修、保养	
16	移动设备/装置		41	混凝土/模板作业	
17	空气压缩机		42	砌砖作业	
18	油漆		43		
19	喷砂		44		
20	密闭空间		45		

表 A.7（续）

序号	作业活动	√	序号	作业活动	√
21	格栅安装/拆卸		46		
22	材料装/卸		47		
23	高处作业		48		
24	梯子使用		49		
25	化学品使用/材料安全数据单		50	其他	

应急行动计划	作业环境
最近的集合点	天气情况
项目办公区前台电话	风向
应急电话	地面条件
现场诊所	附近是否有冲突/高处作业
救护车电话	说明危险/控制措施
其他应急电话	说明与作业有关的或附近的围栏/警告标志的目的：
承包商应急电话	
其他有关的危险控制措施 地点　　　　日期	许可证类型 & 编号

表 A.11　钢结构安装

适用的控制措施	已说明 √
遵守格栅安装和拆除许可作业要求	
按循序进行作业，安装下一层楼梯或梯子前，在平台上安装好所有的扶手和铺板 如果缺少部件，要安装临时的铺板/扶手/盖板	
检查你的安全带并确保它合身，如果发现任何缺陷或损坏要通知你的主管	
在高处作业时要始终系上你的安全带 一个挂钩钩住—另一个挂钩脱开——个挂钩再钩住—另一个挂钩再脱开 100%系挂—尽可能使用在你腰部以上的锚固点	
如果没有适当的锚固点，停止作业，回去通知你的主管	
如果在露天钢结构上作业，使用网状编结带以使你更自由的走动	
如果在未完工的平台上作业，要安装救生绳/限制绳并将安全带始终挂在绳上	
确保在你作业的区域下面有适当的防护栏，随着作业进展移动防护栏，警告在你下方的人员离开	
在工具有掉落到下面的危险的地方，应始终将工具缚牢在吊绳上	
不要将螺帽和螺栓放在作业平台，格栅或网状钢结构上，应将它们放入工具袋或桶中	
移动或滑动格栅就位于露天钢构件上前，要始终将绳索一端连接到格栅上，另一端连接到一个可靠的锚固点上	
格栅一旦就位，就要用铁丝绑扎固定，不要使格栅处于未固定状态	
就位/抬起钢构件时要注意到可能的夹持点	

表 A.11(续)

适用的控制措施	已说明√
焊接电缆线和气体软管要远离走道和楼梯	
边作业边清洁作业区域	
向你的主管人员报告任何事故、事件、不安全行为或不安全状况	
吊具、倒链、钢丝绳有任何缺陷/损坏,要立即向你的主管人员报告	

A.6.3 由施工到生产过渡之前的风险评价

管理方针对该阶段制定了系统 HSE 转移计划。根据风险转移方向的不同,管理方将转移计划分为五步实时控制:第一步从施工到预调试的移交;第二步从预调试到机械完工的移交;第三步从机械完工到联动试车的移交;第四步从联动试车到投料的移交;第五步从投料到生产性能测试的移交。系统安全移交表见表 A.12。

当系统管理权发生改变(从施工到生产)或能量及介质(如电力、化工原料、氮气、高压蒸汽等)引入前,应当完成 HSE 移交计划。

安全转移计划由项目包的项目 HSE 经理和生产 HSE 经理负责组织的系统完工小组(由管理方、业主生产部和承包商人员组成的,负责装置扫尾和开车的工作组)来实施,完成的系统转移计划应通知管理方和承包商的相关部门。管理方将转移计划的实施情况及时通报给受到影响的承包商,在受影响的范围内作业的承包商主管人员或班组长则把该情况向作业人员进行交底。

表 A.12 系统安全移交表

系统号:________		装置名称:________	
联系人:________		系统名称:________	
发布者:________		日　期:________	
改变的内容			
1			
2			
3			
4			
5			
6			
系统标识			
1			
2			
3			
	潜在危险	预防措施	责任人
1			
2			
3			
4			
5			
6			

A.7　安全培训

A.7.1　安全培训的要求

项目A的承包商、分包商负责为其员工提供必要的安全培训，所有培训数据、记录、证书都登录在册，供管理方随时查验。

管理方为项目员工和承包商免费提供各类专业、循环不断的安全培训，主要包括员工入场前的培训、领导层和管理人员的培训、HSE管理人员的培训和各类专项培训。

管理方为安全培训配备了精良的设施和优秀的人员，对一些专业性较强的培训科目会邀请外部专家来做培训师，如气体检测培训。另外理论结合实践也是经常采用的培训方法，如：专门设置了脚手架搭设训练场地，为承包商的脚手架工人提供实际操作训练；在急救培训时提供人体模型给受培训者进行伤口包扎、骨折固定和人工呼吸的实际操作；吊装作业安全培训课设在吊装作业现场，对吊装作业的每一个环节进行讲解，指出应关注的作业细节和应检查的设备部位。

A.7.2　入场前培训

入场前培训是对所有进入项目A工地的人员进行的基本安全要求培训，其目的是使所有即将进入项目A工地的人员了解现场基本的、通用的安全要求。根据在工地工作时间的长短和工作性质的不同，管理方将入场培训分为长期进入工地人员的培训、临时进入工地工作人员的培训和来访人员的培训三类。

长期在项目A工地工作的人员在现场开始工作前，要接受一个大约4 h的入场培训，接受了完整培训并考试合格的人员才能得到工地准入证，进入现场工作。该入场培训课程的内容包括但不限于以下一些方面：

——项目A的安全政策和理念；
——现场施工存在的主要风险；
——个人的安全要求及行为规范；
——安全隐患报告；
——事故和未遂事故报告；
——应急响应程序；
——涉及化学品的工作；
——安全操作规程，包括纪律措施与奖励办法。

进入工地进行3 d以内的短期施工或提供服务的其他人员，要接受一个大约1 h的入场培训课程，培训之后可取得临时入场证进入现场工作。该培训课程的内容一般包括：

——项目A的安全政策和理念；
——现场施工存在的主要风险；
——个人的安全要求及行为规范；
——应急响应程序。

临时进入工地参观访问的人员，应接受一个大约15 min的简短入场培训以取得访客证，并由管理方的工作人员陪同方可进入现场。该入场培训的内容主要是介绍现场存在的主要风险、个人的安全要求及行为规范等。

A.7.3　领导层的培训

管理方和承包商的领导层及管理人员要参加针对管理人员的安全培训。这类培训的内容比较广泛，一般包括安全政策和理念、安全管理知识及主要的安全管理程序等内容。

A.7.4　HSE管理人员的培训

管理方和承包商的专职HSE管理人员除应参加以上两项安全培训以外，还要参加进一步的专业培训。

这类培训的专业性相对较强，其内容主要包括事故调查与分析、作业观察与记录、工作危险性分析(JHA)、环境管理、高危险性作业的控制(如吊装作业、进入受限空间作业、高处作业、挖掘作业)、气体检测、呼吸和听力保护、作业许可证管理、施工用电管理、应急响应、脚手架规范及脚手架检查人员的培训等。

这类培训的时间一般较长累计可达到十几天，如事故调查与分析培训时间为 3 d，吊装作业的培训时间是 5 d。

A.7.5 专项培训

此类培训内容主要有：个人防护用品、电的危害和用电安全、车辆和设备指挥员/信号员、挖掘作业安全、脚手架安全作业、梯子安全、高处作业及防坠落保护、吊装作业安全、叉车安全、钢结构安装、射线作业安全、员工防火和灭火器的使用、自行车安全等。参加人员主要是与这些作业或事项有关的人员。

A.8 施工过程控制

A.8.1 作业管理

项目 A 的管理方对于高风险的作业实施作业许可制度，这些受控制的作业包括：夜间作业、动火作业、密闭空间作业、电气作业、挖掘作业、射线作业、压力试验、吊装 80 t 以上的设备或使用 2 台吊机的吊装作业、格栅安装和拆除、吊篮作业等等。作业许可证见表 A.13。

表 A.13 作业许可证样本

<table>
<tr><td colspan="12">项 目 A</td></tr>
<tr><td colspan="12">动火作业许可证</td></tr>
<tr><td colspan="6">项目：</td><td colspan="6">承包商：</td></tr>
<tr><td colspan="6">开始时间/日期：</td><td colspan="6">结束时间/日期</td></tr>
<tr><td colspan="12">地点：</td></tr>
<tr><td colspan="12">要执行的作业/所使用的设备</td></tr>
<tr><td colspan="12"></td></tr>
<tr><td colspan="12">点火源</td></tr>
<tr><td colspan="12"></td></tr>
<tr><td colspan="12">作业涉及或附近的易燃液体/材料</td></tr>
<tr><td colspan="12"></td></tr>
<tr><td colspan="12">需要的控制措施</td></tr>
<tr><td colspan="3">看火人员</td><td colspan="3">防火布</td><td colspan="3">水桶</td><td colspan="3">气体检测</td></tr>
<tr><td colspan="12">使用的灭火器</td></tr>
<tr><td colspan="4">干粉</td><td colspan="4">二氧化碳</td><td colspan="4">水</td></tr>
<tr><td colspan="12">附注 / 附加的控制措施</td></tr>
<tr><td colspan="12"></td></tr>
<tr><td colspan="12">承包商负责人</td></tr>
<tr><td colspan="4">职 位</td><td colspan="4">姓 名</td><td colspan="4">签 字</td></tr>
<tr><td colspan="4">现场主管
HSE 工程师
看火员</td><td colspan="4"></td><td colspan="4"></td></tr>
<tr><td colspan="12">声明：通过在此签名，我承认为了保证作业期间始终遵守上述的所有控制措施所承担的责任。作业完成后，我保证扑灭所有的火源并将所有的易燃材料/液体转移到安全的地点，清理作业场所并将作业许可证返还给项目 A 的 HSE 部门。</td></tr>
<tr><td colspan="12">项 目 批 准</td></tr>
<tr><td colspan="4">职 位</td><td colspan="4">姓 名</td><td colspan="4">签 字</td></tr>
<tr><td colspan="4">施工经理</td><td colspan="4"></td><td colspan="4"></td></tr>
<tr><td colspan="4">施工 HSE 经理</td><td colspan="4"></td><td colspan="4"></td></tr>
<tr><td colspan="4">指定的 HSE 工程师</td><td colspan="4"></td><td colspan="4"></td></tr>
</table>

在开始进行上述规定的作业前，承包商必须将填写好的作业许可申请表和工作危险性分析(若需要)上报管理方，由管理方审核作业许可申请的内容及附件，由负责监督该承包商作业的 HSE 工程师确认现场安全条件。满足要求的申请由施工 HSE 经理和施工经理批准后返还给承包商组织实施，并由管理方指派的 HSE 工程师监督实施。项目作业许可制度的实施流程如图 A.3 所示。

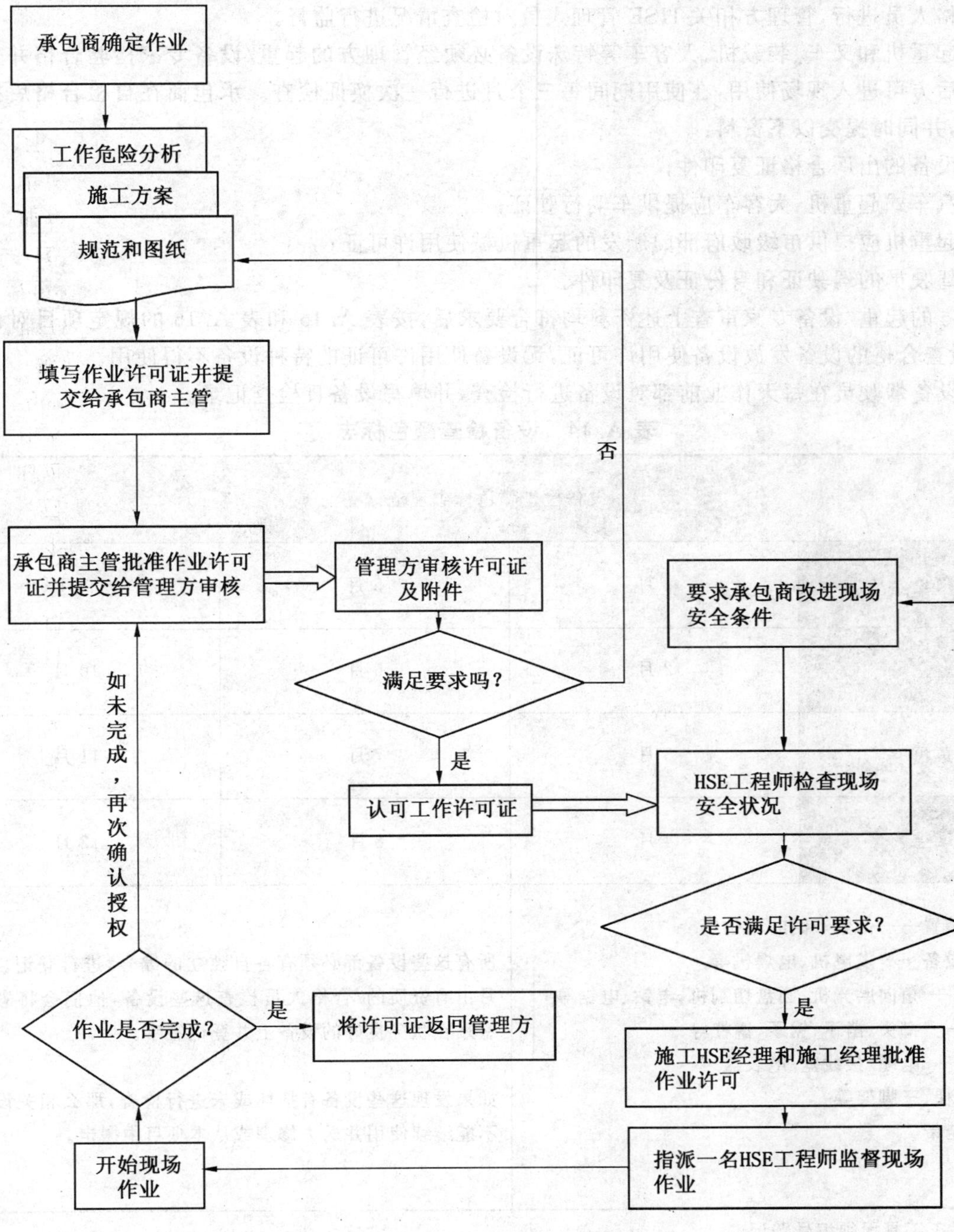

图 A.3　作业许可实施流程

作业前由作业负责人就作业许可证的内容向所有作业人员进行交底，作业许可证的副本应张贴在作业场所或由操作人员保存。

所有执行作业许可制度的人员必须进行相关方面的专业培训，这些人员包括各级经理、主管、现场 HSE 工程师、许可证批准人和承包商相关人员。

A.8.2 设备和工具的管理

所有小型起重设备、吊装索具、发电机、电焊机、气焊工具、电动工具、手动工具、电气设备、灭火器等在进入项目 A 的工地前，承包商均应进行全面自查，检查合格的根据表 A.14 的要求做出颜色标识，不符合要求的工机具不带到现场使用。在开始使用后每月检查一次，合格的更换当月的色标。检验由承包商的合格人员进行，管理方相关 HSE 管理人员对检查情况进行监督。

所有起重机和叉车、装载机、大客车等特殊设备必须经管理方的起重/设备专家检验合格并发放使用许可证后方可进入现场使用，在使用期间每三个月进行一次换证检查。承包商在自检合格后提交管理方检验，并同时提交以下资料：

——设备的出厂合格证复印件；

——汽车式起重机、大客车应提供车辆行驶证；

——起重机应提供市级政府部门颁发的起重机械使用许可证；

——驾驶员的驾驶证和身份证及复印件。

管理方的起重/设备专家审查上述资料均符合要求后，按表 A.15 和表 A.16 的规定项目对设备进行检查，检查合格的设备发放设备使用许可证，无设备使用许可证的特种设备不得使用。

特种设备驾驶员在每天作业前都对设备进行检查，并填写设备日检查记录。

表 A.14 设备检查颜色标志

<table>
<tr><th colspan="4">设备检查颜色标志规范</th></tr>
<tr><td>红色</td><td>1月</td><td>5月</td><td>9月</td></tr>
<tr><td>蓝色</td><td>2月</td><td>6月</td><td>10月</td></tr>
<tr><td>黄色</td><td>3月</td><td>7月</td><td>11月</td></tr>
<tr><td>绿色</td><td>4月</td><td>8月</td><td>12月</td></tr>
<tr><td colspan="2">起重传动装置——吊索/卸扣/吊钩等
电气发电设备——发电机、电焊机等
电动工具——角向磨光机、圆盘切割机、电钻、电锯等
手动工具——榔头、凿子、锯子、撬杠等
电气设备——电缆/接线盒/电表盘
梯子、横杆梯、三脚架等
全身性安全带
灭火器</td><td colspan="2">所有这些设备都必须有各自独立的编号，进行登记。每个月由有资质的/合格人员检查这些设备，他们会将彩色标签贴在状况良好的设备上并登记签字。

如果发现这些设备有损坏或未进行检查，那么相关设备将不能继续使用并送去修理或从本项目中搬走。</td></tr>
<tr><td colspan="4">注：手工工具无须编号登记。</td></tr>
</table>

表 A.15 起重机检查单

一般情况

车三 / 承包商　　　　　　　　　　车号

政府检验部门　　　　　　　　　　设备系列号

操作员姓名　　　　　　　　　　截止日期

项目/作业现场：

安装后验收人员：

设备情况　　　　Acc.——可接受， Rej.——拒绝接受，N/A——不适用

项目		情况			备注
		Acc.	Rej.	N/A	
驾驶室	玻璃/能见度				
	负载表 & 警示标记				
	灭火器				
	鸣笛功能				
	合适的通道（阶梯/走道）				
	仪器仪表 & 控制装置				
	起重臂角度指示器				
	水平指示器				
发动机	清洁度/无碎屑/无垃圾				
	传动机构/机械保护装置				
	入口/走道畅通				
	运转正常				

表 A.16 每季度车辆检查表

检查者 ______　日期 ______　驾驶员 ______

地点 ______　使用年限 ______　驾驶执照号 ______

区域 ______　车辆类型 ______　有效期限 ______

注册/登记号 ______　里程数 ______　使用年限 ______

额定的车辆总重 ______　许可的载重量 ______　实际重量 ______

车况	正常	缺陷	备注
装饰			
油漆涂层			
内部			
挡风玻璃 / 车窗			
外观/ 车辆整洁			
机械状况			
安全带			
维护日志			
换油			
轮胎			
减震器			
操纵机构			

表 A.16（续）

机械状况	正常	缺陷	备　注
软管/传动皮带			
刹车装置			
挡风玻璃刮雨器			
车头灯			
车后灯			
停车灯			
转向信号灯			
工具箱弹簧锁			
车厢内 & 外反光镜			
喇叭			
倒车报警器			
排气装置			
速度计			
安全设备/程序/检查表			
灭火器			
急救箱(完整的)			
三角牌、圆锥柱或警示灯			
反光的安全背心			
轮胎充气筒			
电池跳接线			
闪光灯			
车辆注册证			
意外事故报告表			
紧急行动——汽车意外事故表			

必须立即纠正任何的缺陷

A.8.3　施工用电管理

管理方在项目开工前即对整个施工现场所使用的临时用电系统进行了设计和布置，并制定了完善的用电管理制度明确业主和承包商的管理职责。

现场的任何临时用电设备在使用前必须经过管理方的检查和批准，安装临时用电设施的承包商应向管理方递交“临时用电安装申请表”进行申请。

所有从事电气工作的人员，包括临时供电或接线作业的人员应具备当地政府部门颁发的有效的电工操作证书。

承包商应指派合格的人员负责临时用电设备的维护和管理。每个临时配电盘/柜必须由一个有相应资质的人员每天进行维护检查并进行记录，检查记录表应保存或张贴在每个临时配电盘/柜中。

现场的低压临时用电设施均采用三相五线制，所有临时用电设备、工具和线路必须按供电电压正确选用，所有有关的电气元器件必须满足相关的国家规范和标准要求，临时用电电源和有关的线路必须严格遵守电气施工和安装规范。

A.8.4　个人防护用品的使用管理

承包商按照项目的标准和要求为他们的员工免费提供所有必须和适当的个人防护设备。所有进入项目 A 现场的人员至少穿戴安全帽、安全眼镜和防砸防穿刺的安全鞋，否则将被门卫拒绝进入工地。高处作业必须穿戴双钩五点式安全带，并严格执行 100% 系挂政策。特殊作业期间，承包商根据需要为雇员免费提供一些附加的保护设备如耳塞、面罩、皮制手套等，为员工进行正确使用防护设备方面的培训。

对于临时进入工地办理业务的人员，可以在个人防护设备管理室临时借到基本个人防护设备；送货司机在没有个人防护设备的情况下可以驾驶车辆进入工地，但期间不得下车。

A.8.5 文明施工管理

管理方与相关设计单位共同对现场临时设施的布局进行了设计，对管理方和承包商的临时办公设施、临时材料仓库、土方堆放场、垃圾堆放及厂区内的临时公共厕所做了总体规划。

承包商根据管理方的施工规划总图在所管辖的区域内为员工设置必要的生活、休息设施，并负责保持这些设施的整洁和卫生。

承包商对施工现场内的材料储备、施工机具和设备、压缩气瓶、施工废料和垃圾等实施有效的管理，确保施工现场整洁有序，道路畅通。

施工现场设置了供员工休息、饮水和吸烟的场所，保证员工在工作过程能得到适当的休息、充足的饮水。员工不得在吸烟点以外的区域吸烟。

承包商在施工现场设置垃圾箱或废料、废物存放点，废料、废物必须放入指定的垃圾箱或废料、废物存放点内。废料、废物和垃圾的场外处理要符合当地的规定。在项目现场严禁露天焚烧或填埋废料/废物或垃圾。

A.8.6 消防管理

随着项目建设的进行，管理方对现场的各个区域定时进行消防风险评价，按照每个区域的评价结果配置消防设备。在项目建设初期由于正式的消防资源有限，除了依靠临近的社会消防资源外，管理方主要依靠在现场放置足够数量的灭火器，或使用临时的蓄水箱、储沙池等小型消防设施作为初步的消防手段。随着现场工艺消防系统的建立和消防站的成立，管理方则将这些内部资源和原有的现场小型消防设备作为主要的消防手段。

管理方制定了一系列的消防管理程序，这些程序包括动火作业的管理、吸烟政策、消防栓的使用规定、火灾应急响应等等。其中的一些具体规定如：所有的动火作业必须办理动火作业许可证，如需要还应进行气体检测；在施工现场只有在指定的吸烟点才能吸烟，吸烟点应有足够的防火措施；所有的乙炔气瓶要加装防火罩，每天气焊工应使用肥皂水对自己将要使用的乙炔气瓶、气带的接头处测漏；灭火器应每月进行检查并做好检查维护记录，及时更换失效的灭火器。

管理方和承包商除了制定完善的消防应急计划外，还对所有人员进行消防培训并进行经常的和不定时的消防演练。

A.8.7 保安管理

管理方对施工现场实施封闭化管理，严格控制施工现场的出入，以保护项目的财产和商业信息，同时保证未得到业主和管理方允许的人员无法进入现场。

所有入场培训合格的人员可取得施工现场准入证，并在进入现场后始终佩戴在显著位置。根据人员进入工地的目的和停留时间，施工现场准入证分为承包商人员准入证、临时准入证和访客证。

——承包商人员准入证发给将在项目进行长期施工作业并接受了入场安全培训的承包商人员；

——临时准入证发给将在工地进行 3 d 以下现场作业并且接受了入场安全培训的临时作业或服务人员；

——访客证发给到项目参观现场、参加会议或洽谈业务的人员；

——临时货运司机凭临时车辆通行证进入工地。

管理方的 HSE 管理人员和保安有权没收任何违反项目规定人员的准入证，并令其立即离开现场。任何人员离开现场时必须将准入证交还给管理方。

所有车辆必须凭通行证进入工地，车辆通行证分为长期通行证和临时通行证。

长期通行证是指需要长期进入工地、经 HSE 工程师和保安对车辆进行检查和认可后，向承包商发放的车辆通行证，有效期一般为半年。长期通行证按以下程序发放：

——承包商应提前向所在项目包的项目 HSE 经理、施工 HSE 经理或指定工程师提出书面申请；

——承包商携 HSE 部门签字同意的申请书、申办通行证的相关材料至保安部，保安部与其约定验车时间；

——申办通行证的相关材料为下列复印件：车辆行驶证正、副证，驾驶证正、副证，车辆保险证明，司机的现场准入证；

——经授权的保安依照车辆检查表上的内容，进行车辆检验；

——保安部验车完毕后，发给印有项目序列号并盖章的通行证；

——保安部将保管此类车辆信息及申办材料。

临时通行证是指需要临时进入工地、经工地保安对车辆状况进行简单检查后，向承包商发放的临时通行证，当天有效。临时通行证按以下程序发放：

——工地保安检查车况；

——保安需对司机进行简单的安全教育，并向第一次来工地的司机发放工地指南；

——临时车辆司机需以有效证件换取工地临时车辆通行证，并做好登记；

——临时车辆离开工地，必须交还临时通行证。

工地内实施车辆限速管理，所有车辆的行驶速度不得超过 15 km/h。主要道路禁止停车，除施工作业车辆和运送货物的车辆外其他车辆禁止在施工作业现场停车。

A.8.8　警示和标识管理

对于存在危险的地方，管理方要求使用适当的警告标识或围绳警告进入有危险的项目现场的人员。如起重作业要在起重机作业范围周边设立围绳警告行人不得进入作业区域内；开挖的基坑周边要设立防护围栏，防止行人坠入坑体内部；探伤作业、压力试验、吹扫作业等均需要进行区域警示；对于受限空间和能量隔离作业要有更加醒目的警示，必要时需增加上锁措施。

承包商必须确保施工现场安装有与潜在危险相应的安全标志和防护栏。承包商和管理方的 HSE 工程师要定期检查各个项目现场的安全标志和防护栏，发现任何缺陷后立即要求相关的作业人员进行完善。安全警戒区域的看护人员负责提醒无关人员远离危险区域。所有现场工作人员必须始终遵守安全标识的指示。如果任何人怀疑控制措施不足以防范潜在的危险，要立即通知在场的作业人员或 HSE 工程师。

A.8.9　医疗和急救

项目 A 建立了自身的急救中心和医疗诊所，在施工现场设有急救站。这些医疗机构配备了有相应资质的医生和护士，以及处理急诊和非急诊情况的设备。医疗诊所用来为所有项目员工、来访人员和承包商人员治疗与工作有关的伤害和疾病。

承包商自身拥有满足管理方最低要求的医疗设施。

项目 A 与所在地的医院建立了联系，以确保为所有职业伤害和疾病提供迅速、专业的治疗。管理方向医院提供了项目政策、操作流程、可能的危险以及良好医疗处理的重要性。任何需要诊治的患者，在接受其他医师诊治后，都应再就诊于管理方指定的医师，并由该医师提出第二意见。

对严重受伤的病例，医护人员应遵照管理方制定的紧急事件运送程序。需要时可以使用当地的救护车将患者运送到指定的、拥有处理紧急事件设备的医院急诊室。对于不需紧急送至医院的受伤人员，用现场合适的车辆运送。除急救情况外，承包商应负责运送他们的职员至现场医疗机构。雇主应提供所有随访出诊所需的运输设备(例如拆除缝线、理疗等)。

管理方要求对医疗进行记录，当雇员到现场诊所求治时，医疗护理员应记入日常工作急救报告。报告记录包括受伤/生病的日期和时间，员工姓名，他的编号和工长的姓名，受伤/生病的类型，给予的治疗和对病人的安排。

A.8.10　危险化学品管理

在项目开工前，所有承包商均对他们承担的作业活动中涉及的所有危险物质进行一次全面的评估并提交给管理方备案。评估以中华人民共和国法律认可的方法进行，主要的内容为：

——作业活动中会涉及何种危险物质?

——可能会产生何种有害影响?

——危险物质在哪里使用？如何处置？

——会产生何种有害物质？

——哪些人会被影响？影响程度如何？时间多长？

——会发生有人接触到危险物质的情况吗？

——对危险物质的接触程度如何？

——应采取何种行动？

所有危险物质在运进施工现场前必须经本包项目经理和 HSE 部门批准。在项目中使用危险物质之前，遵循以下程序：

——承包商要鉴别将在他们项目现场上使用的危险物质；

——各承包商要在申报表中列明目将要进入项目施工现场的危险物质，并附上每种危险物质的材料安全数据表，说明控制方法并提交给管理方 HSE 部门批准；

——搬运前，检查危险物质的容器和包装是否损坏、泄漏以及标注以进一步确定所盛物质；仅携带作业所需要的最少量的危险物质；按生产商的指示搬运和存放危险物质；

——在进行与危险物质有关的现场作业期间，承包商要保证现场始终有一份经批准使用的危险物质清单；

——如果作业任务发生改变或危险化学品有变动，承包商必须再次提交危险物质申报表、材料安全数据单和有关的危险物质控制措施以供项目批准。

承包商在进行涉及有害物质的作业前，必须编制技术交底和作业危险分析详细说明有关的控制措施。

存放在施工现场的危险化学品必须按照中国的法规和国际惯例进行识别、分类和标注，并将存放数量限制到可满足 3 个工作日的施工需要为宜。

存放危险物质的场所必须设有醒目的警示标志。危险物资仓库必须有防火、防盗、防泄漏、防腐蚀的措施。危险物质容器和包装在使用期间和储存前要合适的封闭并按照生产商的指示分开存放在合适的区域。任何存储的危险物质，如果不再被使用，应在取得批准后立刻进行处理。如果需要继续使用，应记录下列信息：

——危险物质的名称-危险物质应以其最常用的名称命名，不需要化学专用名称；

——物理形式——危险物质被接收和存储的形式，例如：液体、固体和粉末等；

——单位尺寸；

——存储点；

——使用点；

——使用用途；

——供应商；

——材料安全技术说明书(MSDS)。

承包商应列出所有在项目现场存储/使用的危险物质库存信息清单，这份危险物质库存信息清单应包含所有现场涉及的危险物质。

A.8.11　变更管理

管理方列出需要履行变更管理审批手续的变更项目，包括但不局限于：

a）项目 A 厂区内的所有 HSE 程序、条例、规则、规定和标准；

b）中华人民共和国的有关法规制度；

c）为项目 A 所采纳的各种行业和国际标准；

d）其他个中相关的程序、条例、规则、规定和标准。

管理方规定一旦由于出现偏离原来程序的情况而需要作出某种变更时，必须遵照下列程序办理：

a）在明确变更内容之前，试图提出变更的有关人员应对变更要求进行仔细研究，以最终确定到底是否需要作出变更；

b）明确变更牵涉的范围，受到变更影响的流程、人员，受影响的区域、时间和程度等等；

c) 合理地解释变更原因；

d) HSE 主管部门应该会同提出变更的部门或人员，针对变更内容可能对安全情况造成的威胁进行认真细致的评估，在评估过程中，必须同时考虑行业标准和 HSE 方面的通行要求；

e) 取得有关部门的审批同意；

f) 实施变更。

A.8.12 环保管理

管理方根据国家的环境政策制定了项目 A 的环境政策：

a) 尽可能地保持所有场所(或土地)没有废物；

b) 每次做出采购决定时，将可供选择的方案(其中包括废料的处理和排放)对环境的潜在影响考虑在内；

c) 最大限度地使用可循环材料制造的产品(符合购买行为的少花钱、多办事原则)；

d) 保证政府的废料处理政策得以实施，并依据减少废料产生和发展可再利用废料的更好处理方案的原则来提高废料的等级。

承包商和分包商要遵从以下几点：

——油、油脂、燃料、润滑剂、油漆、溶剂、酸、碱、化学品或污染的废水不允许流入到现场的下水道系统，也不允许直接将这些物质排放到土壤里。

——一旦发生石化产品、化学品或其他物质的泄漏，必须立即向管理方报告，同时立刻进行围堵及清洁工作，清理排放物的费用将由肇事公司承担。在发生泄漏事故的 3 个小时内，必须向管理方呈报一份书面报告。

——所有的储槽、化学品、燃料及类似的物质的装卸和储存必须在路边、码头或堤防区域内进行(油罐车给设备加燃料除外)。单独的圆桶应放置在围堰和相似的设备里面，容纳可能的泄漏。

——接触化学品、油、酸、碱或其他污染物的设备的清洁、清洗、水冲洗必须在批准的封闭区域进行。

——只能在指定的区域清洗和保养交通车辆。

——使用任何有毒或有害物质或化学品都必须得到管理方批准。

——防腐保温用油漆、岩棉、聚氨酯和易产生粉尘的材料应妥善保管，对现场地面或设施造成污染时应及时清理。

——作业现场应经常打扫并保持清洁，垃圾集中堆放并及时清理、运送至指定地点；工程施工产生的无毒的废物，如办公室垃圾、施工材料、混凝土碎石和金属碎片都要被妥善的处理。

A.8.13 职业健康管理

“人员是公司最重要的资源”，管理方制定了全面细致的职业健康管理规定，并针对一些特殊作业发布了专项的程序文件，如噪音控制、手臂震动防护、辐射安全和夜间作业等。

管理方在每月对承包商的 HSE 评比中都有关于职业健康的内容，如承包商为工人提供的医疗设施情况、工人驻地和工地的饮用水/洗涤设备情况、工人的宿舍和工地休息室的情况、工人所从事作业的材料安全技术说明书(MSDS)和健康危险性控制措施等。

管理方会采取一些紧急对策应对危害工人健康的事件，例如：为了应对炎热的天气，管理方临时决定改变施工作业时间，延长午休时间。作息时间的改变有效地降低了工人中暑事件的发生。

A.9 施工过程监督

A.9.1 作业安全观察制度

现场的所有人员都有责任填写“作业观察卡”。作业观察卡的形式见表 A.17 和表 A.18。

现场的任何人员均可以在指定地点领取到作业观察卡，然后在工地范围内选择任意一项作业，观察该作业的作业内容、个人防护设备使用情况、工具设备的使用情况、该作业存在的安全隐患和已经实施的隐患控制措施等。观察人员对违章行为应立即采取制止措施，并将措施执行情况记录到卡上，如果问题无法在现场解决，则在卡上提出建议。

一项作业观察任务完成后，观察人员将作业观察卡放入指定的收集箱内，管理方会定期收取收集箱内的观察卡。管理方会将每次所收取的作业观察卡数据输入到数据库中，通过数据分析来确定隐患趋势和问题区域，并将分析结果公布于众。

作业安全观察制度提高了每位员工的安全意识，体现了“安全是每一位员工的责任”这一理念。同时作业安全观察制度还有利于管理方及时准确地掌握现场安全隐患趋势并及时调整安全政策和培训方向。

表 A.17　作业观察卡正面

<table>
<tr><td colspan="4">作业观察卡
日期：……………………　时　间：……………………
项目/位置：……………………　被观察的公司：……………………
被观察的作业……………………</td></tr>
<tr><td colspan="2">危　险　分　析</td><td colspan="2">处于危险环境下的数量</td></tr>
<tr><td></td><td>碰到物体上或被物体碰到</td><td colspan="2"></td></tr>
<tr><td></td><td>被物体钩住、挂住或被夹住</td><td colspan="2"></td></tr>
<tr><td></td><td>摔倒</td><td colspan="2"></td></tr>
<tr><td></td><td>接触高温或低温</td><td colspan="2"></td></tr>
<tr><td></td><td>触电</td><td colspan="2"></td></tr>
<tr><td></td><td>吸入、吸收或吞入危险物品</td><td colspan="2"></td></tr>
<tr><td colspan="2">劳动防护用品的遵循配备情况</td><td>观察到的数量</td><td>未遵循/配备</td></tr>
<tr><td></td><td>安全眼镜</td><td></td><td></td></tr>
<tr><td></td><td>安全帽</td><td></td><td></td></tr>
<tr><td></td><td>安全鞋/靴</td><td></td><td></td></tr>
<tr><td></td><td>防高空坠落保护用品</td><td></td><td></td></tr>
<tr><td></td><td>手套</td><td></td><td></td></tr>
<tr><td></td><td>面罩</td><td></td><td></td></tr>
<tr><td></td><td>听力保护设备</td><td></td><td></td></tr>
<tr><td></td><td>呼吸保护设备</td><td></td><td></td></tr>
<tr><td></td><td>极端温度保护设备</td><td></td><td></td></tr>
<tr><td colspan="2">已要求的危险作业管理</td><td>观察到的数量</td><td>未遵循/配备</td></tr>
<tr><td></td><td>灭火器/毯子/水桶</td><td></td><td></td></tr>
<tr><td></td><td>信号工/协助工/火警警戒员</td><td></td><td></td></tr>
<tr><td></td><td>路障/警告标志</td><td></td><td></td></tr>
<tr><td></td><td>JHA/许可证/程序</td><td></td><td></td></tr>
<tr><td colspan="2">工具 & 设备情况</td><td>观察到的数量</td><td>未遵循/配备</td></tr>
<tr><td></td><td>作业正确</td><td></td><td></td></tr>
<tr><td></td><td>正确使用</td><td></td><td></td></tr>
<tr><td></td><td>处于安全的条件下</td><td></td><td></td></tr>
</table>

表 A.18 作业观察卡反面

检查结果(安全和不安全的行为/情况)
立刻采取的措施
建议

A.9.2 承包商 HSE 周报和月报

承包商按照规定定期向管理方递交 HSE 周报和 HSE 月报,HSE 周报和月报的样本见表 A.19 和表 A.20。

表 A.19 承包商 HSE 周报

编号:

承包商		日期		报告时期	
合同编号:					
工程范围:					
设计 HSE 问题:					
采购 HSE 问题:					
施工 HSE 问题:					
事故统计量(包括分包商)					
死亡		职业病		电气	
脱岗天数		财产损坏		环境	
医疗		车辆		失盗	
急救		火灾		未遂事故	
其他					
目前人员情况					
承包商		分包商		总计	
计划实施情况(包括分包商)					

相关培训			
计划名称	实施人	参加数量	次　　数

表 A.19（续）

<table>
<tr><td colspan="4">检查/审查（不包括每天的班前自查）</td></tr>
<tr><td>计划名称</td><td>数　　量</td><td>执行人</td><td>措施数</td></tr>
<tr><td></td><td></td><td></td><td></td></tr>
<tr><td></td><td></td><td></td><td></td></tr>
<tr><td></td><td></td><td></td><td></td></tr>
<tr><td></td><td></td><td></td><td></td></tr>
<tr><td></td><td></td><td></td><td></td></tr>
<tr><td colspan="4">HSE 相关会议</td></tr>
<tr><td>会议名称</td><td colspan="2">会议数</td><td>参加人员</td></tr>
<tr><td></td><td colspan="2"></td><td></td></tr>
<tr><td></td><td colspan="2"></td><td></td></tr>
<tr><td></td><td colspan="2"></td><td></td></tr>
<tr><td></td><td colspan="2"></td><td></td></tr>
<tr><td></td><td colspan="2"></td><td></td></tr>
<tr><td colspan="4">应发扬的 HSE 行为</td></tr>
<tr><td colspan="4">主题：
具体活动：</td></tr>
<tr><td colspan="4">对违章的内部惩罚</td></tr>
<tr><td>违章情况</td><td colspan="2">数　　量</td><td>措　　施</td></tr>
<tr><td></td><td colspan="2"></td><td></td></tr>
<tr><td></td><td colspan="2"></td><td></td></tr>
<tr><td></td><td colspan="2"></td><td></td></tr>
<tr><td></td><td colspan="2"></td><td></td></tr>
<tr><td></td><td colspan="2"></td><td></td></tr>
<tr><td colspan="4">其他 HSE 计划完成</td></tr>
<tr><td colspan="4"></td></tr>
<tr><td colspan="4">需要管理方协调解决的 HSE 问题</td></tr>
<tr><td colspan="4">下周 HSE 工作计划</td></tr>
<tr><td>填表人</td><td></td><td>HSE 经理</td><td></td></tr>
<tr><td colspan="4">注：报告必须在每周六中午 12:00 之前递交给管理方 HSE 部门。</td></tr>
</table>

表 A.20　承包商 HSE 月报

承包商		日期		报告时期	
合同编号：					
工程范围：					
设计 HSE 问题：					
采购 HSE 问题：					
施工 HSE 问题：					
事故统计量(包括分包商)					
死亡		职业病		电气	
脱岗天数		财产损坏		环境	
医疗		车辆		失盗	
急救		火灾		未遂事故	
其他					
本月员工工作小时总数					
承包商		分包商		总计	
车辆行驶距离(公里)					
计划实施情况(包括分包商)					

HSE 相关培训			
计划名称	实施人	参加数量	次数

检查 /审查(不包括每天的班前自查)				
计划名称	数　　量	执行人	需要行动的数量	
			发现的数量	改正的数量

检查/审查		
至今发现的总数量	改正的总数量	优秀的次数

相关会议		
会议名称	会议数	参加人员

表 A.20（续）

<table>
<tr><th colspan="6">应发扬的 HSE 行为</th></tr>
<tr><td colspan="6">主题：
具体活动</td></tr>
<tr><th colspan="6">对违章的内部惩罚</th></tr>
<tr><td colspan="2">违章情况</td><td colspan="2">数　量</td><td colspan="2">措　施</td></tr>
<tr><td colspan="2"></td><td colspan="2"></td><td colspan="2"></td></tr>
<tr><td colspan="2"></td><td colspan="2"></td><td colspan="2"></td></tr>
<tr><td colspan="2"></td><td colspan="2"></td><td colspan="2"></td></tr>
<tr><th colspan="6">其他 HSE 计划完成</th></tr>
<tr><td colspan="6"></td></tr>
<tr><td colspan="6">需要管理方协调解决的 HSE 问题：</td></tr>
<tr><td colspan="6">下月 HSE 工作计划：</td></tr>
<tr><td>填表人</td><td colspan="2"></td><td>HSE 经理</td><td colspan="2"></td></tr>
<tr><td colspan="6">注：报告必须在每月 3 日前递交给管理方 HSE 部门。</td></tr>
</table>

A.9.3　检查

管理方对承包商现场的 HSE 表现实施全方位的监督检查，这些检查包括定期与承包商联合组织的 HSE 周检查和季度检查，以及日常巡检和随机的检查。

A.9.3.1　每周的 HSE 联合检查

每周的 HSE 联合检查由施工 HSE 经理负责组织并规定检查的时间、检查区域、检查内容。检查组成员包括本项目包的项目施工经理（检查组领导）、项目 HSE 经理、施工 HSE 经理、HSE 工程师和承包商项目经理、HSE 经理。检查范围一般包括下述内容：

——应急设备；
——个人保护设备；
——漏电保护设备或操作规程；
——可接受的工业卫生管理规定；
——正确使用工具及设备以及其工作状况；
——适当的标识/存储有害物质以及其他化学品；
——临时用电配电盘/柜、电线以及导线；
——设备检查记录；
——设备涂有适当的彩色标记（例如钢丝绳及绳索传动装置涂有每月/每季的彩色标记）；
——检查组必须识别出可能导致下述事故或安全隐患的场所和环境；
——交通事故；
——爆炸事故；
——火灾；
——拥挤的作业区；
——同步进行/相互干扰的作业活动；
——可能污染陆地、水或空气的化学品溅出或喷洒现象；
——缺氧现象；
——火源；
——动力设备和线路的接触点。

检查组还必须评估下列项目的遵守情况：

——承包商施工方案；

——工作危险性分析(JHA)；

——安全作业或者其他现场许可证中的各项规定和条件。

施工 HSE 经理负责编制检查报告，提出建议方案和整改措施以及跟踪检查措施。报告编写完毕后发给参加检查的单位和人员。检查过程中没有立即处理的所有的遗留项问题会提交给施工经理或指派适当的人员跟踪解决。每周联合检查报告见表 A.21。

表 A.21　每周联合 HSE 检查报告

项目			确定需改进的措施总数				
检查日期			检查时/后解决问题的总数				
检查区域			1 周后解决的总数				
检查组成员			2 周后解决的总数				
报告起草人			所有未在 2 周内关闭的项目，都将转移到遗留项清单中				
项目	位置	存在的问题	要求改进的措施	危险等级	负责部门	最后期限	状态

危险等级：

A 级(重大)——一种条件或行为可能会造成永久性残疾、生命或身体损伤，和/或建筑物、设备或材料的大面积损失。

B 级(严重)——一种条件或行为可能造成重伤/严重的疾病，导致暂时残疾，或破坏性的财产损失，但其严重程度低于 A 级。

C 级(轻微)——一种条件或行为可能会导致轻微、无残疾的伤害/疾病，和/或对财产不具有破坏性的损失。

分发：

项目施工经理(项目包和承包商)；

检查组成员；

HSE 部门。

A.9.3.2　每季度的现场 HSE 联合检查

每季度现场 HSE 联合检查为项目施工高级管理层的检查，由管理方项目主任任检查组组长，HSE 主任、建设部主任、承包商项目经理和承包商 HSE 经理参加。检查内容主要是：

——承包商 HSE 领导的影响力；

——施工人员对现场 HSE 规则、规定、规程的遵守情况；

——每一个施工作业区的总体状况。

检查组领导负责编制检查报告，负责记录检查组的建议方案，跟踪完成该方案的落实情况。

A.9.3.3　日常巡检

施工 HSE 经理、HSE 工程师、HSE 专家、脚手架检查员必须进行每日例行 HSE 检查和监督，每天的检查情况应进行记录。

A.9.4　整改

管理方和承包商对检查发现的问题充分分析后制定出纠正措施，由承包商进行整改。整改一般遵循以下原则：

——检查中发现的隐患、不符合或违反 HSE 管理要求的行为和状况，要求承包商立即予以整改；

——对违反“零宽容”政策（零宽容是指违规人员不会有得到原谅或警告的机会，一经发现立即对其采取最严厉的处罚措施）的人员，没收准入证后清退出现场，并将其列入“违章人员黑名单”中，使其再也不能进入项目 A 现场工作；

——在检查过程中发现有高度危险的情况存在时，必须立即采取行动，停止相关的工作直到问题被解决；

——对 HSE 表现不良的承包商或管理混乱的施工区域，项目 HSE 经理责令其停工整顿，召集承包商的项目经理（如果必要的话可以是企业的经理）进行专题讨论，必须采取积极的整改措施后方可恢复工作。

A.9.5 承包商表现评价

管理方每月对承包商进行一次 HSE 表现评价，评价依据平时承包商的表现记录、主要的事故和事件、检查记录、培训水平和培训记录、满足从事工作的能力以及对施工作业过程的控制等方面进行。项目 HSE 经理、施工 HSE 经理按照“承包商损失预防性检查报告”（表 A.22）规定的事项和评分标准对承包商进行 HSE 评价。

承包商逐月的表现评价得分均被绘制成表现评价趋势图，可以在一段时期内反映出每家承包商的 HSE 表现趋势，项目 HSE 经理会参照这一趋势调整针对某一家承包商的 HSE 管理计划。

A.9.6 奖惩

即时奖：现场的 HSE 工程师拥有一定的奖励权限，他们在日常巡检中会即时的奖励给安全表现良好的工人一些小奖品，以促进现场工人的安全表现。

专项作业评比：如为了提高现场脚手架搭设的安全性和稳定性，管理方组织进行了脚手架搭设比赛。在一个时间范围内，由管理方的脚手架专家对整个现场的大型脚手架进行评价，并评比出优秀的脚手架，管理方会对该脚手架的全体搭设人员进行奖励。

月评比：根据承包商表现评价的结果，管理方将全部承包商的评价得分进行排位，然后按照下面的规定进行奖励和处罚：

——每月奖励一定额度的现金给安全表现良好的承包商；

——对排在前三位的承包商给予重奖；

——对于平均成绩在 60 分以上的承包商，也将给予适当奖励；

——对平均成绩在 60 分以下的承包商将给予适当的罚款；

——对严重的违章行为将给予重罚。

安全人工时累积奖：管理方在项目连续安全人工时达到 500 万和 1000 万时举行了庆祝会，并向每一位员工发放了小纪念品。

零宽容：对一些施工中普遍存在、严重影响到施工安全的违章行为，如高处作业未系挂安全带、未经许可进入受限空间、管理人员将未经培训的员工带进工地等行为，管理方制定了“零宽容”政策。违反“零宽容”政策的人员将被请退出工地，并记录到违章黑名单中，不准再进入工地。

停工：对于某项作业/某个承包商/某个作业区域内普遍存在事故隐患或普遍存在违章现象或因为发生事故，管理方对该作业/承包商/区域采取停工的处罚措施。直至相关承包商采取了有效的措施后，管理方准许其复工。

通报承包商总部：对于在 HSE 管理上问题较多，又迟迟得不到改进的承包商，管理方将致函其总部，要求其总部的高层人员来讨论改进措施以约束该承包商在项目上的行为，关注其今后的安全表现。

承包商的奖惩规定：为了提高自身的 HSE 业绩，各承包商也对下属的分包商采取了一些奖惩手段，如劳动安全评比、罚款、解除合同和建立安全保证金等。

表 A.22 承包商损失预防性检查报告(部分)

项目/区域：			项目 HSE 经理：		
承包商：			项目经理：		
工作范围：			承包商 HSE 经理：		
工人人数：			HSE 工程师人数：		
检查月份：			检查编号：		
分项编号	检查清单	不适用	最高分数	实际分数	意见/注释
1	HSE 管理				
1.1	HSE 程序/项目规章制度		10		
1.2	管理层和监督人员是否实施了 HSE 程序/项目规章制度		20		
1.3	参与/出席 HSE 会议和安全检查		10		
1.4	HSE 人员是否授权		10		
1.5	HSE 工程师是否按 1/50 的比率，是否起作用		10		
1.6	公司内部 HSE 委员会		10		
1.7	意外事故调查/报告		10		
1.8	是否实施损失预防性检查		10		
1.9	文件齐全、有序		10		
2～28 分项内容略					
29	环境				
29.1	用水/损耗		10		
29.2	是否将金属废料和普通废物分开放置		10		
29.3	废油/残余油漆/化学品的处理		10		
29.4	地面污染预防措施		10		
			A	B	
	B 除以 A 再乘以 100 等于符合性检查成绩	总分	2440		符合性检查成绩

表 A.22（续）

根据工人的人数调整：＜100＝0 点
100 到 200＝＋1 点
200 到 400＝＋3 点
＞400＝＋6 点

根据工作范围调整

金规—作业许可证	0 到 3 点	
金规—高处作业	0 到 3 点	
金规—动土作业	0 到 3 点	
金规—密闭空间	0 到 3 点	
金规—能量隔离	0 到 3 点	
金规—车辆安全	0 到 3 点	
金规—吊装作业	0 到 3 点	
金规—变更管理	0 到 3 点	
	总计	

任何一个金规的成绩没有达到60%，将扣除 5 个点

评估得分标准

0 从来没有贯彻实施/安全不符合

1 极少实施/极少符合

2 反复无常的实施/经常违背

3 没有全面地实施/不完全符合

4 贯彻实施/符合-很少例外/违背

5 始终如一的贯彻实施/完全符合

符合性检查成绩＋调整成绩＝

A.10 应急管理

A.10.1 确定应急对象的类别和等级

管理方制定的应急对象分类标准见表 A.23。

表 A.23 应急对象分类表

应急对象类型	应急对象分类		
	第一级	第二级	第三级
人员伤害	只需要急救处理的轻微伤害	需要医生治疗或转送到医院或住院的严重受伤。骨折、缝针、处方药物治疗等(可记录的伤害)	一人死亡或需要转送到当地医院的多人受伤(两人或两人以上)
火灾	用灭火器或一个应急小组就能控制的火情	需要现场应急服务小组和呼叫外部资源,但不影响团体或附近行业的火险	需要动用外部应急响应资源并可能影响附近团体和行业,需要通知外界、媒体或政府部门的重大火灾
环境排放、蒸汽释放或液体泄漏	需要在项目/装置内用防护栏围护,使用业主资源就能处理的对大气轻微释放或对地面和水中的轻微泄漏	需要封闭现场内较大范围的道路,对大气严重释放或对地面和水中的严重泄漏。释放可能会持续或很难隔离,并且需要召集应急响应值班人员和动员其他资源	要撤离现场并要求外部应急响应资源的重大释放或泄漏。释放可能影响附近的团体和行业,需要通知第三方、媒体或政府部门。释放到现场外并将影响业主的活动
民事骚乱	在现场内打架,没有或轻微受伤	在现场因打架使人员严重受伤(和人员伤害同),纠集场内附近人员意图伤害他人或损坏财务	因骚乱造成现场人员多人受伤
恶劣气候	雷暴引起的强烈闪电和大风	影响施工现场和作业活动的暴雨,预计影响施工现场的台风	未来 72 h 内台风将影响施工现场,视暴风雨的严重程度,管理方决定是否要撤离现场

根据紧急事件的影响范围确定应急对象的分类:

——轻微事件:通常由场内的现有资源即可处理,无须外界的援助;

——严重事件:需要外界的援助,必须尽早对周围区域可能受到的威胁进行真实的评估。一起严重事故需要得到事故管理小组的响应,需考虑项目上人员的撤离以及周边区域人员的撤离;

——重大事件:会严重影响工地周界外的地区。它的初始反应和严重事件一样,不同之处在于这起事件更广泛的影响,响应等级要比严重事故更高。

事件一旦发生,事发现场的最高职务人员必须采取最快的方式联系所在项目包的施工 HSE 经理或管理方的值班 HSE 经理,事件的严重程度应由项目包施工 HSE 经理或值班 HSE 经理来认定,并启动相应的应急程序。

A.10.2 应急组织和职责

A.10.2.1 轻微事件

当所发生事件被认定为轻微事件,通常由项目包施工经理作为应急指挥员留在现场。轻微事件要尽快得到处理。作为应急指挥员,项目包施工经理要和有关的施工经理合作,确保承包商组织和管理方应急小组做出适当的现场响应,确保现场资源的协调。以下是轻微事件应急指挥结构图,如图 A.4 所示。

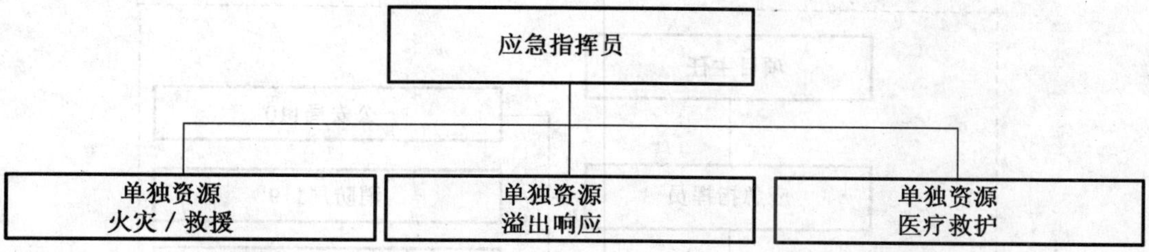

图 A.4　轻微事件应急组织机构

A.10.2.2　严重事件

当所发生事件被认定为严重事件，必须尽早对周围社区可能受到的威胁进行真实的评估。严重事件需要得到管理方应急小组的响应并遵循报警制度尽快报警，以取得外部应急响应资源的支持。要考虑本项目和周边人员的撤离。

对于一起严重事件，由发生事件所在项目包的施工经理作为应急指挥员，该项目包的项目经理将与管理方的施工主任作为严重事件应急响应最高领导共同负责以保证承包商组织做出适当的现场响应。在项目包施工经理未到达事发现场前，应急指挥员将由现场的管理方高级员工担任。如果在现场没有管理方员工，高级保安官员将担任应急指挥员，直到有管理方人员接替。要将指挥权在事件发生的最早阶段转交到高级员工手中。

严重事件的应急指挥结构图如图 A.5 所示。

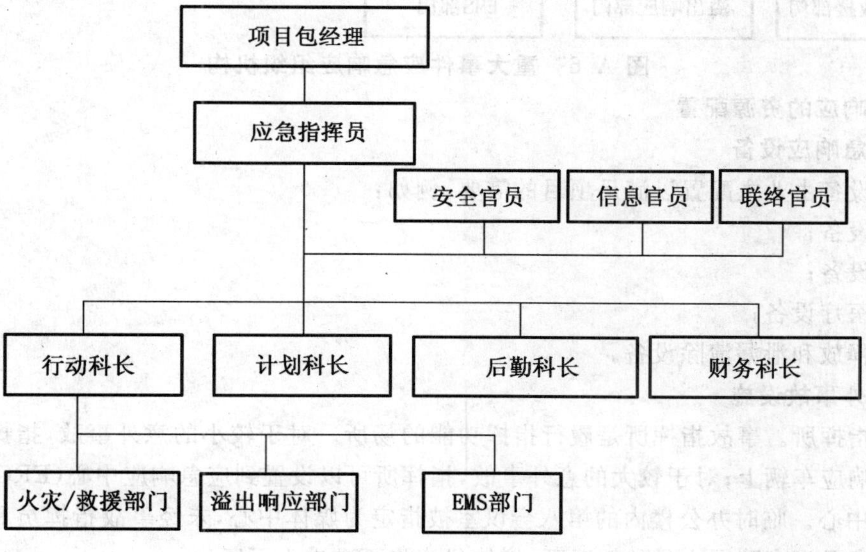

图 A.5　严重事件应急响应组织机构

A.10.2.3　重大事件

一起重大事件会严重影响工地界外的地区。重大事件初始的应急响应和严重事件一样，不同之处在于重大事件影响更广泛。一旦认定所发生事件为重大事件，必须启动统一指挥系统，外部应急响应机构和项目的响应等级要比严重事件更高。

对于一起重大事件，管理方的施工主任应作为应急指挥员，管理方项目主任应作为应急响应最高领导确保承包商组织采取了适当的现场响应。在施工主任未到达事发现场前，应急指挥员将由在现场的高级管理方员工担任。如果没有管理方员工在现场，高级保安官员将担任应急指挥员，直到有管理方人员接替。要将指挥权在事件发生的最早阶段转交到高级员工手中。

典型的重大事件指挥结构图如图 A.6 所示。

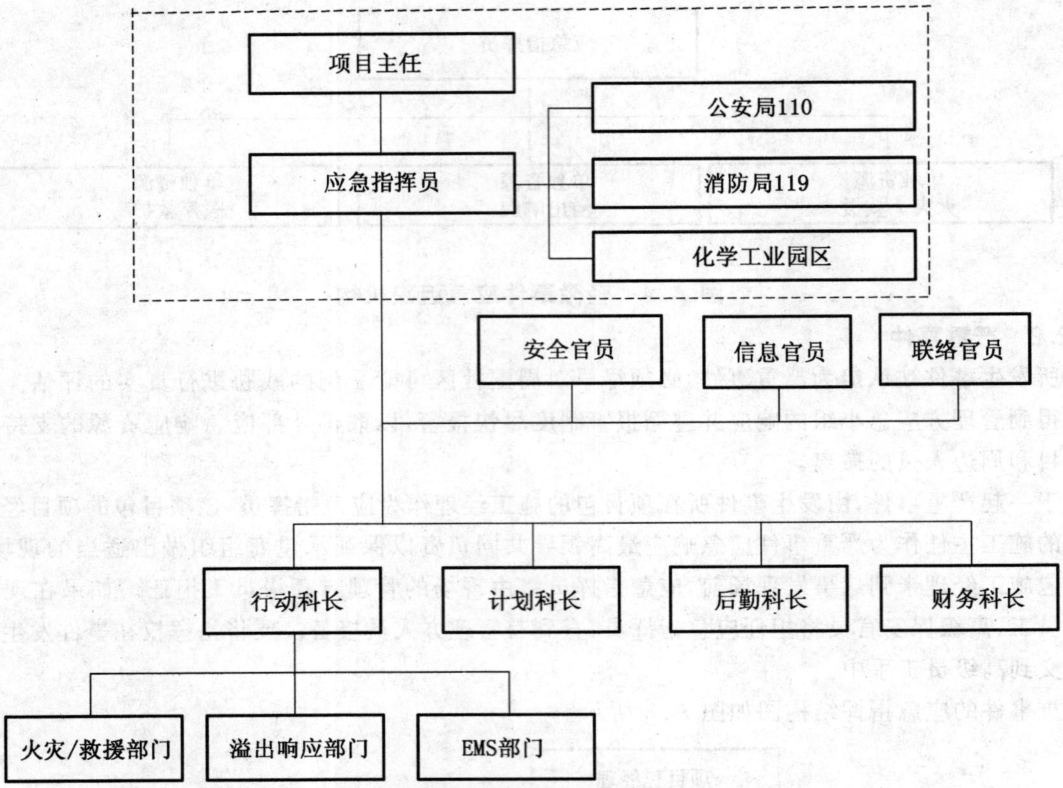

图 A.6　重大事件应急响应组织机构

A.10.3　应急响应的资源配置

A.10.3.1　应急响应设备

应急响应设备由业主配置以满足项目的需要，例如：

——消防设备；

——救援设备；

——紧急医疗设备；

——化学释放和泄漏清除设备。

A.10.3.2　意外事故设施

a)　事故指挥所。事故指挥所是履行指挥功能的场所。对于较小的意外事故，指挥所可以设置在应急响应车辆上；对于较大的意外事故，指挥所可以设置到应急响应中心(ERC)。

b)　媒体中心。临时办公楼内的第八会议室被指定为媒体中心，未经事故指挥员和管理方项目主任同意及没有陪同人员的情况下，媒体代表将不准进入厂区。

c)　集结地。集结地是集结资源并准备好分发资源的一个指定地点。集结地应设置在项目围墙的外面，并且可以方便进出围护的区域和项目入口。

A.10.4　应急响应程序

管理方制定了多种应急响应程序，其中包括应急响应计划、伤害响应、炸弹威胁及其识别的响应程序、台风应急响应、应急泄漏响应计划和应急呼叫程序等。

应急响应计划：该程序详细的说明了管理方应急响应计划的制定原则和具体内容，规定了三种级别事件发生后的应急响应行动组织和最基本的应急响应行为，以及在各级别的应急响应行动中各个角色的职责。

伤害响应：该程序详细说明了在发生伤害事故时应采取的应急响应行动，规定了伤害响应的级别和应急响应人员在各级别响应行动中的职责以及需要的应急资源。

炸弹威胁响应：该程序说明了炸弹的识别，规定了识别炸弹和接到恐吓信息后应采取的应急响应行动，包括人员的疏散、可疑区域的隔离、报警以及威胁解除后人员的返回。

台风应急响应：该程序规定了台风应急响应的级别，以及各级别采取的应急行动。

应急泄漏响应计划：该程序规定了一旦发生危险物质泄漏时应采取的应急响应行动。

应急呼叫程序：该程序规定了采取不同应急响应计划时应采取的报警或呼叫行为，列出了不同应急响应计划所涉及的人员、资源的联络方式。

A.10.5　应急演习

管理方根据各施工阶段存在的风险性质和危险程度的不同，举行了多种类别的应急演练。

A.10.6　应急计划的评估和修订

在每次应急演习之后，管理方会对演习效果进行认真评估，找出其中存在的不足之处，据此对应急计划进行修订。

A.11　事故管理

A.11.1　未遂事故的报告与调查

未遂事故是指在环境略微改变时就有可能导致人员伤(亡)或导致患职业病以及对财产、环境或声誉造成损害，但没有实际发生的一个事件。

发生在项目现场的未遂事故的报告和处理应按照下面的程序进行：

a)　业主和管理方员工。

——在现场观察到一起未遂事故的任何人员应立即采取适当的行动纠正不安全状况或行为，并尽快地报告给项目 HSE 小组或负责人员。

——发现未遂事故的人员要填写未遂事故报告，要保证准确地和全面地记录未遂事故的详情。为了防止相同的或类似的未遂事故再次发生，应指出要采取的建议措施。

——将未遂事故报告提交给项目包施工 HSE 经理，他将指派一个有足够经验的现场 HSE 工程师跟踪此未遂事故，他要每月统计未遂事故并将未遂事故报告副本移交给管理方和业主。

——如果此未遂事故是一个典型的或严重的案例，项目包施工 HSE 经理要通报给项目包施工经理和管理方的 HSE 主任，并及时向业主递交一份未遂事故报告。如果必要，项目 HSE 主任有责任会同有关承包商 HSE 经理进行详细的调查，提出改进意见进一步改善现场不安全状况和行为，并将最终的调查结论递交给业主。未遂事故的调查程序与事故报告和调查程序相同。

b)　现场 HSE 工程师跟踪发生在现场的未遂事故控制措施的实施情况并向施工 HSE 经理汇报。他有责任制止任何可能造成潜在危险或事故的不安全状况和行为，在施工 HSE 经理批准下对未遂事故进行调查。

——所有承包商建立未遂事故报告制度，鼓励他们的员工报告发生在他们项目现场的任何未遂事故。

——观察到一起未遂事故的任何一个承包商人员都应该立即采取适当的行动纠正不安全的状况和行为，并及时向项目包 HSE 经理或负责的主管人员报告。

——承包商主管人员或 HSE 经理要立即着手进行调查并提出建议措施以改善现场安全条件。承包商负责监督和跟踪建议措施的实施。

所有的未遂事故均应记录、归档，未遂事故报告的副本必须尽快地提交给所在包的项目 HSE 经理和施工 HSE 经理。

在每周的现场 HSE 会上，项目包施工 HSE 经理要通报本周发生的所有典型的或严重的未遂事故，并且检查相关承包商采取的控制措施的实施情况。

每月收集到所有未遂事故报告后，管理方要对未遂事故报告和作业观察进行分析，并指明当前在现场上存在的高危风险/隐患的详细情况，分析结果将报告交给项目 HSE 主任审核。批准的分析报告分发给所有项目包的项目 HSE 经理或施工 HSE 经理。

管理方将每月的未遂事故总结发布在 HSE 快报上。

所有未遂事故报告以及要采取的控制措施将被输入数据库以便于跟踪要采取的进一步行动并存档。

A.11.2 事故的报告与调查

A.11.2.1 事故报告

不论伤害或事故的大小，任何人员都有责任立即向其主管报告任何伤害或意外事故。一旦发生意外事故，承包商要：

——立即通告（口头）本项目包的项目 HSE 经理或施工 HSE 经理；

——在该班作业结束前，必须向本项目包的项目 HSE 经理或施工 HSE 经理提交书面的初始调查报告，事故初始调查报告见表 A.24；

——根据承包商的内部程序或管理方的建议决定是否需要进行进一步的调查。

表 A.24 初始调查报告

基本信息	1 公司/部门	2 项目	3 报告日期
	4 事件发生地点	5 事件发生日期	6 事件发生时间
	7 调查人员		
	8 报告人（姓名/部门/公司/联系电话）		9 承包商编号：
			10 项目部门编号

事件类型和风险评估	伤病	其他事件	潜在危险评估
	急救 □ 死亡 □	财产损坏 □	
	医疗 □ 职业病 □	车辆 □	
	脱岗天数 □ 其他 □	火灾 □	
	伤员姓名 …………	电气 □	
	性别/年龄 …………	环境 □	
	职　业 …………	偷窃 □	
	损失天数 …………	未遂事故 □	
	当前岗位工作经验 …………	其他（具体描述） □	
	伤害性质 …………	预计损失 □	
		损失性质 □	

潜在危险评估：

发生几率 \ 严重程度倾向	高	中	低
高	高	高	中
中	高	中	中
低	中	中	低

描述	14 描述事件发生经过：

原因分析	15 直接原因：不安全行为和不安全条件—对事件发生有直接影响的行为和条件有哪些？
	16 间接原因：人为因素和工作因素—上述不安全行为和不安全条件存在的原因有哪些？

表 A.24（续）

预防措施	17 在初始调查报告签发之时已采取并完成的改进措施有哪些？			
	18 跟踪规定措施实施情况（也可以是开展进一步调查的要求）	19 目标日期	20 措施实施方	21 事态

事态：C—完成；O—尚未完成

管理方审查	部门	姓名	日期	24 是否要求进行进一步调查（是/否）
	22 主管部门（具体指出）			
	23 HSE 部门			

如果发生的事故需要医疗小组来处理，则应遵守以下程序：

——保护事故现场，防止造成进一步伤害以及保存证据；

——对伤者提供或使其得到救助；

——要通知项目包项目经理和项目 HSE 经理或施工 HSE 经理；

——要展开确定事故根本原因的调查；

——要提出意见并落实以防止事故再次发生；

——监督整改意见的执行以保证它们被完全落实；

——承包商、分包商管理层要将所有的伤害事故通报给管理方和业主；

——若发生死亡事故和需要入院治疗的多处受伤事故时，必须立即报告业主和有关地方当局。对于任何以及所有致残的伤害事故，都要向业主提交一份报告的副本。

A.11.2.2 调查程序

所有受伤事故和未遂事件均必须进行调查。一起事故的调查过程应分为以下几个步骤：

——救助受伤的员工并且保护现场；

——和见证人面谈，收集和保存证据；

——收集并组织有用的数据；

——分析资料确定事故发生的主要原因和根本原因；

——制定有效的建议措施；

——起草必需的事故报告。

一旦发生意外事故首先要对伤员进行处理并保护事发现场。在调查完成之前，不允许任何人从现场移动任何对象，所有的证人要受到保护并隔开。

发生的事故应由直接主管人员进行调查，主管人员可以请求管理层或项目包的项目 HSE 经理和施工 HSE 经理协助。所有的管理人员和监督人员都要接受事故调查培训。调查后的报告、建议和将要采取的整改措施要通报给所有会受到潜在影响的现场人员。

以下为调查典型伤害事故的程序：

——急救：如果伤害事件不需要医疗小组处理，那么直接主管人员可在受伤员工的帮助下进行调查。所在包的项目 HSE 经理和施工 HSE 经理可以协助处理。整改措施的书面报告将提交给本包的项目经理和项目 HSE 经理或施工 HSE 经理。然而，如果伤害事件需要医疗小组来处理，就要立即通知本包项目经理和项目 HSE 经理或施工 HSE 经理，项目包项目 HSE 经理或施工 HSE 经理将领导调查，直接主管人员、受伤员工和可能来自于其他工作区的管理人员一起参加。

——可记录事故和损失工时的事故：由项目包项目经理或一名能熟练开展根本原因分析调查的替代人员领导调查。调查小组将由下列人员组成：管理方高级代表、所属包项目 HSE 经理或施工 HSE 经理、直接主管人员和承包商 HSE 经理、HSE 工程师。在调查期间必须严格避免审问，尽量应保持不拘束的气氛，鼓励互相协作以便于从所涉及的人员那里获得客观的陈述。

——如果发生死亡事故，管理方要专门委派一个死亡调查小组，该小组由 HSE 主任领导，并得到根本原因分析专业人员的支持。调查小组准备的调查报告应在事故发生日后的两周内发出。

A.11.2.3　建议措施跟踪程序

一旦事故的书面报告公布以后，就要开始跟踪建议的整改措施。提交的事故报告至少要有一个建议措施防止事故再次发生。每一项建议措施都必须落实到具体的责任人。

施工经理和施工 HSE 经理将审查所有的事故报告，并负责确保所有建议措施的落实。有些建议措施的落实由于其性质可能会比其他措施花费较长时间。然而，只要一个整改措施没有得到落实，整改人就必须提交一个整改措施落实情况报告。任何此类状况报告必须包括每个未完成项的目标完成日期以及措施尚未落实的原因。

A11.2.4　事故处理

意外事故通报流程如图 A.7 所示。

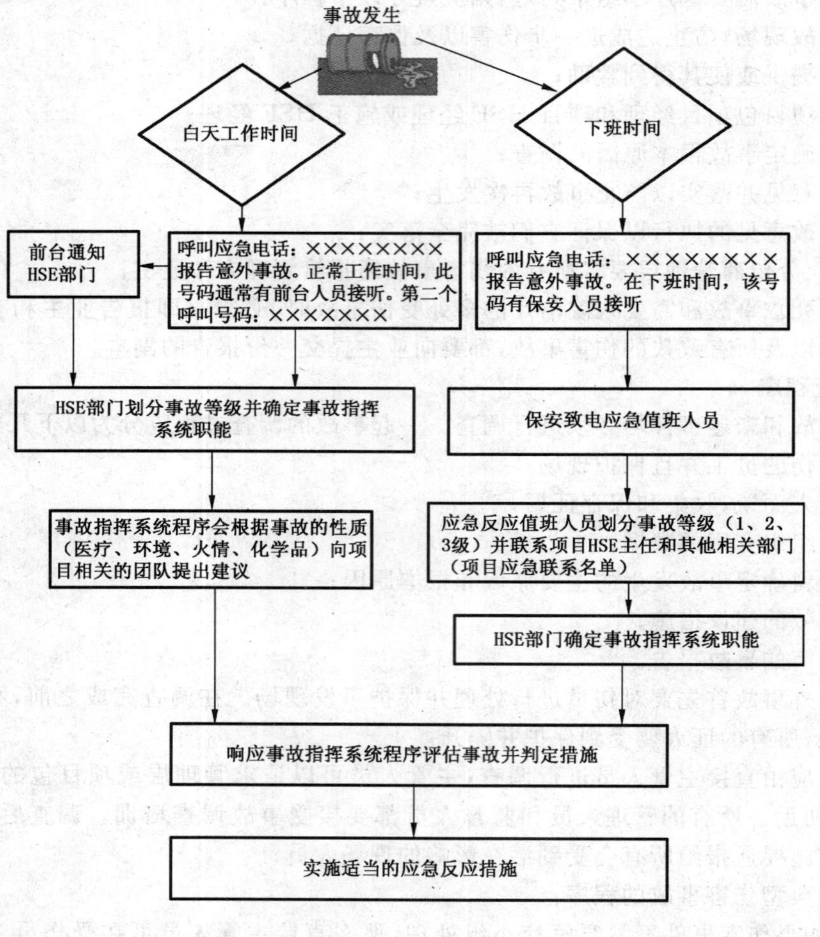

图 A.7　意外事故通报流程图

A.11.3　事故、未遂事故的经验交流

在项目建设期间，管理方安排 HSE 专家将项目 A、周边项目和其他一些相关项目所发生的事故、未遂事故进行分析，得出经验教训报告。管理方、承包商及其下属分包商的人员在第一时间组织学习经验教训报告，并要求每个参加学习的人员对发生的事故、未遂事故提出自己的意见。管理方会根据新近发生的事故、未遂事故的经验教训报告和员工的意见变更或增加新的 HSE 管理程序。

A.12 审核

项目 A 的母公司在项目建设的不同阶段组织进行了若干次项目 HSE 审核，审核结论和改进要求会回馈给业主，并对改进情况进行跟踪。

项目 A 的母公司采用 PHSER 审核程序对项目 A 建设的 HSE 管理进行审核。PHSER 共分为七个阶段，每个阶段母公司总部均派专家到项目 A 进行审查。

a） 评价阶段：确定项目的可行性和主要的 HSE 问题。

b） 选择阶段：确认已经确定了与项目整个生命周期、新技术和位置性质的特点相关的所有 HSE 问题。

c） 批准前阶段：确保工程设计方面的 HSE 条件符合或超过了常规要求，确定了满意的项目规范和标准，以及确立了设计原则。

d） 施工前阶段：确认包括 HSE 计划在内的 HSE 管理系统正在被有效的执行。审查详细工程设计的结果，确认 HSE 方面的内容已经被充分考虑在内，它们适用于施工。

e） 施工阶段：确认包括施工 HSE 计划在内的 HSE 管理系统已经就绪，正在被执行，并能确保施工期间的 HSE 管理特性要求。

f） 开车前阶段：确认预调试已经充分完成，工厂已经准备就绪进行调试；确认与设计的偏差已经得到很好的解决，不会影响到安全操作的性能等。

g） 操作阶段：验证设备的安全操作性能符合设计意图，确保从项目的执行和工厂的早期操作中获得的安全经验教训已得到重视和分享。

工程项目建设期间主要进行的是施工前阶段、施工阶段和开车前阶段的审查。

几家大型承包商的公司总部也到项目 A 对其自身 HSE 情况进行了类似的审核，以促进自身在项目上的 HSE 表现。